数据库原理及应用
——SQL Server 2000

夏冰冰　主编

国防工業出版社

·北京·

内容简介

本书主要介绍关系数据库的基本理论及关系数据库的理论基础——关系代数的知识;通过 SQL Server 2000 介绍一个具体的关系数据库产品的各种操作,并通过图例进行说明。Transact - SQL 语言是本书的重点,主要包括数据定义、数据查询和数据更新三大部分。在书中还将介绍范式及关系数据库的规范化,这是数据库设计的理论基础,数据库规范化程度以第一范式、第二范式、第三范式和 BC 范式为主。数据库设计这一章以具体实例介绍数据库设计的各个步骤,本书的最后还将以具体的数据库应用程序为例介绍数据库应用程序的开发过程。书中使用的例子是学生课程数据库。

本书可作为计算机专业或非计算机专业本科生的教材,也可作为从事计算机应用开发的各类人员的参考书。

图书在版编目(CIP)数据

数据库原理及应用:SQL Server 2000 / 夏冰冰主编. —北京:国防工业出版社,2009.12

ISBN 978 - 7 - 118 - 06605 - 0

Ⅰ. ①数... Ⅱ. ①夏... Ⅲ. ①关系数据库 - 数据库管理系统,SQL Server 2000—教材 Ⅳ. ①TP311.138

中国版本图书馆 CIP 数据核字(2009)第 240879 号

※

国防工业出版社出版发行

(北京市海淀区紫竹院南路 23 号 邮政编码 100048)

天利华印刷装订有限公司印刷

新华书店经售

*

开本 787 × 1092 1/16 **印张** 13½ **字数** 310 千字

2009 年 12 月第 1 版第 1 次印刷 **印数** 1—4000 册 **定价** 26.00 元

国防书店:(010)68428422 发行邮购:(010)68414474

发行传真:(010)68411535 发行业务:(010)68472764

前 言

自20世纪60年代中期以来，数据库技术得到了飞速的发展，目前在各个应用领域中得到了广泛的使用，对高等院校来说，数据库原理与应用也成为一门重要的主干课程。本书根据作者多年的讲授经验，结合高等院校教学实际，将数据库基本理论与SQL Server的应用结合起来，在书中进行了以下几点改进：

(1) 由于层次数据库和网状数据库已经很少使用，因此在本书中不再涉及这方面的内容。

(2) 对关系数据库的运算只介绍关系代数，不再介绍关系演算。

(3) 本书的应用部分结合SQL Server来介绍，各个章节根据教学实际来组织，按照由浅入深、层层深入的原则，结合丰富的实例及介绍，形式多样，通俗易懂。

(4) 将数据的完整性的理论及SQL Server对完整性的支持在第5章中介绍，理论结合实际，体系完整，编排合理。

(5) 在第7章中只介绍函数依赖，对多值依赖及第四范式、第五范式不再介绍。

全书内容共10章，其中第1章为数据库系统概述，第2章为关系数据库的基本知识，第3章为SQL Server 2000简介和基本操作，第4章为Transact - SQL语言，第5章为数据完整性，第6章为SQL编程和存储过程，第7章为关系数据库设计规范化，第8章为数据库设计，第9章为数据库安全性，第10章为数据库应用。

本书由夏冰冰主编。参与本书编写的有：夏冰冰（第2章、第4~5章、第7~8章），张岳（第3章、第6章、第9章），田睿（第1章和第10章），夏旻和夏冰冰负责全书组织和统稿。

本书可作为计算机专业或非计算机专业本科生教材，也可作为计算机应用开发的人员使用。

作者可提供本书的电子课件，如需要，可与作者（jennifer_xiababy@yahoo.com.cn）或出版社联系。

由于作者水平有限，书中难免有不当之处，还望读者指正。

编 者

2009年9月

目　录

第 1 章　数据库概述

本章要求：

（1）了解数据库的基本概念，了解数据库管理系统的作用及不同的数据库管理系统的产品，了解数据库系统的范围。

（2）理解数据库系统的特点，在后续的章节中可以加深对这些特点的理解。

（3）了解数据模型的作用，理解概念数据模型尤其是实体—联系模型表示现实世界的方式，理解逻辑数据模型尤其是关系模型的概念，了解关系、属性、元组、关系模式等概念，为第 2 章打下基础。

（4）了解数据库外部的系统结构及各种结构的特点。

（5）了解数据库内部的系统结构，理解两层映像及两个独立性，加深对数据库系统的理解。

1.1　数据库系统概述

数据库系统是随着计算机技术的不断发展，为了实现对数据统一有效的管理而出现的，自 20 世纪 60 年代中期以来，数据库系统经历了三个发展阶段：第一阶段为层次与网状数据库系统，主要支持层次与网状模型；第二阶段为关系数据库系统，主要支持关系模型。20 世纪 80 年代以来，随着计算机硬件技术的不断提高和计算机应用的普及，产生了很多新的应用领域，这也给数据库系统提出了很多新的要求，由此产生了很多新型数据库，如面向对象数据库、分布式数据库等。由此，进入了数据库系统的第三个发展阶段。目前，关系数据库系统仍然占据着数据库应用的主流，所以在本章中的重点介绍内容为关系数据库。

1.1.1　数据库基本概念

数据库（DataBase，简称 DB）是相互关联的数据的集合。这里数据的形式可以是多种多样的，可以是文字、数字、图形、视频、声音等，如学生的信息、股票市场的数据、各个城市的地图、电视剧等。只有逻辑上相关的数据集合才可以定义为数据库，因此数据库是一个企业、组织或机构中需要保存和处理的所有数据。如，学校数据库可以包括学生的信息、教师的信息、课程的信息及学生选课、课程安排等信息。

一个数据库可以为多个用户和多个应用服务，从而实现数据的共享。如，学校数据库可以供学生信息管理系统、就业管理系统、排课系统、学生成绩管理系统等多个应用使用，使用该数据库的用户可以包括辅导员、教师、学生等。

数据库管理系统（DataBase Management System，简称 DBMS）是对数据库进行管理的通用的软件系统，位于用户和操作系统之间，可以对数据库的建立和维护、数据库的运行、数据库的存取等实现方便有效的管理。目前,常用的关系数据库管理系统包括 Oracle 公司的 Oracle、Microsoft 公司的 SQL Server、IBM 公司的 DB2、原属 MySQL 公司的开源数据库 MySQL 等。

数据库、数据库管理系统加上应用程序、数据库管理员和用户构成了数据库系统。数据库系统的组成如图 1-1 所示。

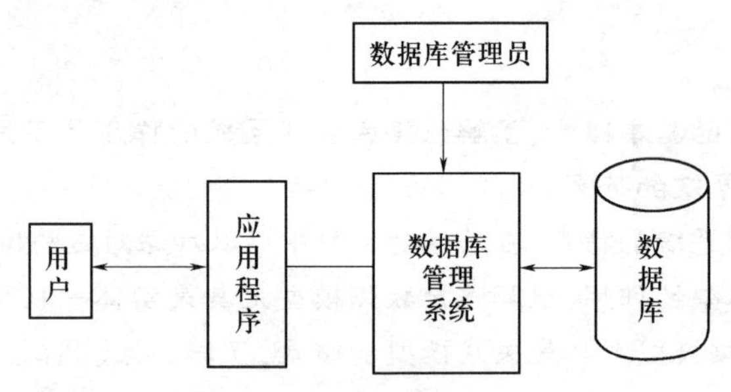

图 1-1　数据库系统的组成

程序设计人员可以利用各种开发工具(如 VC++、JAVA 等)开发以数据库为基础的面向某个具体应用的应用程序。应用程序通过数据库管理系统对数据库进行操作,完成数据的存取等各类操作。

数据库管理员的职责是对数据库的运行进行监督和管理,保证数据库的正常运行。

1.1.2　数据库系统的特点

数据库系统是在文件系统的基础上发展起来的,与文件系统相比,数据库系统有自身的很多优势,主要有以下几个方面:

1. 采用数据模型表示数据,数据实现结构化

数据库系统采用数据模型表示数据,从而隐藏了数据的存储结构和存取方法等细节。目前,有很多种数据模型,不同的数据库系统采用不同的数据模型,对关系数据库而言,采用的是关系模型,图 1-2 是一个关系模型的实例。可以看出,关系数据库系统为用户提供了关系的名称及各个数据项的名称,例如,要得到学生的学号和姓名,只需要一条 SQL 语句:

```
SELECT 学号,姓名
FROM student
```

用户不必了解每个数据项的长度、存储的位置及存取方法等细节,因此对用户来说更容易理解和接受。

学 号	姓 名	性 别	年 龄	所 在 系
070811111	张明	女	20	信息
070811117	宋超	男	21	信息
070817001	王敏	女	19	外语
070817002	李娜	女	20	外语

图 1-2　student 关系

2. 支持数据共享,控制数据冗余

对数据库系统来说,一个数据库可以被多个用户或多个应用程序访问,因此数据库系统支持数据共享,不必为每个用户或应用程序建立自己的数据库,控制了数据的冗余。数据库系统提供了视图机制,使得不同的用户和应用可以创建和使用自己的视图。图 1-3 是针对 student 和 sc 关系的两个不同的视图。

sc 关系

学 号	课 程 号	成 绩	学 号	课 程 号	成 绩
070811111	080110B	100	070817001	080110B	90
070811111	080602A	90	070817001	080602A	90

学生总成绩视图

学 号	姓 名	总 成 绩
070811111	张明	190
070817001	王敏	180

每个系学生的平均年龄视图

系 名	平均年龄
信息	20.5
外语	19.5

图 1-3　sc 关系、学生总成绩视图和每个系学生的平均年龄视图

数据库系统具有并发控制机制,使得当多用户或多个应用程序同时访问数据库时结果是正确的。例如,多个飞机售票点同时售票时保证一个座位只能分配给一个乘客,并且数据库中的数据是正确的。

3. 数据独立性高

数据库系统有两种数据独立性:物理独立性和逻辑独立性。物理独立性是指当数据库的物理存储结构发生改变时,数据库的逻辑结构可以不变。逻辑独立性是指当数据库的逻辑结构发生改变时,应用程序不需要修改。数据独立性实际上是把数据定义与应用程序分离,对数据的定义和操作由数据库管理系统来完成,从而不必在应用程序中定义数据,减少了应用程序的工作量。

4. 数据由 DBMS 统一管理和控制

数据库管理系统是对数据库进行管理的软件,通常包括以下功能:

(1) 数据的完整性控制。数据的完整性是指数据库中数据的正确性和相容性。数据库管理系统需要提供定义完整性约束条件的机制、对完整性的检查机制及违约处理机制。例如,在 SQL Server 2000 中提供了主码约束、外码约束、唯一约束、核查约束、规则、默认值等机制,当用户修改数据库中的数据时,系统首先检查该操作是否满足完整性约束条件,如果不能,则拒绝执行该操作,从而保证数据库数据的完整性。

(2) 数据的安全性控制。数据的安全性是保护数据库中的数据,防止遭到非法的访问或破坏。在 SQL Server 2000 中提供了在操作系统、服务器、数据库、对象这四个级别的安全性来保护数据库中的数据。当用户登录数据库系统时,SQL Server 可以核对用户名和密码,禁止非法用户进入系统。同时,系统的合法用户在进行存取数据库等操作时,也要验证该用户是否有执行这个操作的权限,防止对数据库的非法存取,保证数据的安全。

(3) 数据库备份和恢复。数据库系统在运行过程中,不可避免地会发生各种各样的故障,如硬件故障、软件故障、操作失误及恶意破坏等,因此数据库管理系统要能够提供对数据库备份和恢复的机制,使得在数据库发生故障时,数据库管理系统能够根据数据库的备份将数据库恢复到某一个已知的正确状态。

(4) 并发控制机制。数据库管理系统能够提供并发控制机制以保证多用户或多应用同时访问数据库中的数据时,数据仍然是正确的。并发控制机制主要通过事务处理来实现,将一些操作序列定义为事务,事务是不可分割的,要么全部执行,要么不执行,从而避免事务在执行过程中受到并发事务的干扰产生错误的结果。

1.2 数据模型

数据模型是数据特征的抽象,用来对数据库中的数据进行描述。在数据模型中,需要精确地描述数据、数据之间的联系及数据的完整性约束。目前存在很多数据模型,可以将这些模型划分为两类,它们分属于不同的层次:概念数据模型和逻辑数据模型,见图1-4。

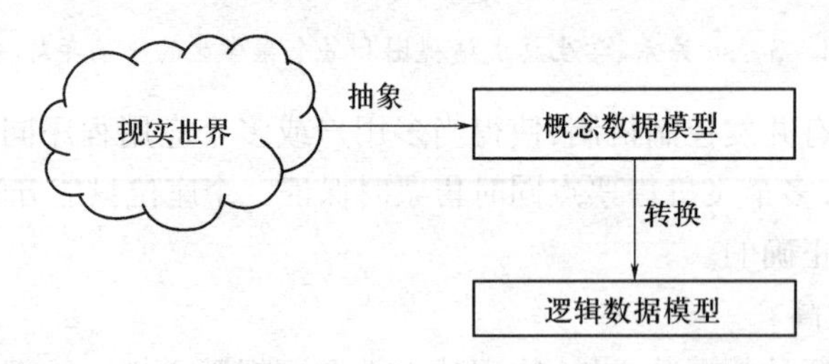

图1-4 现实世界的抽象过程

1.2.1 概念数据模型

概念数据模型是对现实世界的第一层抽象,与具体的 DBMS 无关。在概念数据模型中常用的是实体—联系模型(E-R 模型),实体—联系模型包括实体、属性和联系等概念。实体是现实世界中各种事物的抽象,如学生、教师、部门等都是实体。属性是实体的特征或性质,如学生实体的属性有:学号、姓名、性别、年龄等。具有相同属性的实体集合称为实体型,由实体名和一组属性来定义。如学生实体型为:学生(学号,姓名,性别,年龄)。联系是实体之间的联系,可以分为一对一联系、一对多联系和多对多联系等。

实体—联系模型可以用实体—联系图(E-R 图)表示。图1-5是一个实体联系图的实例,表示售货员、商品和顾客三个实体的属性及实体间的联系。其中,矩形表示实体型,椭圆形表示实体的属性,菱形表示实体间联系。在实体联系图中,实体和联系连线上的字母表示联系的类型。关于实体—联系模型将在第8章详细论述。

实体—联系模型独立于具体的 DBMS,是各种逻辑数据模型的基础,只有转换为某个逻辑数据模型才能在 DBMS 中实现。

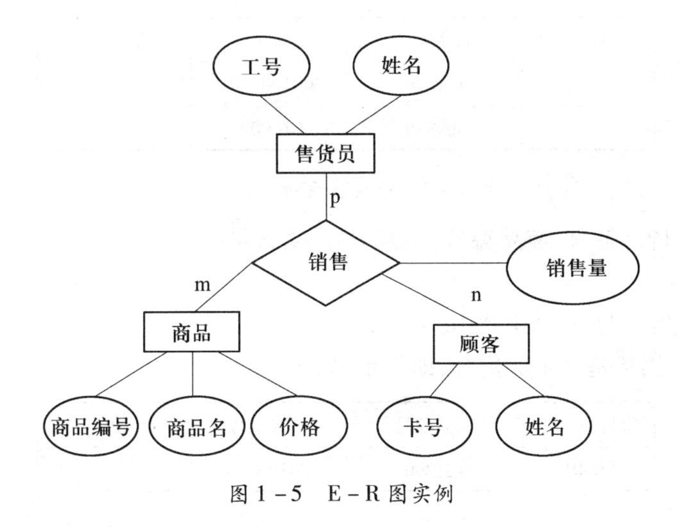

图 1-5　E-R 图实例

1.2.2　逻辑数据模型

逻辑数据模型是具体的 DBMS 所支持的数据模型,包括关系数据模型、层次数据模型、网络数据模型等,由于关系数据模型被大部分 DBMS 所采用,因此主要介绍关系数据模型。

图 1-6 是一个关系的实例。

课 程 号	课 程 名	学 分
080110B	数据库原理与应用	4
080602A	软件工程	3

图 1-6　课程关系

关系数据模型的数据结构非常简单,如图 1-6 所示的关系,即二维表。

表中的每一列称为关系的属性,有相应的属性名。表中的每一行称为一个元组,因此关系可以看作元组的集合,每个元组代表一个实体,具有一定的含义。元组中的一个属性值称为分量。

对关系的描述称为关系模式,一般表示为:

关系名(属性 1,属性 2,……,属性 n)

如上面的课程关系可以表示为:

课程(课程号,课程名,学分)

在关系数据模型中,实体间的联系也是用关系来表示。例如,图 1-7 的关系表示图 1-5 的销售联系。

关系数据模型的操作主要包括查询和更新数据两大类,操作的对象和操作结果都是关系,即元组的集合,同时关系数据模型的存取路径对用户透明,用户只需指出"做什么",而不用考虑"怎么做"的问题,从而简化了操作的过程,提高了数据的独立性。例如,如果要查询卡号为 00100010 的顾客的购买记录,在 SQL Server 中只需要通过下面的 SQL 语句来完成:

售货员工号	商品编号	顾客卡号	销 售 量
S0001	121290	00100010	1
S0002	569878	00100099	3

图 1 –7　销售联系对应的关系

SELECT 售货员工号,商品编号,顾客卡号,销售量
FROM 销售
WHERE 顾客卡号 = '00100010'

查询的结果仍然是元组的集合,即关系,如图 1 –8 所示。

售货员工号	商品编号	顾客卡号	销 售 量
S0001	121290	00100010	1

图 1 –8　查询结果

关系数据模型的完整性约束条件包括实体完整性、参照完整性和用户定义的完整性。其中,实体完整性是指关系的每个元组都有唯一标识。例如,课程号可作为课程关系的唯一标识,给定一个课程号,在课程关系中可以找到唯一的一个元组。

参照完整性是指多个表之间的关系,例如,图 1 –9 是 SQL Server 的一个关系图,表示了学生、课程和选课之间的关系。选课关系中的学号取值必须是学生关系中某个学号值,选课关系中的课程号取值必须是课程关系中某个课程号值,这样保证选课关系表示的学生和课程都是实际存在的。

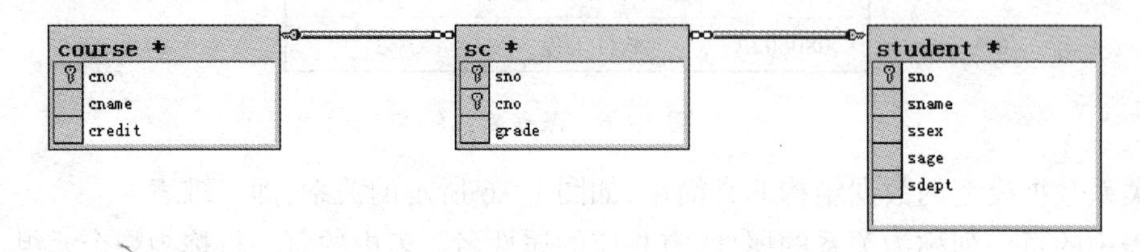

图 1 –9　关系图

关系数据模型中,表以文件形式存储。在 SQL Server 中,将表存储在数据文件中,存储形式是由 SQL Server 完成的,一个表可以存储在多个数据文件中。

关系数据模型可由实体—联系模型自动转换,实体—联系模型中的实体和联系都可以转换为关系,而实体的属性可以转换为关系的属性,具体的转换规则将在第 8 章讲述。

1.3　数据库系统结构

数据库系统结构可以分为数据库内部的系统结构和数据库外部的系统结构。从数据库最终用户的角度来看,数据库外部的系统结构可以分为单用户结构、主从式结构、分布式结构、客户机/服务器结构和浏览器/服务器结构等。从数据库管理系统的角度看,数据库内部的系统结构采用三级模式结构。下面将分别介绍。

1.3.1 数据库外部的系统结构

数据库外部的系统结构可以分为以下几类:

1. 单用户结构:这是早期的数据库系统,系统的体系结构如图 1 – 10 所示。在这种结构中,数据库系统(应用程序、DBMS 和数据)装在一台计算机上,供一个用户使用,不同机器之间不能共享数据,数据冗余度大。

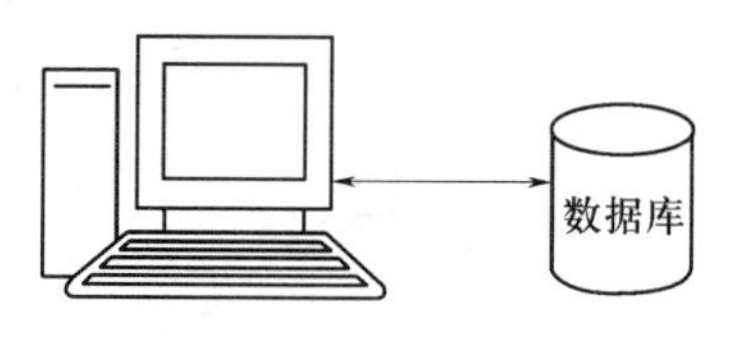

图 1 – 10 单用户结构

2. 主从式结构:主从式结构是对单用户结构的扩展,系统的体系结构如图 1 – 11 所示。在这种结构中,一台主机连接多个终端,应用程序、DBMS 和数据都装在主机上,所有的处理任务由主机完成。多个终端可以并发的存取数据库,共享主机的数据。这种体系结构简单,易于维护,但是随着终端数量的增加,主机的任务会越来越繁重,从而降低系统的性能。一旦主机出现故障,整个系统都无法使用,系统的可靠性依赖主机。

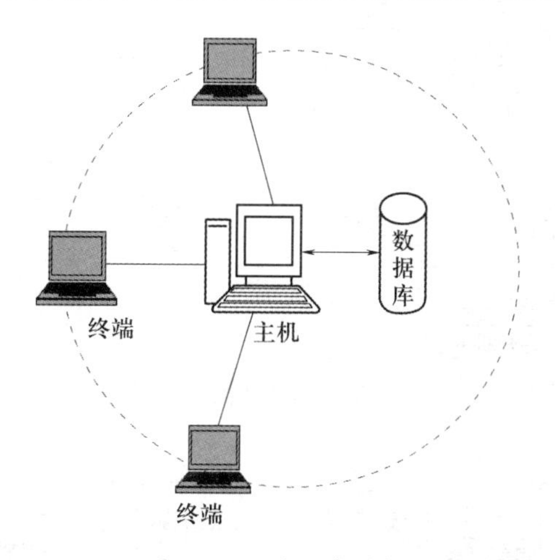

图 1 – 11 主从式结构

3. 分布式结构:分布式结构是计算机网络发展的产物,系统的体系结构如图 1 – 12 所示。数据库中的数据在逻辑上是一个整体,但物理的分布在网络中的不同结点上,每个结点上的主机又可以连接多个终端。网络中的每个结点都可以独立地处理本地数据,也可以存取异地数据。这种结构适合于地理上分散的公司和团体对数据处理的要求。但是数据的分布存放给数据的管理和处理带来困难,并且存取异地数据会受到网络传输速度的影响。

4. 客户机/服务器结构:客户机/服务器结构把 DBMS 和应用分开,将网络中某个结点专门执行 DBMS 功能,称为数据库服务器。网络中的其他结点安装开发工具和应用程序,称为客户机。这种结构可以分为集中式结构和分布式结构。集中式结构只有一台数据库服务器,体系结构如图 1 – 13 所示。分布式结构有多台数据库服务器,体系结构如图 1 – 14 所示。

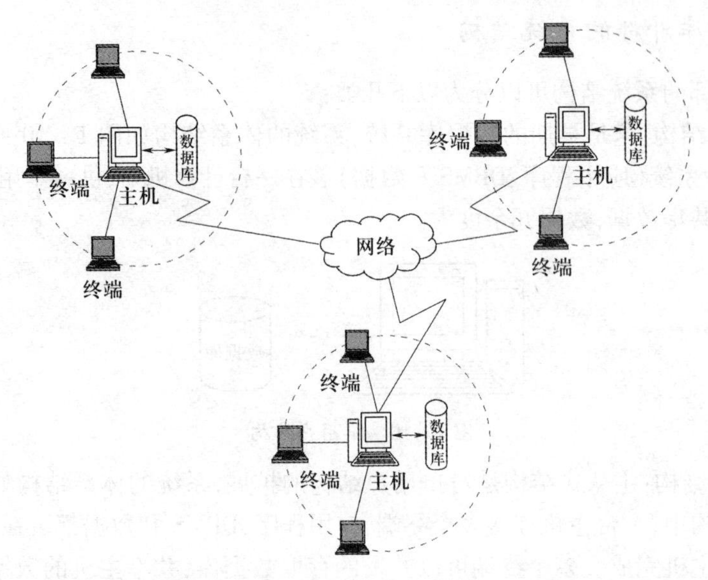

图 1－12　分布式结构

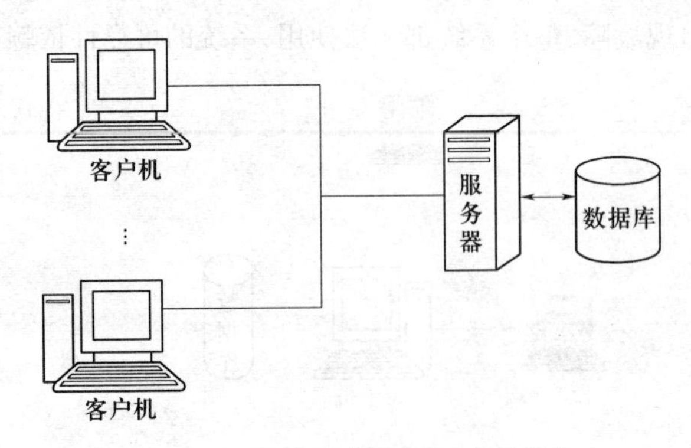

图 1－13　集中式客户机/服务器结构

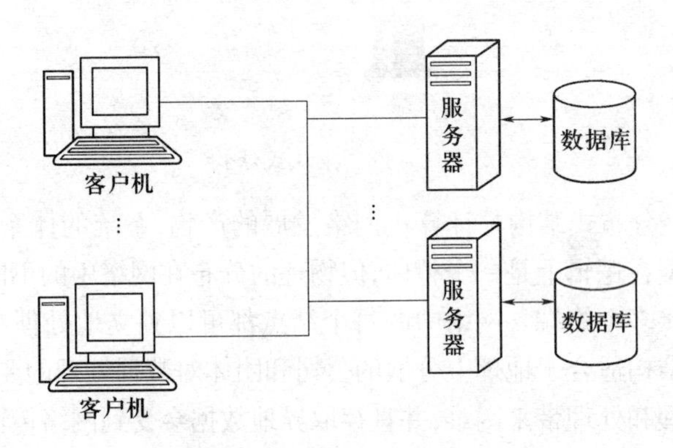

图 1－14　分布式客户机/服务器结构

客户机的请求被传送到数据库服务器,服务器处理完毕后,将结果返回给客户机。这种结构的优点在于客户机和服务器可以在不同的硬件和软件平台上运行,客户机可以使用不同的开发工具和应用程序。缺点在于需要为每一台客户机安装开发工具和应用程序,维护困难,工作量大,浪费系统资源。

5. 浏览器/服务器结构:这种结构的体系结构如图 1-15 所示。客户机端是统一的浏览器界面,用户容易掌握,减少了维护的工作量。服务器端分为 Web 服务器和数据库服务器,Web 服务器解析用户的数据处理请求,将对数据库的处理工作交给数据库服务器完成,数据库服务器将处理的结果返回给 Web 服务器,Web 服务器将结果以网页的形式显示给用户。这种结构能够支持成千甚至上万的用户,维护成本低,是应用最为广泛的数据库体系结构。

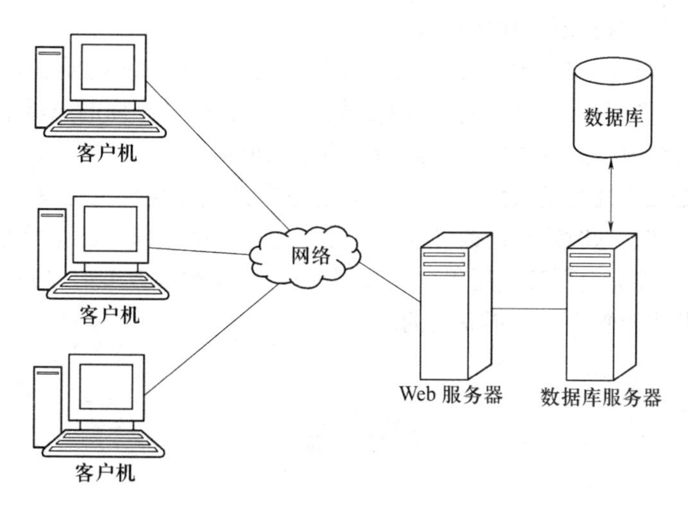

图 1-15 浏览器/服务器结构

1.3.2 数据库内部的系统结构

数据库系统提供了三种数据库模式:外模式、模式和内模式。三种模式的关系如图 1-16所示。

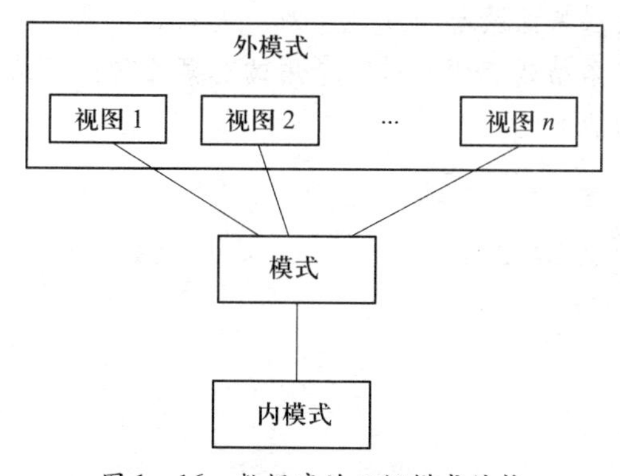

图 1-16 数据库的三级模式结构

模式是数据库中全体数据的逻辑结构和特征的描述,是数据库系统结构的中间层,因此它既不涉及数据的物理存储结构,也与具体的应用程序无关。模式通常以某种数据模型来描述,一个数据库只有一个模式。定义模式时不仅要定义数据本身,而且要定义数据之间的联系。

外模式是数据库中局部数据的逻辑结构和特征的描述,是与某一应用有关的数据的逻辑表示。一个数据库有多个外模式,不同的外模式可以为不同的应用程序服务,但一个应用程序只能使用一个外模式。在关系数据库系统中,可以在表的基础上建立多个视图,如前面的学生总成绩视图和每个系学生的平均年龄视图,视图提供了以多种角度看待数据的机制,视图的集合构成一个数据库的外模式。

内模式是数据物理结构和存储方式的描述,一个数据库只有一个内模式。数据库的内模式包括存储策略和存取路径的描述。

由于数据库系统的三级模式结构,数据库管理系统提供了两种映像:

外模式/模式映像和模式/内模式映像

正是这两种映像实现了数据库系统的数据独立性。第一种数据独立性为物理独立性,即当数据库的物理存储结构也就是内模式发生改变时,数据库的逻辑结构也就是模式不变。这时需要修改模式和内模式之间的映像来保证物理独立性。

第二种数据独立性为逻辑独立性,即当数据库的逻辑结构也就是模式发生改变时,数据库的外模式不变。这时需要修改外模式和模式之间的映像来保证逻辑独立性。需要注意,逻辑独立性不能完全保证应用程序和数据的独立,当模式改变时,应用程序可能仍然需要修改。因此逻辑独立性是不完备的。

习　题

1. 简述数据库系统的特点。
2. 常见的数据库管理系统的产品有哪些?它们的特点是什么?
3. 什么是关系?什么是关系模式?请举例说明。
4. 关系模型的特点有哪些?
5. 说明数据库系统的三级模式结构的含义。
6. 说明数据库系统的两层映像及与独立性的对应关系。
7. 数据库系统外部的体系结构有哪几种?常用的有哪几种?请结合实际举例说明。
8. 数据库管理系统的功能有哪些?

第 2 章　关系数据库的基本知识

本章要求：

（1）理解关系的数据结构，理解元组、分量、属性等概念。

（2）掌握关系代数的各种运算，重点是选择、投影和连接运算，掌握用关系代数的各种运算表达查询的方法。

（3）理解关系的完整性，理解候选码、主码、主属性、非主属性等概念。

（4）理解实体完整性和参照完整性的要求，理解外码的概念及对外码取值的要求，这是本章的难点。

2.1　关系数据结构及形式化定义

2.1.1　关系

关系是关系模型的核心，是关系模型的数据结构。在关系模型中，现实世界的实体以及实体之间的各种联系都用关系来表示。在用户看来，关系是一张二维表。例如，表2－1的学生关系表示了学生的基本信息，表 2－2 的选课关系表示了学生和课程之间的联系。

表 2－1　学生关系

学号	姓名	性别	年龄	所在系
070811101	王凯	男	20	计算机
070811102	李阳	男	21	计算机
070817221	杨燕	女	19	经济
070817226	刘真	女	20	经济

表 2－2　选课关系

学号	课程号	成绩
070811101	080110B	90
070811102	080110B	80
070817221	080602A	77
070817226	080602A	88

下面将给出关系的形式化定义及相关概念。

1. 域的定义：一组具有相同数据类型的值的集合。

例如，整数的集合、字符串的集合等都可以是域。

2. 笛卡儿积的定义

n 个域 $D_1, D_2, \cdots, D_n$上的笛卡儿积定义为集合

$$D_1 \times D_2 \times \cdots \times D_n = \{ (d_1, d_2, \cdots, d_n) \mid d_j \in D_j, j = 1, 2, \cdots, n\}$$

其中，每个元素$(d_1, d_2, \cdots, d_n)$叫做一个 n 元组或元组。元素中的每个值 d_i叫做一个分量。$D_1 \times D_2 \times \cdots \times D_n$的基数为各个域的元素个数的乘积。

例如，给定下面三个域：

D_1 = 学生集合 = {王凯，李阳，杨燕}

D_2 = 性别集合 = {男，女}

D_3 = 年龄集合 = {19,20}

则 D_1,D_2,D_3的笛卡儿积为：

$D_1 \times D_2 \times D_3$ = {

(王凯,男,19),(李阳,男,19),(杨燕,男,19),

(王凯,女,19),(李阳,女,19),(杨燕,女,19),

(王凯,男,20),(李阳,男,20),(杨燕,男,20),

(王凯,女,20),(李阳,女,20),(杨燕,女,20)

}

其中,(王凯,女,20)、(杨燕,男,20)等都是元组,王凯、男、20 等都是分量。该笛卡儿积的基数为 $3 \times 2 \times 2 = 12$,即结果中的元组个数。这些元组可以用一张二维表来表示,如表 2-3 所列。

表 2-3　D_1,D_2,D_3的笛卡儿积

姓名	性别	年龄	姓名	性别	年龄
王凯	男	19	王凯	男	20
李阳	男	19	李阳	男	20
杨燕	男	19	杨燕	男	20
王凯	女	19	王凯	女	20
李阳	女	19	李阳	女	20
杨燕	女	19	杨燕	女	20

3. 关系的定义

笛卡儿积 $D_1 \times D_2 \times \cdots \times D_n$的子集叫作域 $D_1,D_2,\cdots,D_n$上的关系,用 $R(D_1,D_2,\cdots,D_n)$表示。R 表示关系,n 是关系的目或度。

例如,从表 2-3 即 D_1,D_2,D_3的笛卡儿积中取出三个元组,得到下面的关系,如表 2-4所列。这个关系的每个元组代表了一个学生的基本信息,具有实际的含义。一般来说,$D_1,D_2,\cdots,D_n$的笛卡儿积是没有实际意义的,只有它的子集也就是关系才有实际意义。

表 2-4　学生关系表

姓名	性别	年龄
王凯	男	19
李阳	女	20
杨燕	女	20

从表 2-4 中可以看出,这个关系的每一列都有一个名字,即姓名、性别和年龄,这是为关系的域附加的名字,是表示实体性质的抽象信息,称为关系的属性。每个属性所表示的域称为属性的值域。属性名不一定与域名相同,如属性“姓名”来自的域是“学生”。一个关系的各个属性名必须互不相同,以示区分。

关系可以分为下面 3 种类型:

(1) 基本关系:是实际存在的关系,是实际存储数据的逻辑表示。

(2) 查询表:是查询结果对应的表。

(3) 视图表：是虚表，不存储数据，是由基本关系或视图表导出的表。

基本关系需要满足以下 6 条性质：

(1) 每一列中的分量是同一类型的数据，来自同一个域。表 2-5 中姓名属性列中的分量"女"和性别属性列中的分量"杨燕"不满足这条性质，不能称为基本关系。

(2) 不同的列可出自同一个域，不同的列要有不同的属性名。

表 2-6 的关系中，第一列和第四列可以出自同一个"姓名"域，但是不能有相同的属性名，必须加以区分，比如可以把第四列属性名改为"曾用名"。

表 2-5　学生关系表

姓 名	性 别	年 龄
王凯	男	19
李阳	男	19
女	杨燕	20

表 2-6　学生关系表

姓 名	性 别	年 龄	姓 名
王凯	男	20	王晓凯
李阳	男	21	李阳阳
杨燕	女	19	杨雨燕

(3) 列的顺序可以任意交换。如表 2-7 与表 2-4 的关系是等价的。

(4) 行的顺序可以任意交换。如表 2-8 与表 2-4 的关系是等价的。

表 2-7　学生关系表

姓 名	年 龄	性 别
王凯	19	男
李阳	19	男
杨燕	20	女

表 2-8　学生关系表

姓 名	年 龄	性 别
王凯	19	男
杨燕	20	女
李阳	19	男

(5) 任意两个元组不能完全相同。如果有相同的元组，保留一个。

(6) 每一个分量必须是不可分的数据项。这是对关系最基本的要求，不满足这条性质的关系称为非规范化的关系。如表 2-9 和 2-10 都是非规范化的关系。

表 2-9　学生关系表

姓 名	年 龄	父 母	
		父 亲	母 亲
王凯	19	王鹏	李娟
杨燕	20	杨刚	宋娜

表 2-10　学生关系表

姓 名	年 龄	父 母
王凯	19	王鹏 李娟
杨燕	20	杨刚 宋娜

对上面两个非规范化的关系可以改为表 2-11 的关系。

表 2-11　学生关系表

姓 名	年 龄	父 亲	母 亲
王凯	19	王鹏	李娟
杨燕	20	杨刚	宋娜

2.1.2　关系模式

关系模式是对关系的描述，它可以表示为一个五元组：

R(U,D,DOM,F)

其中,R 为关系名,U 为组成该关系的属性名集合,D 为属性组 U 中属性所来自的域,DOM 为属性向域的映像集合,即属性出自哪个域,F 为属性间数据的依赖关系集合。

关系模式通常简记为:

R(U)

或

$R(A_1,A_2,\cdots,A_n)$

其中,R 为关系名,$A_1,A_2,\cdots,A_n$为属性名。如表 2-4 的关系可以表示为:

学生(姓名,性别,年龄)

可以看出,关系模式描述了关系的数据结构和语义,是关系的型,相对稳定,不随时间变化;关系是一个数据集合,是关系的值,随时间而变化,是关系模式的关系实例。

2.1.3 关系数据库

关系数据库也有型和值之分。对一个给定的领域来说,所有的实体及联系都用关系模式表示,这些关系模式的集合称为关系数据库的型,也称为关系数据库模式,是对关系数据库的描述。关系数据库的值是关系模式在某一时刻对应的关系的集合,也称为关系数据库。

2.2 关系代数

关系代数是对关系的运算,通过这类运算来表达对关系的各种查询,是一种抽象的查询语言。本节主要介绍关系代数的各种运算,并通过实例讲解使用关系代数表达查询的方法。

关系代数按运算符的不同可分为传统的集合运算和专门的关系运算两类。传统的集合运算是将关系看成元组的集合,从行的角度对关系进行运算,而专门的关系运算是从行和列的角度对关系进行的运算。

关系代数中用到的运算符除了集合运算符和专门的关系运算符之外,还包括两类辅助的运算符:比较运算符和逻辑运算符。关系代数运算符如表 2-12 所列。

表 2-12 关系代数运算符

运算符	分类	含义	运算符	分类	含义
集合运算符	∪	并	比较运算符	≥	大于等于
	∩	交		<	小于
	-	差		≤	小于等于
	×	广义笛卡儿积		=	等于
专门的关系运算符	σ	选择		< >	不等于
	π	投影	逻辑运算符	¬	非
	∞	连接		∧	与
	÷	除		∨	或
比较运算符	>	大于			

2.2.1 传统的集合运算

关系是元组的集合,传统的集合运算是对两个关系进行的集合运算,包括并、交、差、广义笛卡儿积四种运算。

设有两个关系 R 和 S,这两个关系进行并、交、差运算需要满足下面的条件:

(1) 两个关系的属性个数相同;

(2) 相应的属性取自同一个域。

1. 并

关系 R 与关系 S 的并运算的结果仍为关系,该关系由属于 R 或属于 S 的元组组成,结果关系的属性个数与 R 和 S 的属性个数相同。

图 2-1(a)用两个圆圈分别代表关系 R 和 S,图 2-1(b)的阴影部分表示了 R 和 S 并运算的结果。

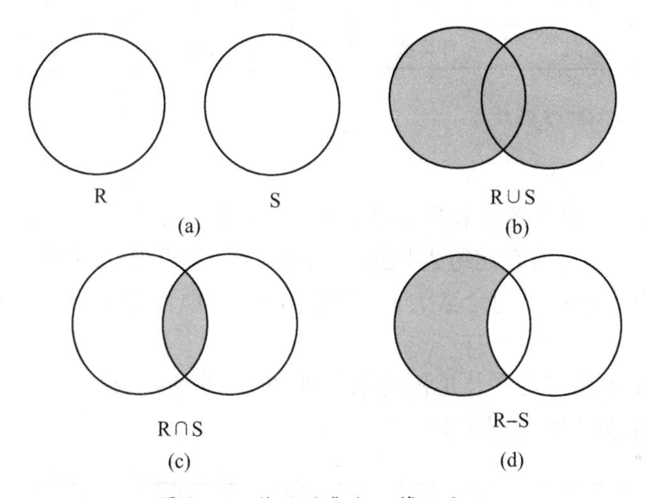

图 2-1 传统的集合运算示意图

图 2-2 给出了两个关系 R 和 S,这两个关系求并的结果如图 2-3 所示。从结果可以看出,R 和 S 公共的元组在结果中只保留一个。

关系R

学 号	姓 名	所 在 系
070811101	王凯	计算机
070811102	李阳	计算机

关系S

学 号	姓 名	所 在 系
070811101	王凯	计算机
070817221	杨燕	经济

图 2-2 关系 R 和关系 S

学 号	姓 名	所 在 系
070811101	王凯	计算机
070811102	李阳	计算机
070817221	杨燕	经济

图 2-3 R∪S 的结果

2. 交

关系 R 与关系 S 的交运算的结果仍为关系，该关系由既属于 R 又属于 S 的元组组成，结果关系的属性个数与 R 和 S 的属性个数相同。

交运算的结果实际就是 R 和 S 公共的元组，图 2-1(c) 表示了交运算的结果。图 2-4是图 2-2 的 R 和 S 交运算的结果。

3. 差

关系 R 与关系 S 的差运算的结果仍为关系，该关系由属于 R 但不属于 S 的元组组成，结果关系的属性个数与 R 和 S 的属性个数相同。

图 2-1(d) 表示了差运算的结果。图 2-5 是图 2-2 的 R 和 S 差运算的结果。

可以看出，$R-S=R-R\cap S$，也就是 R 和 S 的差就是从 R 的元组集合中去掉 R 和 S 的公共元组得到的结果。

学 号	姓 名	所 在 系
070811101	王凯	计算机

图 2-4 R∩S 的结果

学 号	姓 名	所 在 系
070811102	李阳	计算机

图 2-5 R-S 的结果

4. 广义笛卡儿积

关系 R 和关系 S 的广义笛卡儿积记作 R×S，它是一个新关系，这个新关系的元组是由 R 的所有元组与 S 的所有元组连接形成的新元组，如果 R 的属性个数为 m，元组个数为 k1，S 的属性个数为 n，元组个数为 k2，那么 R×S 的属性个数是 m+n，R×S 的元组个数是 k1×k2。

图 2-2 的 R 和 S 广义笛卡儿积的结果如图 2-6 所示，由于 R 和 S 的属性名均相同，所以用关系名.属性名加以区分。

R.学 号	R.姓 名	R.所在系	S.学 号	S.姓 名	S.所在系
070811101	王凯	计算机	070811101	王凯	计算机
070811101	王凯	计算机	070817221	杨燕	经济
070811102	李阳	计算机	070811101	王凯	计算机
070811102	李阳	计算机	070817221	杨燕	经济

图 2-6 R×S 的结果

再举一个例子：

图 2-7 的两个关系 R 和 S 进行广义笛卡儿积的运算结果如图 2-8 所示。

关系R

学 号	姓 名	所 在 系
070811101	王凯	计算机
070811102	李阳	计算机

关系S

学 号	性 别
070811101	男
070811102	男

图 2-7 关系 R 和关系 S

R.学号	姓名	所在系	S.学号	性别
070811101	王凯	计算机	070811101	男
070811101	王凯	计算机	070811102	男
070811102	李阳	计算机	070811101	男
070811102	李阳	计算机	070811102	男

图 2-8　R×S 的结果

2.2.2　专门的关系运算

专门的关系运算包括选择、投影、连接、除运算。

1. 选择

选择是在关系中选出满足给定条件的元组,选择运算的表达式形式如下:

$\sigma_F(R)$

σ 是选择符号,F 是条件表达式,在 F 中可以包含表 2-12 的比较运算符、属性名或属性的序号、常量、简单函数等。R 是关系名。选择表达式的含义就是从 R 中选出满足 F 条件的元组。关系 R 为表 2-1 的学生关系。

[**例 2-1**]查询年龄小于 20 岁的学生。

$\sigma_{年龄<20}(R)$ 或 $\sigma_{4<20}(R)$

查询结果如图 2-9(a)所示。

[**例 2-2**]查询所有男生。

$\sigma_{性别='男'}(R)$ 或 $\sigma_{3='男'}(R)$

查询结果如图 2-9(b)所示。

学号	姓名	性别	年龄	所在系
070817221	杨燕	女	19	经济

(a)

学号	姓名	性别	年龄	所在系
070811101	王凯	男	20	计算机
070811102	李阳	男	21	计算机

(b)

图 2-9　查询结果

如果条件表达式 F 中有多个条件,那么在 F 中可以使用逻辑运算符。

[**例 2-3**]查询 20 岁的男生。

$\sigma_{性别='男' \wedge 年龄=20}(R)$

这里用逻辑与(∧)连接两个条件,表示两个条件同时都成立。查询结果如图 2-10(a)所示。

[**例 2-4**]查询计算机系或经济系的学生。

$\sigma_{所在系='计算机' \vee 所在系='经济'}(R)$

这里用逻辑或(∨)连接两个条件,表示两个条件至少有一个成立。查询结果如图 2-10(b)所示。

学 号	姓 名	性 别	年 龄	所 在 系
070811101	王凯	男	20	计算机

(a)

学 号	姓 名	性 别	年 龄	所 在 系
070811101	王凯	男	20	计算机
070811102	李阳	男	21	计算机
070817221	杨燕	女	19	经济
070817226	刘真	女	20	经济

(b)

图 2-10 查询结果

2. 投影

投影是在关系中选出给定的属性列形成一个新的关系,投影运算的表达式形式如下:

$\pi_{A1, A2, \cdots, An}(R)$

其中 $A_1, A_2, \cdots, A_n$是属性列,在投影运算的结果中只包含这些属性列,结果中属性列的顺序与 $A_1, A_2, \cdots, A_n$的顺序是一致的。

[**例 2-5**]查询所有学生的姓名和年龄。

$\pi_{姓名,年龄}(R)$

查询结果如图 2-11(a)所示。

[**例 2-6**]查询学生所在系。

$\pi_{所在系}(R)$

在 R 中选出了所在系这一列如图 2-11(b)所示。由于在结果关系中存在重复的元组,删除重复的元组得到最终的结果,如图 2-11(c)所示。

3. 连接

连接也称为 θ 连接,是从两个关系的笛卡儿积中选取满足给定条件的元组,θ 连接的形式如下:

$$R \underset{X\theta Y}{\infty} S = \sigma_{X\theta Y}(R \times S)$$

XθY 是连接的条件,其中,X 和 Y 是度数相等且可比的属性组,θ 是比较运算符。θ

姓 名	年 龄
王凯	20
李阳	21
杨燕	19
刘真	20

(a)

所 在 系
计算机
计算机
经济
经济

(b)

所 在 系
计算机
经济

(c)

图 2 – 11 查询结果

连接的执行过程是首先求两个关系 R 和 S 的笛卡儿积,然后在结果关系中选择 X 和 Y 的取值满足 XθY 条件的元组。

图 2 – 12 为关系 R、S 及 R 和 S 的笛卡儿积的结果。图 2 – 13 为在 R 和 S 的笛卡儿积中选择满足 R. 年龄 < S. 年龄条件的元组。

关系 R

学 号	姓 名	年 龄
070811101	王凯	19
070811102	李阳	22

关系 S

学 号	姓 名	年 龄
070817221	杨燕	24
070811101	王凯	19

R×S 的结果

R.学 号	R.姓 名	R.年 龄	S.学 号	S.姓 名	S.年 龄
070811101	王凯	19	070817221	杨燕	24
070811101	王凯	19	070811101	王凯	19
070811102	李阳	22	070817221	杨燕	24
070811102	李阳	22	070811101	王凯	19

图 2 – 12 关系 R、S 和 R × S 的结果

R∞S

R. 年龄 < S. 年龄

R.学 号	R.姓 名	R.年 龄	S.学 号	S.姓 名	S.年 龄
070811101	王凯	19	070817221	杨燕	24
070811102	李阳	22	070817221	杨燕	24

图 2 – 13 结果

如果 θ 为 = ,这种连接叫做等值连接。图 2 – 14 为在 R 和 S 的笛卡儿积中选择满足 R. 学号 = S. 学号条件的元组。

R∞S

R. 学号 = S. 学号

R.学 号	R.姓 名	R.年 龄	S.学 号	S.姓 名	S.年 龄
070811101	王凯	19	070811101	王凯	19

图 2 – 14 结果

对图 2 – 14 来说,如果去掉重复列,得到如图 2 – 15 所示的关系。这样的连接叫做自然连接,用 R∞S 表示。自然连接的定义如下:两个关系 R 和 S,$A_1,A_2,\cdots,A_n$是 R 和 S 的公共属性,如果 R 的元组 r 和 S 的元组 s 在 $A_1,A_2,\cdots,A_n$这些属性上的取值都相等,那么将 r 和 s 连接形成的元组放入 R∞S 中,并且去掉重复的属性列。

学号	姓名	年龄
070811101	王凯	19

图 2 – 15　R∞S 的结果

4. 除

考虑下面的例子:

[**例 2 – 7**]查询选修了所有课程的学生的学号(选课关系和课程关系见图 2 – 16)。

对这个例子来说,首先要确定所有课程的集合是什么,根据课程关系,可以得出所有课程号的集合,如图 2 – 17 所示。

选课关系

学号	课程号	成绩	学号	课程号	成绩
070811101	080110B	90	070811101	080602A	77
070811102	080110B	80	070817221	080602A	88

课程关系

课程号	课程名
080110B	数据库原理与应用
080602A	软件工程

图 2 – 16　选课关系和课程关系

选课关系中给出了学号和课程号的关系,在此要确定有没有学生选修了这个集合,根据选课关系可以得到每个学生的选课情况。学号为 070811101 的学生选修的课程集合如图 2 – 18 所示。

课程号
080110B
080602A

图 2 – 17　课程号集合

课程号
080110B
080602A

图 2 – 18　070811101 选修的课程号集合

学号为 070811102 的学生选修的课程集合如图 2 – 19 所示。

学号为 070817221 的学生选修的课程集合如图 2 – 20 所示。

课程号
080110B

图 2 – 19　070811102 选修的课程号集合

课程号
080602A

图 2 – 20　070817221 选修的课程号集合

从上面三个集合可以看出，只有学号为 070811101 的学生选修了全部的课程。这个查询需要用关系代数的除运算来完成：

$\pi_{学号,课程号}$(选课) ÷ $\pi_{课程号}$(课程)

从这个例子可以看出，参与除法运算的两个关系需要满足的条件：

(1) 这两个关系需要有公共的属性或属性组，这里的公共属性是课程号；

(2) 被除的关系中除了公共的属性或属性组外，还应该包含查询结果中需要的属性，这里的属性是学号。

除运算的执行过程是：对每个学号，找到课程号的集合，如果这个集合包含 $\pi_{课程号}$(课程)集合，就认为这个学号满足查询要求，把它放在结果关系中。

上面介绍了关系代数的 8 种运算，其中并、差、笛卡儿积、选择、投影称为 5 种基本的运算，交、除、连接均可以用基本运算来表达。增加这三种运算不会增加语言的能力，但可以简化表达。

2.3 关系完整性

关系的完整性是为保证数据库中数据的正确性和相容性，对数据提出的约束条件。本节主要介绍关系的三类完整性：实体完整性、参照完整性和用户定义的完整性。

2.3.1 几个概念

1. 候选码

候选码是一个属性集，关系的任意两个元组在该属性集上的取值都不相同，并且这个属性集的任何真子集都不满足这个条件。

根据这个定义可以得出候选码的两个性质：

(1) 唯一性：关系的任意两个元组在候选码上的取值都不相同，也就是给定一个候选码的值，在关系中可以找到唯一的一个元组，即候选码必须能够唯一的标识关系中的所有元组。

(2) 最小性：候选码不能包含多余属性。

[**例 2-8**]考虑关系模式：

学生(学号，姓名，性别，年龄，身份证号)

在这个关系模式中，学号可以作为候选码，因为任意两个元组在学号这个属性上的取值都不相同。除此之外，身份证号也可以作为候选码，原因同上。所以对一个关系模式来说可以有多个候选码。

2. 主属性

候选码中的各个属性称为主属性。非候选码中的各个属性称为非主属性。

3. 主码

在多个候选码中可以选择一个作为主码。所以主码只有一个，候选码可以有多个。

主码的选择要视实际情况而定：

(1) 主码的选择一定要符合语义。比如，人的姓名作为主码不太合适，因为存在重名的情况。如果语义要求不存在重名，才可以把姓名作为主码。

(2) 主码应选择那些很少变化的属性。比如,人的地址就不能作为主码,因为它经常变化。

对例 2 - 8 来说,学号和身份证号是学生关系的主属性,姓名、性别、年龄是学生关系的非主属性。学号和身份证号可以选择其一作为主码。比如,作为学校数据库的一个关系模式,可以选择学号作为主码;作为户籍管理数据库的一个关系模式,选择身份证号作为主码更加合适。

[**例 2 - 9**]考虑关系模式:

选修(学号,课程号,成绩)

这个关系模式的候选码是:(学号,课程号),主属性是学号和课程号,非主属性是成绩,主码也是(学号,课程号)。

4. 外码

[**例 2 - 10**]考虑下面的两个关系(见图 2 - 21)。

学生关系

学 号	姓 名	性 别	年 龄	方 向 号
070811101	王凯	男	20	0801

研究方向关系

方 向 号	方 向 号
0801	计算机软件与理论
0506	日语
0806	数据库

图 2 - 21　两个关系

分析这两个关系,学生关系的主码是学号。研究方向关系的主码是方向号。而学生关系的方向号与研究方向关系的方向号是有着对应关系的,学生所学方向必须是研究方向关系中某个方向,比如,王凯所学方向为 0801,对应的方向名是计算机软件与理论。对方向号这个属性来说,它的取值受到研究方向关系的制约,把这个属性叫做学生关系的外码。

设 F 是基本关系 R 的属性或属性组,但不是 R 的码,K 是基本关系 S 的主码,如果 F 与 K 相对应,则称 F 是 R 的外码。R 称为参照关系。S 称为被参照关系。

分析上面的例子,方向号是学生关系的外码,它与研究方向关系的主码:方向号相对应。

[**例 2 - 11**]分析下面三个关系模式的主码和外码。

学生(学号,姓名,性别,年龄)

选课(学号,课程号,成绩)

课程(课程号,课程名)

分析这三个关系模式,不难得出:学生关系的主码是学号,课程关系的主码是课程号,选课关系的主码是(学号,课程号),学号和课程号是选课关系的主属性。

作为选课关系的学号来说,它与学生关系的学号对应,所以学号是选课关系的外码。

同理,课程号也是选课关系的外码。

[**例 2-12**]考虑下面的例子(见图 2-22)。

学生关系

学 号	姓 名	性 别	年 龄	组 长
070811101	王凯	男	20	070811102
070811102	李阳	男	21	070811102

图 2-22 学生关系

在这个关系中,假设学生分成多个小组,每组选出一个组长,便于联系。这样组长属性与学号属性就有了对应关系,这里把组长称为学生关系的外码。这是对同一个关系也存在参照完整性的关系。

2.3.2 关系的完整性

关系的完整性包括实体完整性、参照完整性和用户定义的完整性。其中,实体完整性和参照完整性是关系必须满足的完整性要求。

1. 实体完整性

规则:主属性不能为空值。

主属性是候选码中的各个属性,而候选码是元组的唯一标识。所以实体完整性实际上是对行的完整性的要求,每一行都代表不同的实体,这些实体是可以通过候选码来区分的。

如学号是学生关系的主属性,根据实体完整性要求,学号不允许为空。

如选课关系中,学号和课程号是主属性,所以学号和课程号都不允许为空。

2. 参照完整性

规则:外码或者为空,或者等于被参照关系的某个主码值。

参照完整性是两个关系之间数据的完整性,保证了多个关系数据的一致性。外码是这两个关系的纽带,所以对外码的要求就保证了多个关系之间数据的完整性。

根据参照完整性,对例 2-10,学生的方向号可以有两种取值:

(1) 空值,代表学生还没有选择研究方向。比如,现在有的高校实行按大类招生,计算机和信息管理都属于信息类,金融学和电子商务都属于金融商务类,在学生二年级或者三年级时再按照学生自身兴趣选择方向进行培养,这样在确定方向之前方向号可为空。

(2) 学生关系的方向号等于研究方向关系的某个方向号的值。也就是学生选择的方向必须是学校实际开设的某个方向,保证表间数据的一致性和合理性,符合具体的语义要求。

对例 2-11,学号和课程号是选课关系的外码,根据参照完整性要求,学号的取值有以下两种情况:

(1) 空值。这里要考虑到学号还是选课关系的主属性,根据实体完整性要求,主属性不能为空,所以学号不能为空值。

(2) 学生关系的某个学号值。只有实际存在的某个学生才有相应的选课信息。

同理,课程号的取值也只能是课程关系某个课程号的值。

对例 2-12,学生关系的组长属性可以有两种取值:

(1) 空值,表示还没有选出组长;

(2) 学生关系的某个学号值。

3. 用户定义的完整性

用户定义的完整性是针对某一具体的关系数据库的约束条件,它是针对某一个具体的应用所涉及的数据的要求。下面这些都是用户定义的完整性约束条件:

(1) 学生的年龄必须在16到24之间;

(2) 学生的性别必须在(男,女)中取值;

(3) 学生的姓名不能为空。

对这些用户定义的完整性约束条件,不同的数据库管理系统应该提供支持机制,允许用户定义这些约束条件,并且要提供检查机制,何时检查这些约束条件及违约处理。

习 题

1. 解释下列概念:

(1) 关系;(2) 属性;(3) 元组;(4) 分量;(5) 关系模式。

2. 用关系代数表达式完成下列查询。

有如下三个关系模式:

学生 S(S#,SNAME,AGE,SEX),分别表示学号、姓名、年龄和性别。

课程 C(C#,CNAME,TEACHER),分别表示课程号、课程名和任课教师。

成绩 SC(S#,C#,GRADE),分别表示学号、课程号和成绩。

(1) 查询选修课程号为003的学生的学号、姓名与成绩。

(2) 查询选修了课程号为005或008的学生的学号。

(3) 查询至少选修了课程号为005和008的学生的学号。

(4) 查询不学003号课程的学生的姓名和年龄。

(5) 查询学习全部课程的学生姓名。

3. 关系代数的5种基本操作是什么?

4. 连接、等值连接和自然连接的区别是什么?

5. 什么是主码?什么是外码?外码什么情况下可以为空?

6. 什么是实体完整性?什么是参照完整性?举例说明。

7. 什么是用户定义的完整性?结合例子具体说明。

第3章　SQL Server 2000 简介和基本操作

本章要求：

（1）了解关系数据库管理系统 SQL Server 2000 及其特点。

（2）掌握 SQL Server 2000 企业管理器和查询分析器的各种操作，这是学习 SQL Server 2000 的基础。

（3）掌握在企业管理器中创建数据库和创建表的过程。

（4）掌握在企业管理器中数据查询的方式。

（5）掌握在企业管理器中创建视图的方法。

（6）掌握在企业管理器中更新数据的方法。

（7）掌握在企业管理器中导入数据和导出数据的方法。

3.1　SQL Server 2000 概述

SQL Server 是由 Microsoft、Sybase 和 Ashton－Tate 三家公司共同开发的数据库管理系统，其中，SQL Server 2000 是 Microsoft 公司于2000 年推出的版本，是目前使用最为广泛的关系数据库管理系统之一。

SQL Server 2000 是基于客户机/服务器（C/S）模式的数据库系统，它采用图形化界面，使数据库管理更加方便灵活，同时具有丰富的编程接口，如 ActiveX 数据对象（ADO）、开放式数据库连接 ODBC 等，更简化了应用程序的开发过程。

SQL Server 2000 系列产品有以下几个版本：

（1）个人版（Personal Edition）；

（2）企业版（Enterprise Edition）；

（3）标准版（Standard Edition）。

除此以外，还有其他的几种版本。个人版占用资源较少，适合移动的用户使用，由于这些用户有时从网络断开，因此需要本地数据存储支持；企业版适合作为生产数据库服务器使用，支持 SQL Server 2000 的所有功能；标准版适合于小工作组或部门的数据库服务器使用。

SQL Server 2000 支持的数据库语言是 Transact－SQL 语言，Transact－SQL 在标准 SQL 语言的基础上，增加了变量说明、功能函数、流程控制等功能，所以功能更加丰富和强大。在 SQL Server 2000 的图形工具查询分析器中可以创建 SQL 脚本，并查看运行结果。

SQL Server 2000 提供了对 XML 的支持，允许用户以 XML 格式检索和存储数据，有利于构建异构系统的互操作性，使得面向 Internet 的应用有了强有力的基础。同时增加了联机分析处理功能（OLAP），为研究复杂的业务数据关系提供了强大的支持。

3.2 SQL Server 2000 的安装

本节以 SQL Server 2000 个人版为例介绍安装过程。将 SQL Server 2000 的安装光盘放入光驱后，系统将自动运行 SQL Server 2000 的安装程序。也可以把 SQL Server 2000 个人版的安装文件预先下载到某个目录下，如：D：\SQL Server 2000 个人版，然后双击 Autorun. exe 程序来执行安装过程。程序运行后，显示如图 3 - 1 所示的安装程序启动界面。

图 3 - 1　安装程序启动界面

第一步：选择“安装 SQL Server 2000 组件”，进入如图 3 - 2 所示的选择安装组件界面。

图 3 - 2　选择安装组件界面

第二步：选择“安装数据库服务器”，进入如图 3 - 3 所示的欢迎界面。

第三步：单击“下一步”按钮，进入如图 3 - 4“计算机名”对话框，保持默认选择“本地计算机”，表示将 SQL Server 2000 安装在本地计算机上，即运行本安装程序的计算机上。

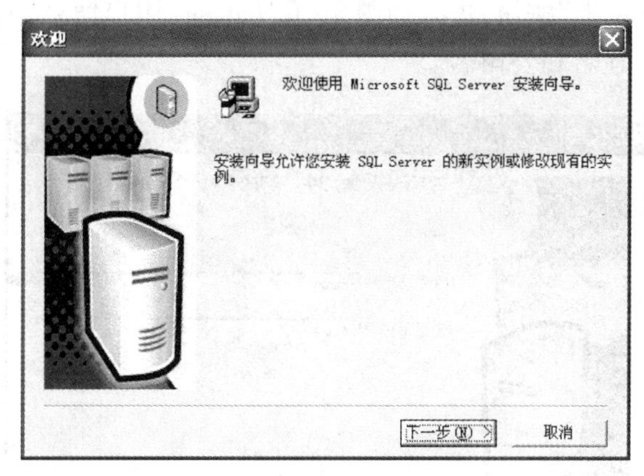

图 3-3　欢迎界面

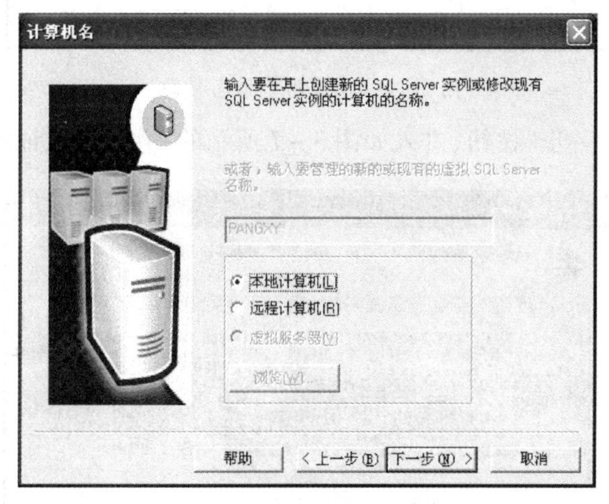

图 3-4　选择要安装的计算机

第四步：单击"下一步"按钮，进入如图 3-5 所示的"安装选择"对话框，保持默认选择"创建新的 SQL Server 实例，或安装客户端工具"，在本地计算机上创建一个新的 SQL Server 实例。

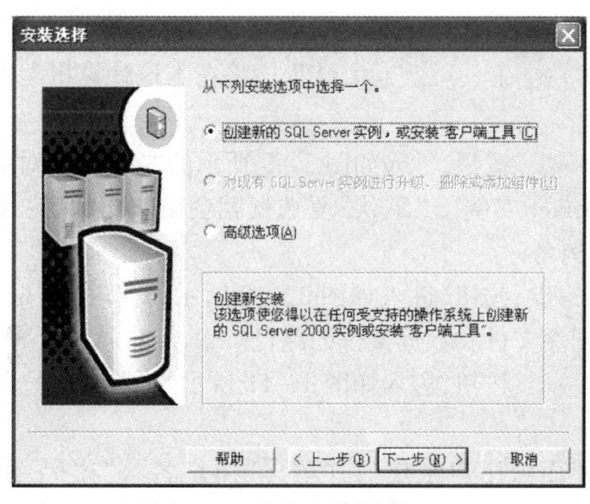

图 3-5　选择安装选项界面

第五步:单击“下一步”按钮,进入如图 3-6 所示的“用户信息”对话框,在“姓名”和“公司”文本框中输入姓名和公司名。

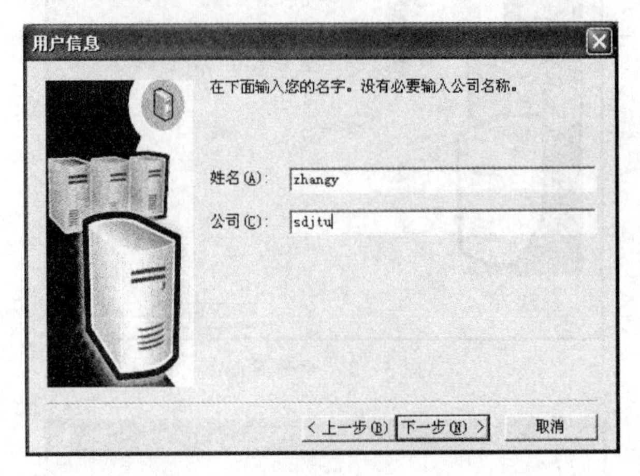

图 3-6　设置用户信息界面

第六步:单击“下一步”按钮,进入如图 3-7 所示的“软件许可证协议”对话框。

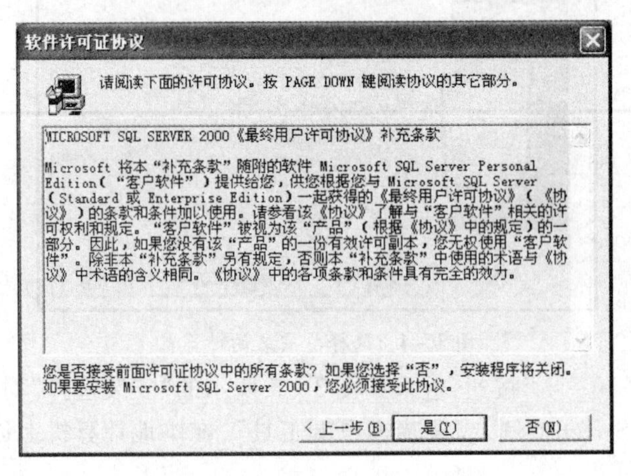

图 3-7　软件许可证协议界面

第七步:单击“是”按钮,接受协议,进入如图 3-8 所示的“安装定义”对话框。保持默认选择“服务器和客户端工具”,表示安装程序将在本地计算机上安装 SQL Server 2000 服务器和客户端工具。

第八步:单击“下一步”按钮,进入如图 3-9 所示的“实例名”对话框。如果计算机中已经存在一个“SQL Server 实例”,“默认”复选框就会呈灰显状态。此时,应在“实例名”文本框中输入一个实例名称。

第九步:单击“下一步”按钮,进入如图 3-10 所示的“安装类型”对话框。保持默认选择“典型”,并设置程序文件和数据文件的路径。

第十步:单击“下一步”按钮,进入如图 3-11 所示的“服务帐户”对话框。选择“使用本地系统帐户”。

用户也可选择“使用域用户帐户”,并填写“用户名”、“密码”和“域”文本框,如图 3-12所示。如果之前选择了“本地计算机”选项,此处则不能选择此选项。

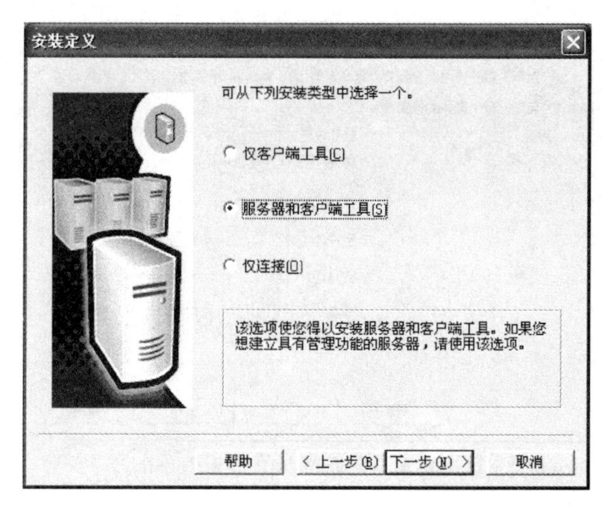

图 3-8　选择安装类型界面

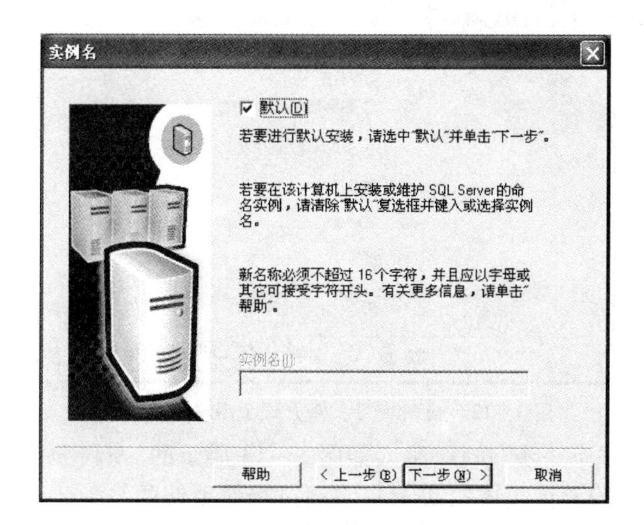

图 3-9　设置实例名界面

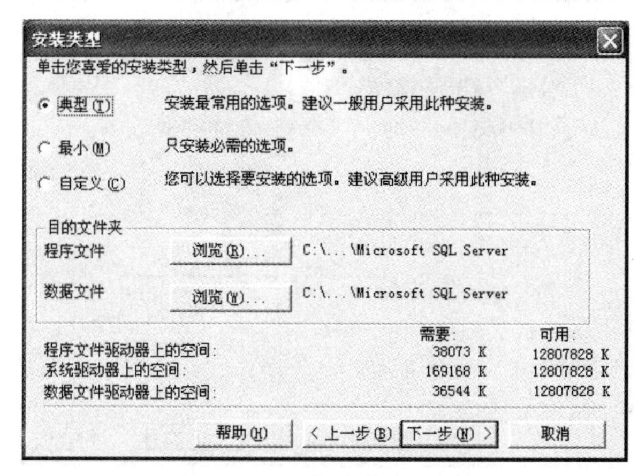

图 3-10　选择安装类型界面

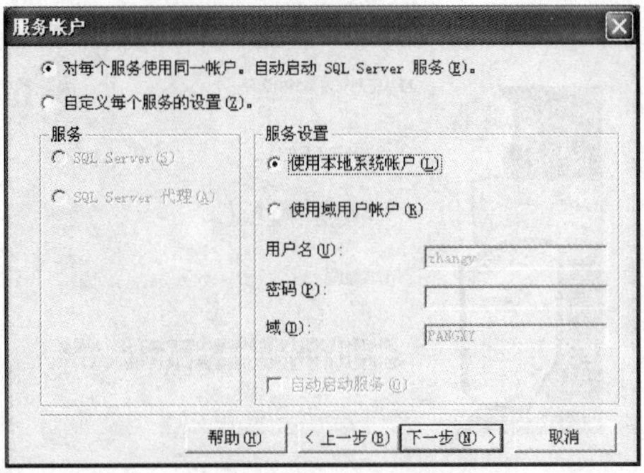

图 3-11 使用本地系统帐户设置服务帐户界面

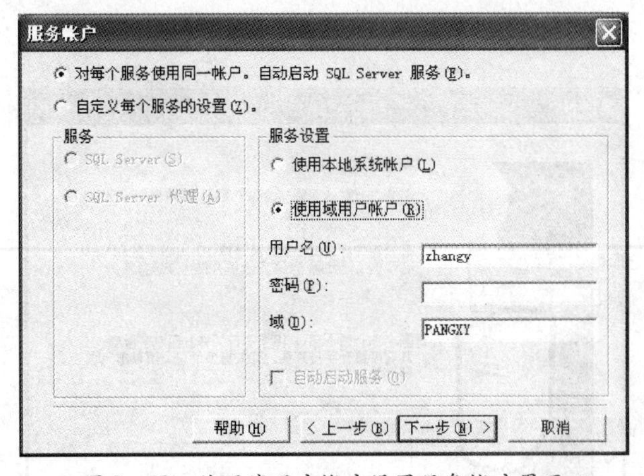

图 3-12 使用域用户帐户设置服务帐户界面

第十一步:单击“下一步”按钮,进入如图 3-13 所示的“身份验证模式”对话框。此处选择“Windows 身份验证模式”,表示只需通过操作系统的身份验证即可。若选择“混

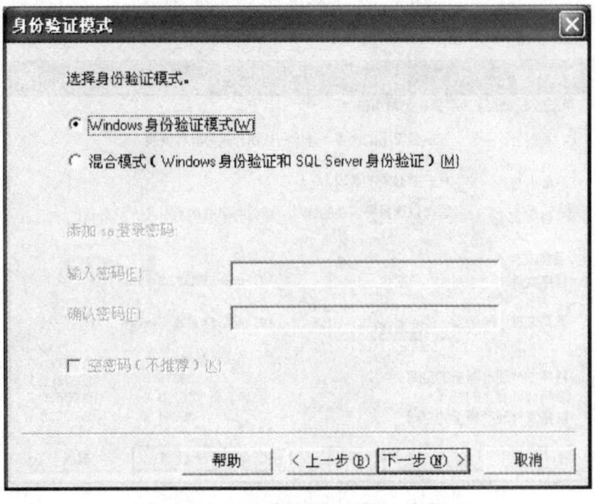

图 3-13 选择身份验证模式界面

合模式(Windows 身份验证和 SQL Server 身份验证)”,则表示除了需要操作系统的身份验证外,还需要通过 SQL Server 2000 的身份验证。如果选择“混合模式”,可以添加 sa 登录密码或选择“空密码”。

第十二步:单击“下一步”按钮,进入如图 3-14 所示的“开始复制文件”对话框。

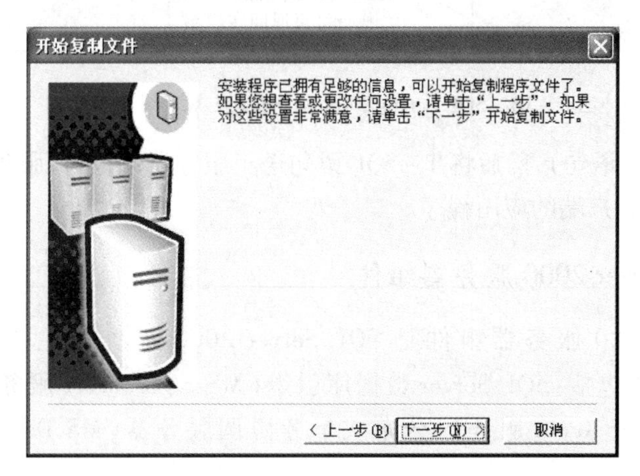

图 3-14 开始复制文件界面

第十三步:单击“下一步”按钮,进入如图 3-15 所示的“安装完毕”对话框。表明安装已完成,单击“完成”按钮完成安装。

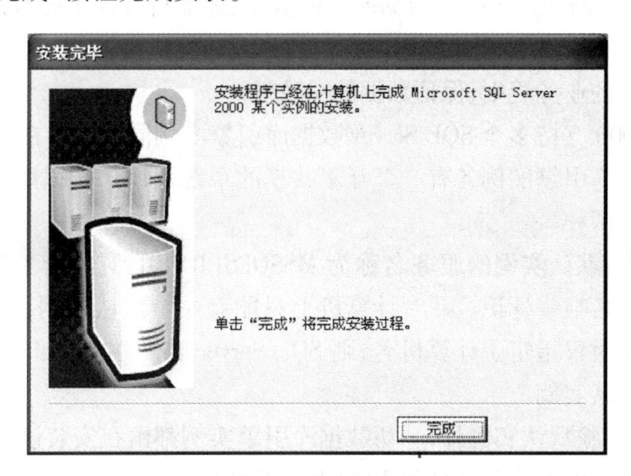

图 3-15 安装完毕界面

3.3 SQL Server 2000 的系统组成

SQL Server 2000 系统由两部分组成:服务器组件和客户端工具。SQL Server 2000 是基于客户机/服务器(C/S)模式的关系数据库管理系统,如图 3-16 所示。

SQL Server 把工作负荷分解为分别在服务器和客户机上执行的任务。客户机应用程序可以在一个或多个客户机上运行,也可以在服务器上运行,负责商业逻辑和向用户提供数据。服务器负责对数据库的数据进行操作和管理。

客户端应用程序除了包含用户界面外,还需要将对数据的处理描述成 Transact-SQL

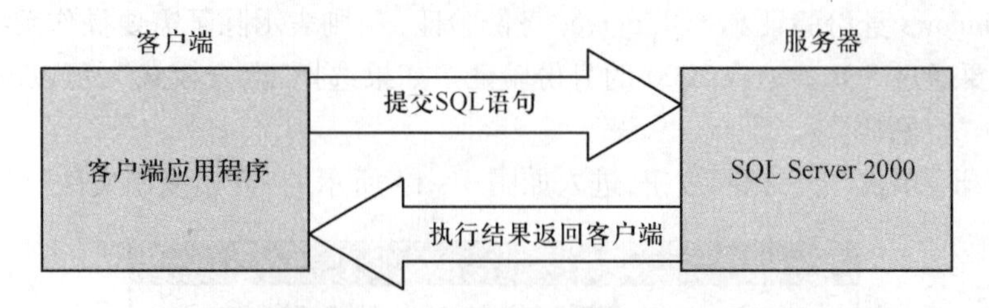

图 3-16 SQL Server 2000 客户机/服务器结构示意图

语句(简称 T-SQL 语句),然后将 T-SQL 语句送至服务器端执行,服务器端执行该语句后,将结果返回给客户端的应用程序。

3.3.1 SQL Server 2000 服务器组件

SQL Server 2000 服务器组件是 SQL Server 2000 系统的主要服务单元。SQL Server 服务器主要包括:SQL Server 数据库引擎(MS SQL Server 服务)、SQL Server 代理程序(SQL Server Agent 服务)、分布式事务协调服务器(MS DTC 服务)、Microsoft 搜索服务。

1. SQL Server 数据库引擎

SQL Server 数据库引擎用来处理所有 SQL Server 客户端应用程序的 T-SQL 语句。SQL Server 不仅能查询 SQL Server 数据库中的数据,还支持查询不同数据源的数据。SQL Server 支持并发操作,能为多个并发用户有效的分配计算机资源,并且强制实施在存储过程和触发器中定义的业务规则,保证数据的一致性。

SQL Server 2000 支持多个 SQL Server 数据库引擎实例同时运行在一台计算机上。每个 SQL Server 数据库引擎实例各有一套互不共享的系统及用户数据库。SQL Server 数据库引擎实例有如下两种。

(1) 默认实例:默认实例的服务名称为 MSSQLSERVER,它没有单独的实例名,由运行该实例的计算机名唯一标识。一台计算机上只能有一个默认实例,如果应用程序在请求连接 SQL Server 时仅指定了计算机名,则 SQL Server 客户端组件将尝试连接该计算机上的数据库引擎默认实例。

(2) 命名实例:除默认实例外,一切数据库引擎实例都由在安装该实例的过程中指定的名称标识。命名实例的服务名称为 MSSQL $ 实例名。

2. SQL Server 代理程序

SQL Server 代理程序是负责运行调度的 SQL Server 管理任务的代理程序,负责 SQL Server 自动化工作,SQL Server 利用该服务可以在指定时间执行某一个存储过程。

3. 分布式事务协调器

分布式事务协调器管理分布事务。支持跨越两个或多个服务器的更新操作来保证事务的完整性。

4. Microsoft 搜索服务

Microsoft 搜索服务是全文查询服务,负责全文检索方面的工作。不论计算机上有多少个 SQL Server 实例,都只有一个搜索服务。

3.3.2 服务器启动、暂停和停止

在默认情况下,“服务管理器”会自动添加到系统的“启动”文件中,操作系统启动后,自动启动 SQL Server 2000 服务。可以通过 3 种方式来启动数据库服务器:使用服务管理器启动、使用企业管理器启动以及使用控制面板启动。下面将分别进行介绍。

1. 使用服务管理器启动

选择“开始”|“程序”|Microsoft SQL Server|“服务管理器”命令,或者在系统的任务栏中双击“服务管理器”图标,可以启动服务管理器,如图 3-17 所示。

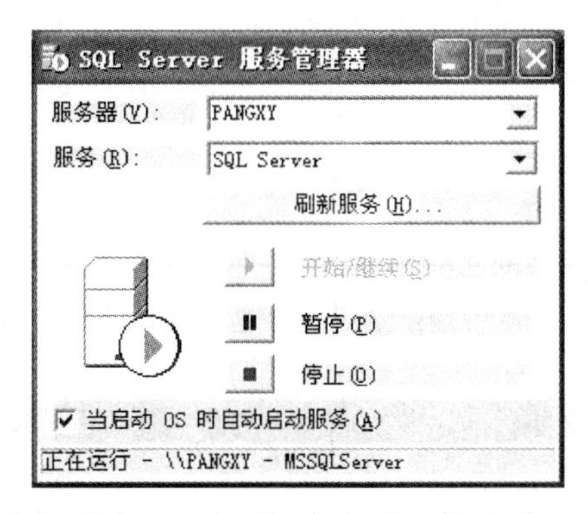

图 3-17 SQL Server 服务管理器

在服务管理器中,通过“服务器”下拉列表框可以选择 SQL Server 服务器所在的计算机名,通过“服务”下拉列表框选择 SQL Server 提供的服务。单击“开始/继续”按钮,启动 SQL Server 的服务;单击“停止”按钮,停止 SQL Server 的服务;单击“暂停”按钮暂停 SQL Server 的服务。如果选中“当启动 OS 时自动启动服务”选项时,则当操作系统启动后,自动启动 SQL Server 的服务。

2. 使用企业管理器启动

选择“开始”|“程序”|Microsoft SQL Server|“企业管理器”命令,打开 SQL Server 企业管理器。在主窗体左边的树形结构中找到相应的服务器,右击该服务器名,在弹出快捷菜单中选择“启动”命令,如图 3-18 所示,可以启动 SQL Server 服务。

3. 使用控制面板启动服务

选择控制面板中的“管理工具”|“服务”命令,启动“服务”对话框,如图 3-19 所示。右击需要启动的服务,在弹出的快捷菜单中选择“启动”命令。

3.3.3 SQL Server 2000 主要的管理工具

SQL Server 2000 提供了多个管理工具,功能各不相同。这里,只介绍最常用的也是必备的两个工具,即企业管理器和查询分析器。

1. 企业管理器

SQL Server 企业管理器(Enterprise Manager)是 SQL Server 2000 的主要管理工具,它是一个遵从 Microsoft 管理控制台(MMC)的用户界面。绝大部分的数据库管理工作都可以在企业管理器中完成。通过企业管理器能够实现对位于同一企业网络结构中的多个 SQL Server 数据库服务器的有效管理。

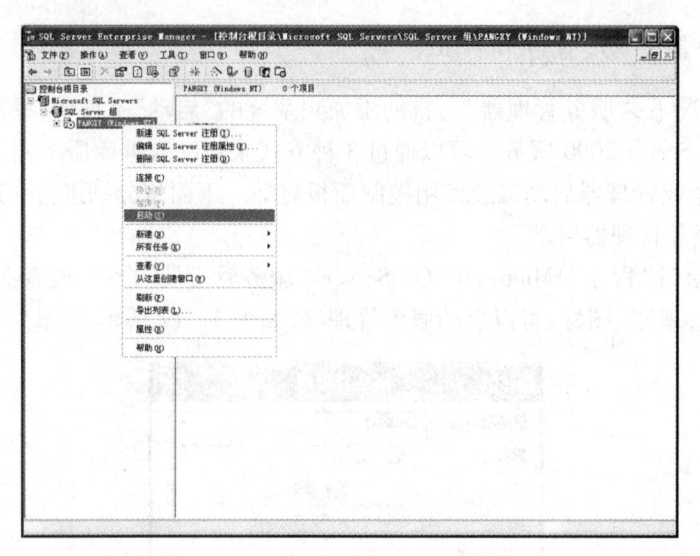

图 3-18　SQL Server 服务管理器

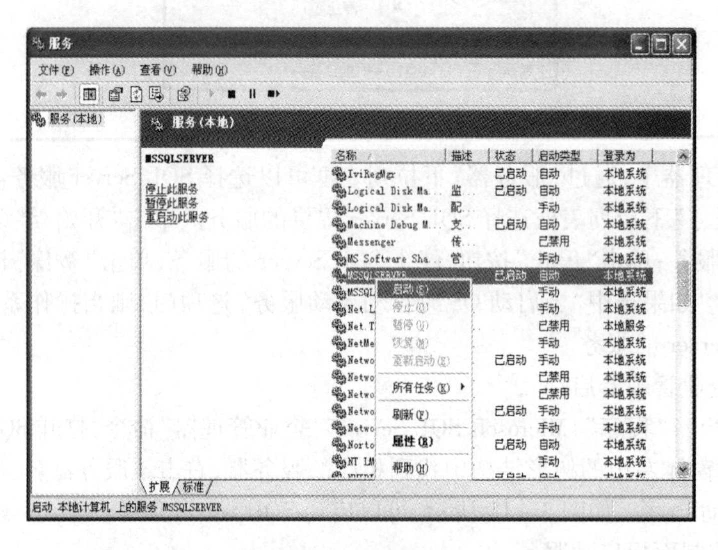

图 3-19　服务对话框

企业管理器类似于 Windows 的资源管理器，它将所有的 SQL Server 对象展现在一个树形结构中。企业管理器按照“Microsoft SQL Servers”→“SQL Server 组”→“数据库服务器”→“数据库”→“数据库对象（表、用户、视图等）”这样一个层次结构组织并管理 SQL Server 2000 对象的，如图 3-20 所示。

企业管理器的主要功能如下：

（1）注册服务器；

（2）配置本地和远程服务器；

（3）配置多重服务器；

（4）对登录安全性进行设置；

（5）对数据库、数据库对象进行有效的管理和操作；

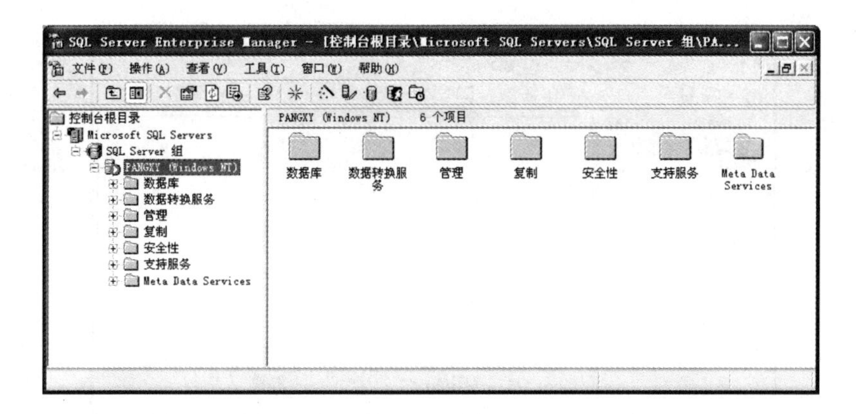

图 3-20 SQL Server 2000 企业管理器

(6) 为独立的环境和多重环境创建并安排作业;

(7) 为企业管理器设置轮询时间;

(8) 创建和管理复制方案。

2. 查询分析器

查询分析器是 SQL Server 2000 客户端应用程序的重要组成部分,是一个图形化的数据库编程接口。SQL 查询分析器用于交互输入 T-SQL 语句和存储过程,包含集成的 T-SQL 调试器、对象浏览器。SQL 查询分析器以自由的文本格式编辑 SQL 脚本,对保留字提供彩色显示,并支持可用于加快复杂语句生成速度的模版,使用图形化的方式显示执行 SQL 语句的逻辑步骤和效率评估。

启动查询分析器的方法有两种:①直接从企业管理器的"工具"菜单中选择"查询分析器";②选择"开始"|Microsoft SQL Server|"查询分析器"命令。如果还没有连接上数据库服务器,则系统执行命令时会弹出如图 3-21 所示的连接登录对话框。

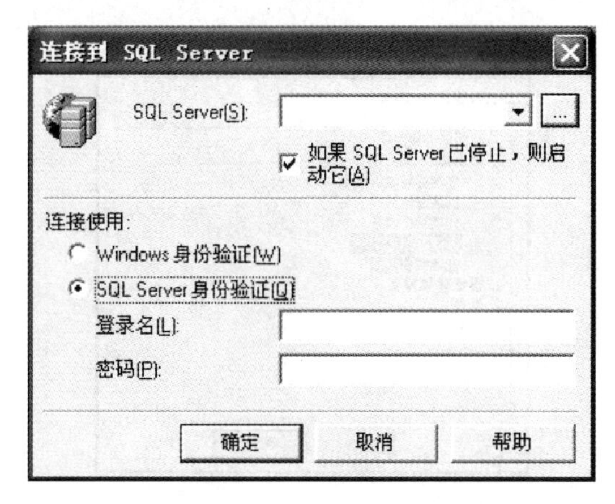

图 3-21 查询分析器登录界面

在 SQL Server 下拉列表框中输入需要连接的服务器名称,选择身份验证的方法后单击"确定"按钮,进入查询分析器,如图 3-22 所示。

左边是查询分析器的对象浏览器和模板,右边是一个脚本编辑器,在这个窗口中,可以编写 Transact-SQL 语句,调用存储过程,分析查询过程,进行查询优化等。

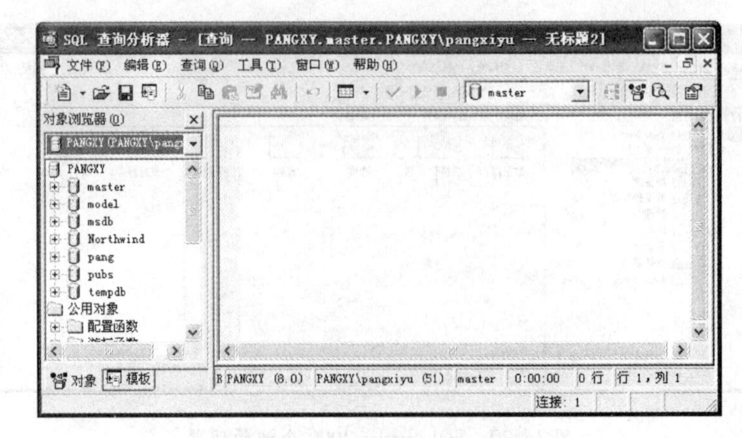

图 3－22　查询分析器窗口

3.4　创建数据库和表

1. 创建数据库

在 SQL Server 2000 中，数据库是由关系图、表、视图、存储过程、用户、角色、规则、用户自定义数据类型和用户自定义函数等数据库对象组成的。创建数据库的过程实际上就是为数据库设计名称、设置文件存放位置和文件属性的过程。可以使用创建数据库向导和企业管理器来创建数据库。

(1) 使用向导创建数据库。选择“开始”|“程序”|“Microsoft SQL Server”|“企业管理器”命令，打开 SQL Server 企业管理器。选择并启动要创建数据库的服务器，在菜单中选择“工具”|“向导”命令，则会打开“选择向导”对话框，如图 3－23 所示。

选择“创建数据库向导”选项，用户根据提示操作，即可创建所需数据库。

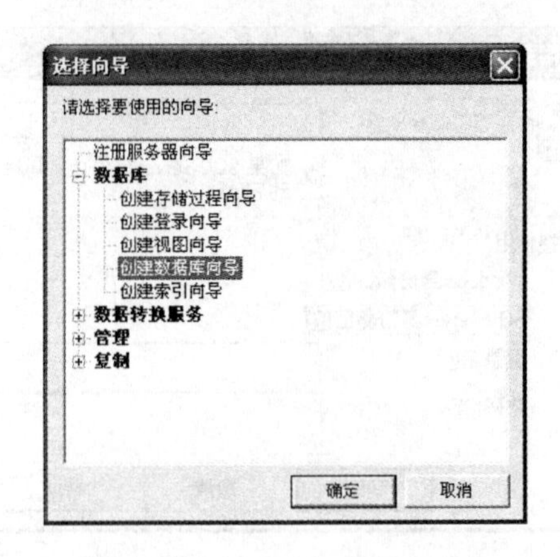

图 3－23　“选择向导”对话框

(2) 使用企业管理器创建数据库。在企业管理器中，右击数据库文件夹，选择“新建数据库”选项，出现如图 3－24 所示的“数据库属性”对话框。在“常规”页框中，要求用户输入数据库名称以及排序规则名称；“数据文件”页框用来输入数据库文件的逻辑名称、存储位置、初始容量大小和所属文件组名称；“事务日志”页框用来设置事务日志文件信息。默认情况下,系统会自动使用数据库名作为前缀来创建主数据库文件和事务日志文件。

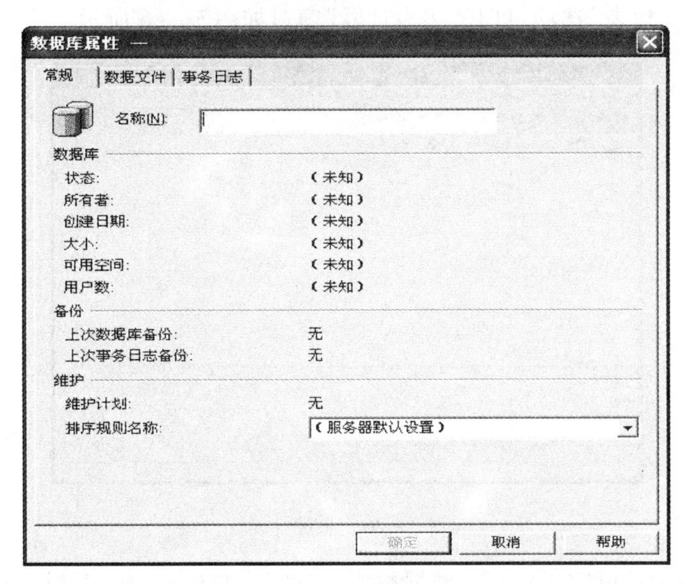

图 3-24　数据库属性对话框

通过上述 2 种方法,最后可以看到新建的数据库 test 出现在企业管理器的左侧数据库列表中。如图 3-25 所示。

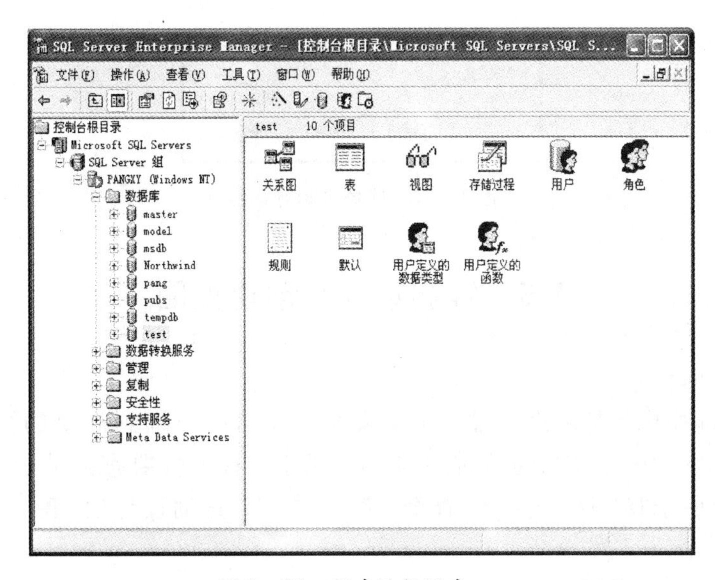

图 3-25　新建的数据库 test

2. 创建表

表包含了数据库中所有的数据,创建数据库后就可以在数据库中创建表。在 SQL Server 2000 中,用户创建表时,最多可以定义 1024 列,也就是 1024 个字段。表和列的命名要遵守标识符的命名原则,同一个表中不能存在相同的列名,但同一数据库的不同表可以使用相同的列名。必须为表中的属性列指定数据类型。

在 SQL Server 2000 中,可以利用表设计器创建表。

在企业管理器中,展开指定的服务器和数据库,双击数据库,右击“表”,从弹出的快捷菜单中选择“新建表”选项,打开“表设计器”窗口如图 3－26 所示。

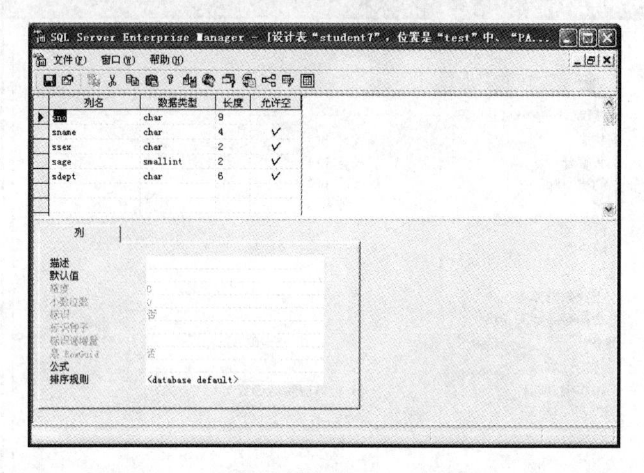

图 3－26　表设计器

在表设计器中可以定义:列名、数据类型、长度、小数位数、精度、默认值、是否允许为空、标识列、标识列的初始值、标识列的增量值和是否有行的标识。可根据提示进行输入和设置,然后选择工具栏中的“保存”命令,在“选择名称”对话框中输入表名,如图 3－27 所示。单击“确定”按钮,完成表的创建。

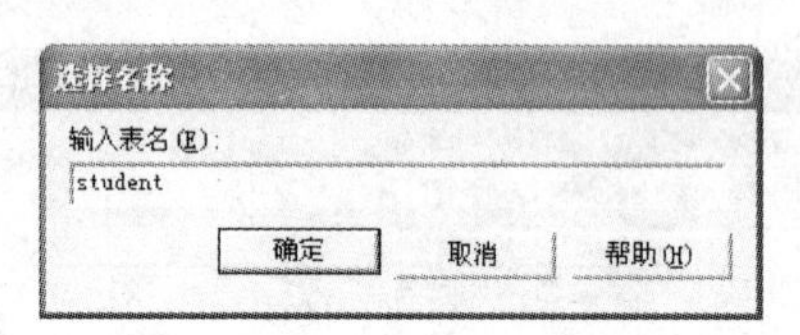

图 3－27　选择名称对话框

3.5　数据查询和创建视图

1. 数据查询

SQL Server 中的“查询设计器”可以从表中准确地查询到需要的数据。在 SQL Server 企业管理器中,展开指定的服务器和数据库,右击将要查询的表 student,在弹出的快捷菜单中选择“打开表”|“查询”命令,打开“查询设计器”窗口,如图 3－28 所示。

查询设计器从上到下分为 4 个窗格:关系图窗格显示正在查询的表及表的结构,网格窗格用来指定要查询的列及查询条件,SQL 窗格显示查询的 SQL 语句,结果窗格显示最近执行的查询结果。用户在关系图窗格、网格窗格和 SQL 窗格中的某一个窗格设置查询选项时,其余两个窗格与其同步,当在某一窗格进行更改时,其他窗格自动反映所做的更改。

利用查询设计器进行表的查询,可以分为以下 4 个步骤。

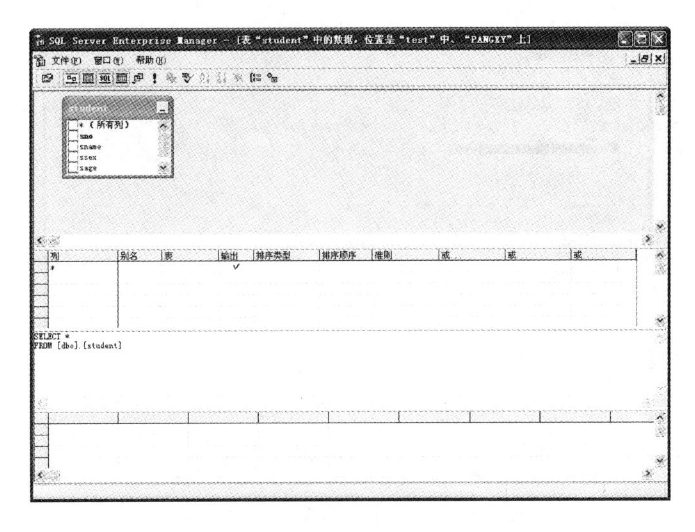

图 3－28　查询设计器

(1) 添加表。在关系图网格中单击鼠标右键(以后简称为右击)，选择“添加表”命令。弹出如图3－29所示的添加表对话框。在“添加表”对话框中选择添加到查询中的对象(表、视图和函数)，然后单击“添加”按钮关闭对话框。

图 3－29　添加表对话框

(2) 添加列到查询中。若要在查询输出中显示某列、对某列进行排序或者搜索某一列的内容时，必须将该列添加到查询中，单击表结构中的某一项(例如 ssex 列)即可将该列添加到查询中，如图3－30所示。

(3) 设置查询条件。在窗体网格中，先找到要设置查询条件的行，然后在该行所对应的“准则”列中输入查询条件。例如，在“ssex”行输入查询条件“＝‘男’”，如图 3－31 所示。

(4) 执行查询。完成查询设置后，可以执行查询。右击查询窗口的任一位置，在弹出的快捷菜单中选择“运行”命令，结果窗格中将显示查询结果，如图 3－32 所示。

2. 视图操作

视图是一个虚表，它是从一个或多个基本表或视图中导出的表，其结构和数据是建立

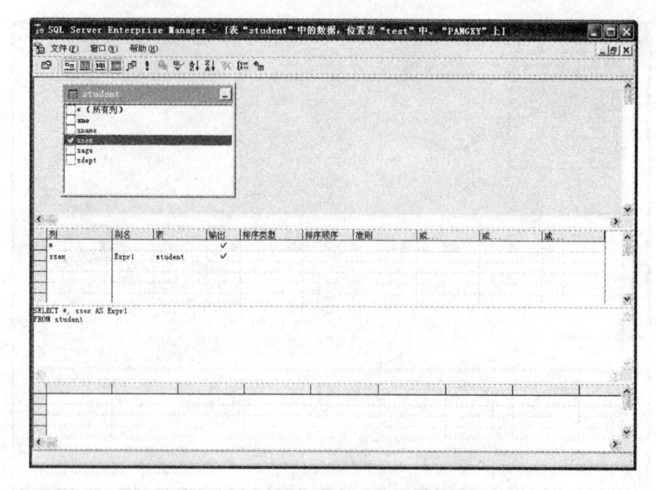

图 3－30　将某一列添加到查询中

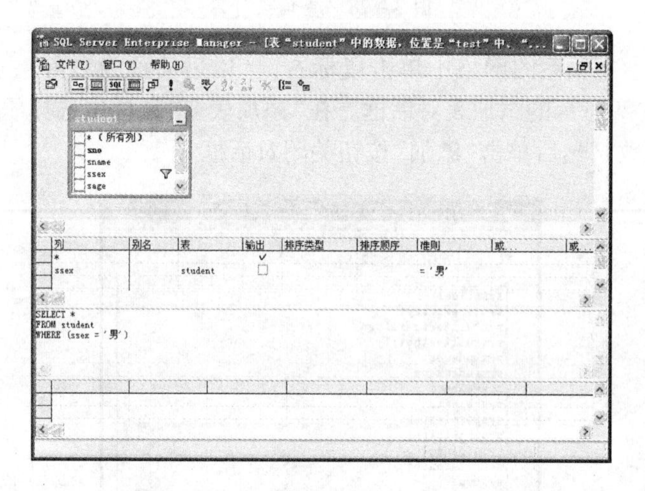

图 3－31　在窗体网格中设置查询条件

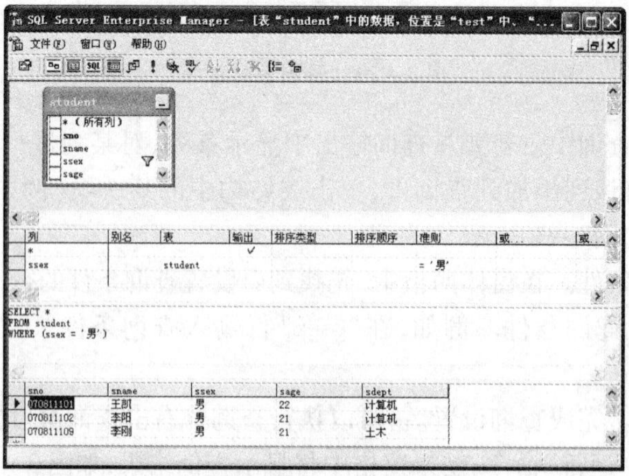

图 3－32　查询结果

在对表的查询基础上的。对视图的操作包括:创建视图、修改视图和删除视图。

(1) 创建视图。用企业管理器创建视图可分为以下 5 个步骤。

第一步:在 SQL Server 企业管理器中,展开指定的服务器和数据库,右击将要操作的数据库 test,在弹出的快捷菜单中选择“新建”|“视图”命令,打开“新建视图”窗口,如图 3-33所示。

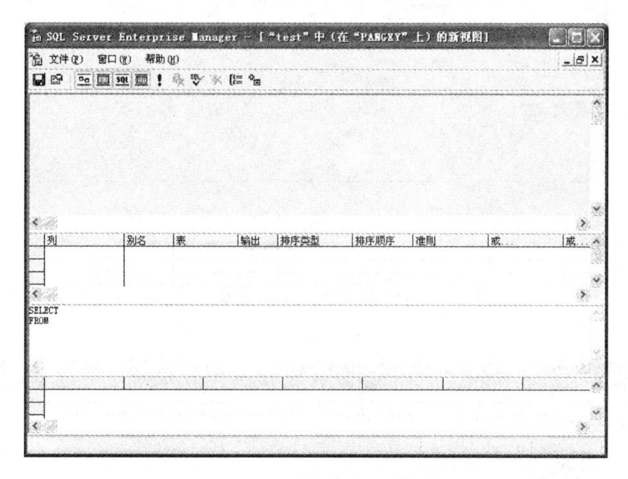

图 3-33　新建视图窗口

第二步:在关系图网格中右击,选择“添加表”命令。弹出如图 3-34 所示的添加表对话框,在该对话框中选择加到新建视图中的对象(表、视图和函数)。单击“添加”按钮然后关闭对话框。

图 3-34　添加表对话框

第三步:在关系图网格的表结构对象中,选中要在新建视图中添加的字段,如图3-35所示。

第四步:完成字段设置后,可以创建视图。右击查询窗口的任一位置,在弹出的快捷菜单中选择“运行”命令,结果窗格中将显示新建视图中的内容,如图 3-36 所示。

第五步:选择“文件”|“保存”命令,弹出“另存为”对话框,如图 3-37 所示。在该对话框中输入视图名称,单击“确定”按钮,完成视图的创建。

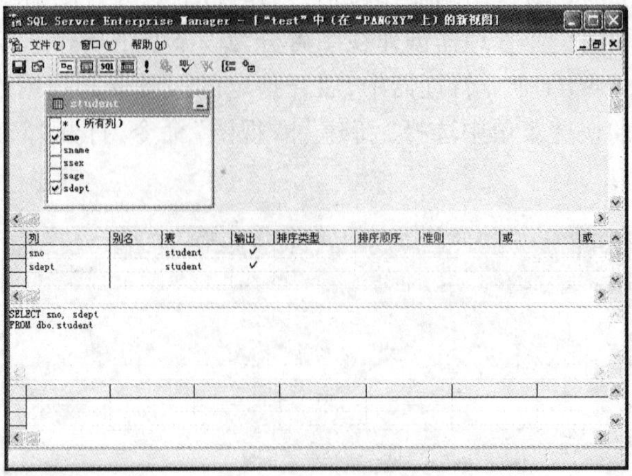

图 3－35　在新建视图中添加字段

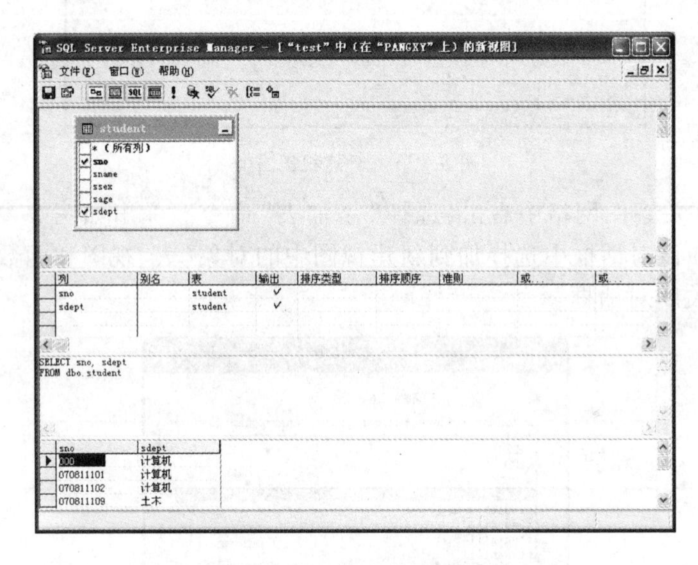

图 3－36　执行创建视图

图 3－37　另存为对话框

（2）修改视图。在“视图设计器”中可以对已经存在的视图进行修改。在企业管理器中右击需要修改的视图，在弹出的快捷菜单中选择“设计视图”命令，启动“视图设计器”，如图3－38所示。对视图进行修改，过程与添加视图相似，用户可以根据自己的需要对视图进行修改。

（3）删除视图。在企业管理器中右击要删除的视图，在弹出的快捷菜单中选择“删

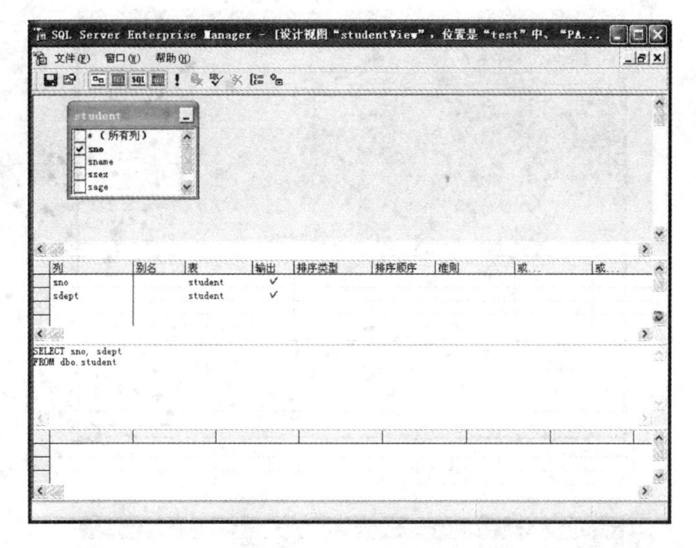

图 3－38　视图设计器

除”命令，就可以打开“除去对象”对话框，如图 3－39 所示。单击“全部除去”按钮，将视图删除。删除视图后，该视图所基于的表和视图不受影响。

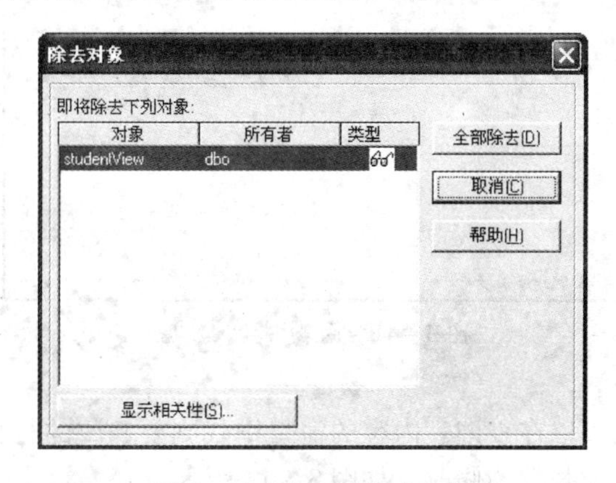

图 3－39　除去对象对话框

3.6 数据更新

数据的更新操作包括：插入数据、修改数据和删除数据。利用 SQL Server 企业管理器可以方便地对数据进行更新。

在企业管理器中，右击要对数据进行更新的表对象，选择“打开表”|“返回所有行”命令，打开“查询表内容”窗口，如图 3－40 所示。

1．插入数据

每插入一行新的数据，就会在表格下方新增一个空白行，可以在空白行添加新的内容，完成数据插入，如图 3－41 所示。如果用户输入的数据不符合要求，系统会提示错误信息。

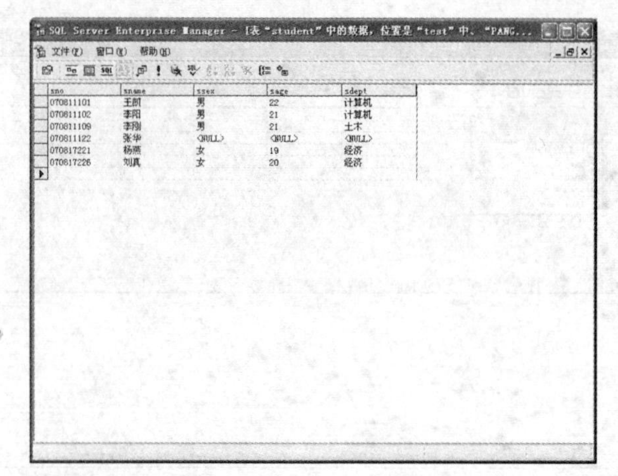

图 3-40　查询表内容窗口

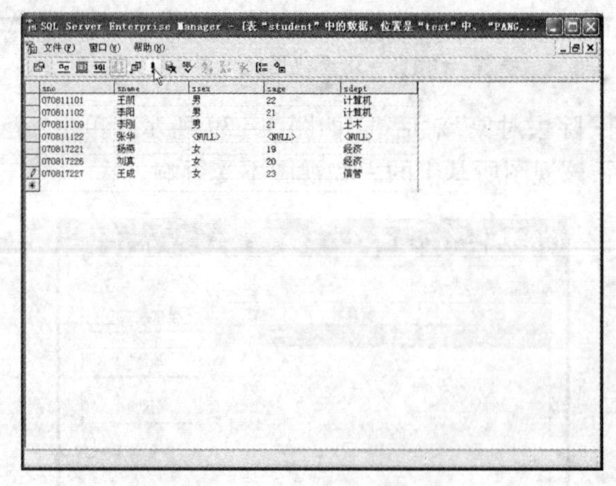

图 3-41　向表中插入数据

2. 修改数据

如果要修改数据，可以在查询表内容的窗口中找到要修改的行，单击要修改的数据，输入新的数据，即可完成数据的修改。如图 3-42 所示。

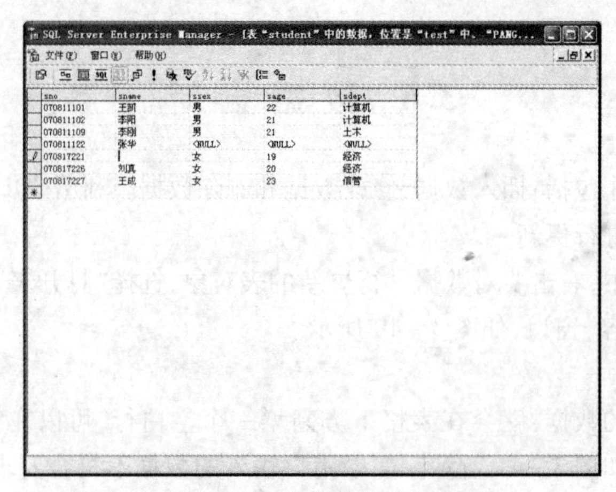

图 3-42　在表中修改数据

3. 删除数据

如果要删除表中的某一行,可以右击要修改的行,在弹出的快捷菜单中,选择"删除"命令,会弹出"删除"对话框,如图3-43所示,单击"是"按钮,完成数据的删除。

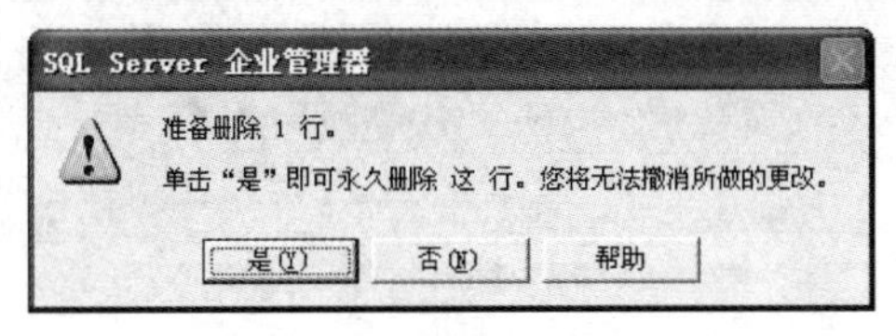

图3-43 删除对话框

3.7 数据导入/导出

SQL Server 2000提供了强大、丰富的数据导入/导出功能,使用SQL Server 2000提供的数据转换服务(DTS),可以轻松完成数据的导入和导出。

利用数据转换服务(DTS)进行数据导出(数据导入的过程与数据导出的过程类似),过程如下。

第一步:启动企业管理器,展开选定的服务器,右键单击将要导出数据的数据库,从快捷菜单中选择"所有任务"|"导出数据"命令,启动"DTS导入/导出向导"对话框,如图3-44所示。

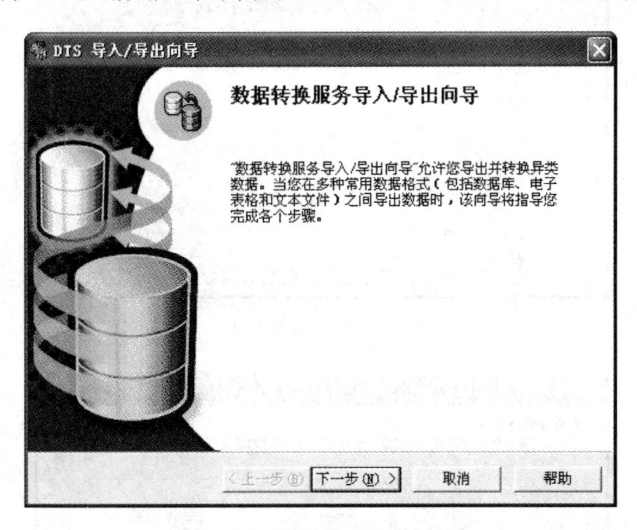

图3-44 DTS导入/导出向导

第二步:单击"下一步"按钮,会弹出"选择数据源"对话框,如图3-45所示。在"选择数据源"对话框中,选择合适的数据源(用于SQL Server的Microsoft OLE DB提供程序),然后选择要导出数据的服务器和验证方式。

第三步:单击"下一步"按钮,进入"选择目的"对话框,如图3-46所示,在目的下拉框中选择合适的导出目的(如文本文件),输入文件名(如student)。

第四步:单击"下一步"按钮,进入"指定表复制或查询"对话框,如图3-47所示。选中要复制的内容,例如,选择"从源数据库复制表和视图"。

第五步:单击"下一步",进入"选择目的文件格式"对话框,如图3-48所示。在"源"

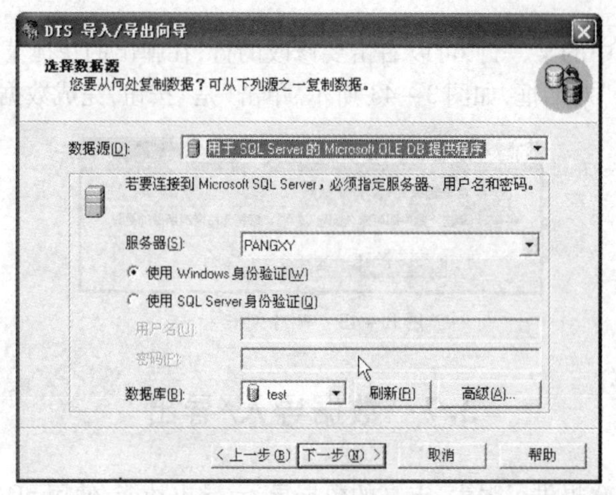

图 3-45　选择数据源

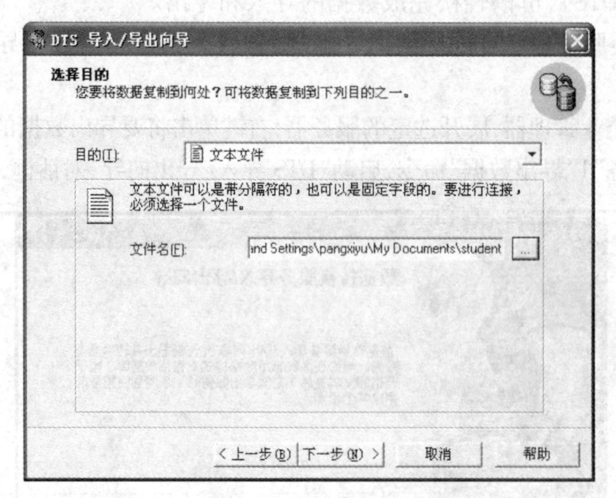

图 3-46　选择目的

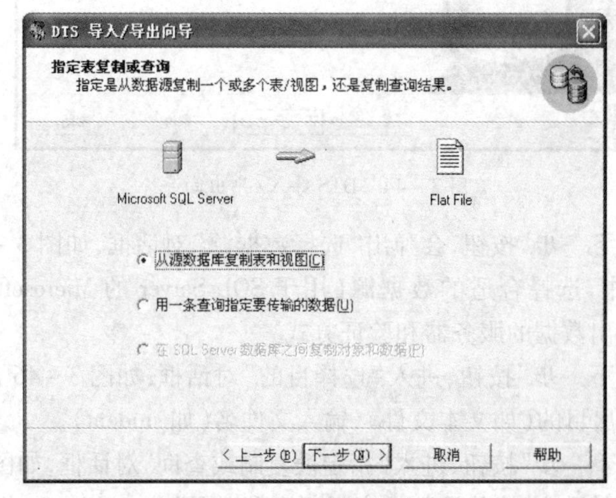

图 3-47　指定表复制或查询

中选择将要导出的表或视图。可以设置目的文件的各个选项,如"第一行含有列名称",行分隔符和列分隔符等。

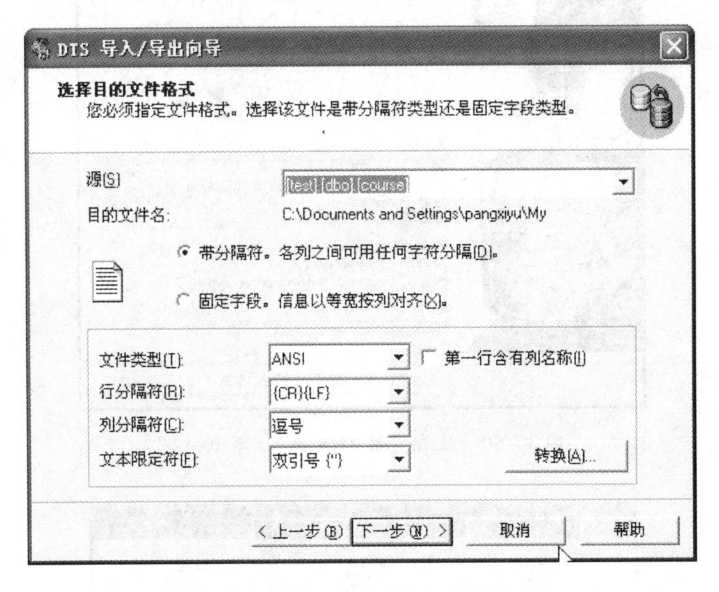

图 3-48 选择目的文件格式

第六步:单击"下一步"按钮,进入"保存、调度和复制包"对话框,如图 3-49 所示。指定是否需要保存此 DTS 包,选择"立即运行"或"调度 DTS 包以便以后执行"。

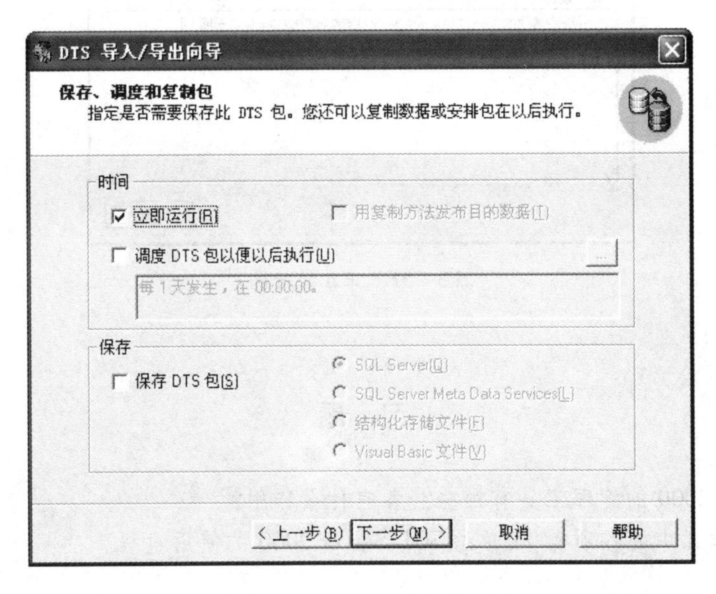

图 3-49 保存、调度和复制包

第七步:单击"下一步"按钮,进入"正在完成 DTS 导入/导出向导"对话框,如图3-50所示。

第八步:单击"完成"按钮,进入"正在执行包"对话框,如图 3-51 所示。单击"完成"按钮,完成数据的导出过程。

图 3-50 正在完成 DTS 导入/导出向导

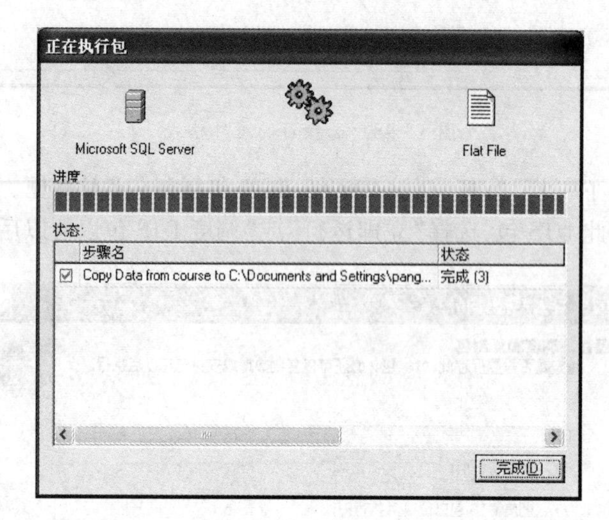

图 3-51 正在执行包

习 题

1. SQL Server 2000 的管理工具有哪些？各有什么作用？
2. 上机完成本章中的各项操作，熟悉 SQL Server 2000 的使用过程。

第 4 章　Transact - SQL 语言

本章要点：

（1）了解 SQL Server 2000 的 Transact - SQL 语言及特点。

（2）理解文件和文件组的概念，理解 SQL Server 2000 数据的组织方式。

（3）掌握使用 Transact - SQL 语言定义数据库、修改数据库和删除数据库。

（4）掌握使用 Transact - SQL 语言定义表、修改表和删除表。

（5）理解索引的定义及作用，掌握使用 Transact - SQL 语言定义索引和删除索引。

（6）理解视图的定义及作用，掌握使用 Transact - SQL 语言定义视图、修改视图和删除视图。

（7）掌握使用 Transact - SQL 语言进行数据查询，这是本章的重点。其中，连接查询和嵌套查询是数据查询中的难点。

（8）掌握使用 Transact - SQL 语言进行数据的更新，包括数据插入、删除和修改。

4.1　Transact - SQL 语言概述

1. 结构化查询语言 SQL（Structured Query Language）概述

结构化查询语言 SQL 是 1974 年由 Boyce 和 Chamberlin 提出，1975 - 1979 年在 IBM 公司研制的关系数据库管理系统原型 System R 上初次实现。SQL 本身不是一种独立的语言，需要有数据库管理系统的支持才能执行。由于 SQL 简单易学，功能丰富，所以 1986 年美国国家标准局（简称 ANSI）采用 SQL 作为关系数据库管理系统的标准语言，1987 年国际标准化组织（简称 ISO）采纳 SQL 为国际标准。SQL 标准自公布以来随着数据库技术的发展得到了不断的丰富和完善。现在 SQL 已经成为一个关系数据库的标准语言。

SQL 语言包含了对数据库的所有操作，主要可以分为以下几个部分：

（1）数据定义：定义数据库的各种对象，包括数据库、表、视图、索引等。

（2）数据操纵：包括数据查询和数据更新两大类，其中，数据查询部分是对数据库最常用的操作，是 SQL 语言学习的重点。数据更新包括数据插入、数据修改和数据删除三大部分。

（3）数据控制：权限的分配和收回，用于保证数据库的安全性。

这三部分用到的动词如表 4 - 1 所列。

表 4 - 1　SQL 语言中的动词

SQL 功能	动　词
数据查询	SELECT
数据定义	CREATE，DROP，ALTER
数据更新	INSERT，UPDATE，DELETE
数据控制	GRANT，REVOKE

2. Transact - SQL 概述

Transact - SQL（后面将简称 T - SQL）是在 SQL Server 2000 中所使用的语言，其中 Transact 的含义是事务，事务是一系列的数据库操作,作为单个的工作单元,之所以称为 T-SQL,是因为在 SQL Server 中使用 T-SQL编写的语句都会以事务的方式来执行,即要么全部执行,要么不执行。T-SQL 是在标准的 SQL 语言的基础上,增加了变量说明、功能函数、流程控制(如 IF 和 WHILE)等功能,所以 T-SQL 的功能更加丰富和强大。关于 T-SQL 的特点在本章及后续章节中会逐步介绍。

4.2 数据定义

4.2.1 数据库的定义

这一节主要介绍使用 T-SQL 语句创建数据库,首先要了解 SQL Server 2000 的操作系统文件。

1. SQL Server 2000 的操作系统文件

SQL Server 2000 数据库的物理存储方式是文件,一个数据库存储在多个文件中,数据库的所有数据和对象包括表、视图、存储过程、触发器等都存储在这些文件中。SQL Server 2000 的操作系统文件分为以下两类:

(1) 数据文件。数据文件存储着数据库中所有的数据,数据文件可以分为两类。

① 主数据文件:对一个数据库来说,主数据文件只能有一个。它是数据库的起点,指向数据库中的其他文件,所以主数据文件是必不可少的。主数据文件推荐使用的扩展名是 mdf,SQL Server 2000 不强制使用这个扩展名。

② 二级数据文件:也称为次数据文件。存储主数据文件未存储的数据。对一个数据库来说,可以没有二级数据文件,也可以有一个或多个二级数据文件。二级数据文件推荐扩展名是 ndf。

(2) 日志文件。对一个数据库来说,日志文件是必不可少的。日志文件可以有一个或多个。日志文件的作用是记录用户对数据库的更新操作(如插入、删除、修改等操作),将这些操作的数据对象、操作前后的数据等信息记录下来,这样,在数据库发生故障时,就可以根据日志文件的内容将数据库恢复到发生故障前的某个正确的状态。所以对数据库来说,日志文件非常重要。日志文件的推荐扩展名是 ldf。

2. SQL Server 2000 的文件组

SQL Server 2000 的文件组顾名思义就是文件的集合,文件组只对数据文件进行管理。文件组分为下面两类:

(1) 主文件组(PRIMARY):主文件组只有一个,包含主数据文件及系统表。如果不特别指定,所有的数据文件都会放在主文件组中。

(2) 自定义文件组:用户可以自己定义文件组,并将数据文件存放在该文件组中。

文件组有一个属性是 DEFAULT,代表文件组为默认文件组。在每个数据库中只有一个默认文件组,默认情况下,主文件组是默认文件组,默认文件组也可以通过 T-SQL 语句进行修改。默认文件组中包含的是没有指定文件组的数据(如表、索引等)。

3. 使用 T-SQL 创建数据库

创建数据库的 T-SQL 语句的格式如下:

```
CREATE DATABASE 数据库名
ON[PRIMARY]
文件描述
文件组定义
LOG ON 文件描述
```

其中,文件描述部分的格式如下:

```
(
[NAME = 逻辑文件名,]
FILENAME = '实际文件名',
[SIZE = 文件初始大小,]
[MAXSIZE = 文件最大大小/UNLIMITED,]
[FILEGROWTH = 增长速度]
)
```

文件组定义部分格式如下:

```
FILEGROUP 文件组名 文件描述
```

对这个 T-SQL 语句需要作以下说明:

(1) 数据库名:这是新数据库的名称。这个名称在数据库服务器中必须是唯一的,并且符合标识符的命名规则。

(2) PRIMARY 表示接下来定义的文件将是主数据文件。如果 PRIMARY 省略,则 ON 后面的第一个文件将是主数据文件。

(3) 文件描述可以有一个或多个,一个文件对应有一个文件描述。

(4) 文件描述设置的内容有:

① 文件的逻辑名:这个名称用来在后续的 T-SQL 语句中引用这个文件。文件的逻辑名在数据库中必须唯一,并且符合标识符的命名规则。该项可以省略,系统会为该文件指定一个逻辑名。

② 实际文件名:文件的完整文件名及文件的完整路径。

③ 文件初始大小:可以使用千字节(KB)、兆字节(MB)、千兆字节(GB)或兆兆字节(TB)后缀,默认值为 MB。大小必须为整数,默认大小为 1MB。

④ 文件最大大小:可以使用千字节(KB)、兆字节(MB)、千兆字节(GB)或兆兆字节(TB)后缀,默认值为(MB)。最大大小必须为整数。如果使用 UNLIMITED,代表文件增长不受限制,文件将增长到磁盘变满为止。

⑤ 文件增长速度:随着数据库的使用,数据需要不断添加到数据库中,日志文件的内容也在不断增加,因此需要设置为文件增加的空间大小。该值可以 KB、MB、GB、TB 或百分比(%)为单位。如果没有指定单位,默认为 MB。

(5) 文件组:在创建数据库时,可以创建新的文件组,并且定义文件组中包含的文件。

[**例 4-1**]创建一个数据库 Test,包含一个主数据文件 Test.mdf,两个二级数据文件 Test1.ndf 和 Test2.ndf,二级数据文件放在文件组 TestGroup 中。一个日志文件 Test_Log.ldf。

这个例子的 T-SQL 语句为:

```
CREATE DATABASE Test
ON PRIMARY
(NAME = test_primary,
FILENAME ='c:\Program Files\Microsoft SQL Server\Test.mdf',
SIZE =4,
MAXSIZE =10,
FILEGROWTH =1),
FILEGROUP TestGroup
(NAME = test1,
FILENAME ='c:\Program Files\Microsoft SQL Server\Test1.ndf',
SIZE =1,
MAXSIZE =10,
FILEGROWTH =10% ),
(NAME = test2,
FILENAME ='c:\Program Files\Microsoft SQL Server\Test2.ndf',
SIZE =1,
MAXSIZE =10,
FILEGROWTH =20% )
LOG ON
(NAME = Test_log,
FILENAME ='c:\Program Files\Microsoft SQL Server\Test_log.ldf',
SIZE =1,
MAXSIZE =10,
FILEGROWTH =1)
```

在 SQL Server 2000 的查询分析器中执行这个语句,如图 4-1 所示。

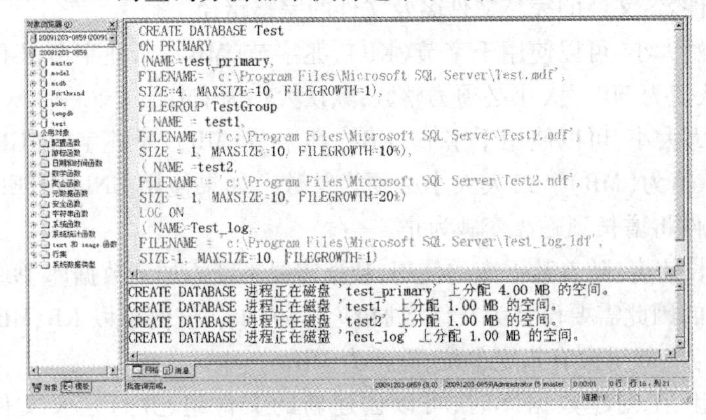

图 4-1 在查询分析器中创建数据库

创建数据库的结果如图4－2所示。

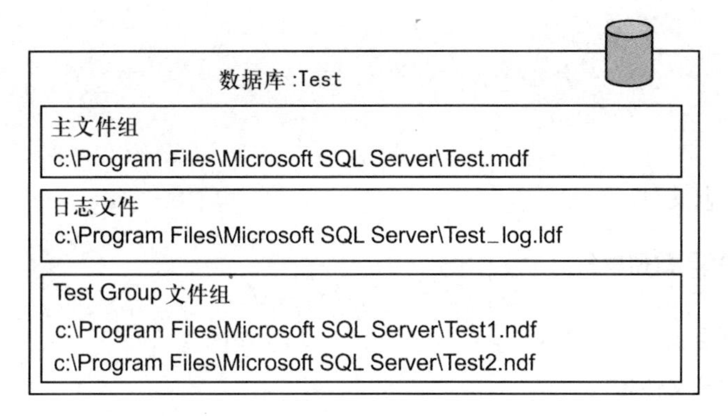

图4－2　创建数据库的结果示意图

4. 使用T－SQL语句修改数据库

修改数据库的T－SQL语句格式如下：

```
ALTER DATABASE  数据库名
{ ADD FILE  文件描述[TO FILEGROUP 文件组名]
  |ADD LOG FILE  文件描述
  |ADD FILEGROUP  文件组名
  |REMOVE FILE  逻辑文件名
  |REMOVE FILEGROUP  文件组名
  |MODIFY FILE  文件描述
  |MODIFY FILEGROUP  文件组名  文件组属性
}
```

下面将分别解释各个部分的格式及含义。

(1) 增加数据文件

```
ALTER DATABASE 数据库名
ADD FILE
(NAME = 逻辑文件名,
FILENAME = '物理文件名',
SIZE = 文件初始大小,
MAXSIZE = 文件最大大小,
FILEGROWTH = 文件增量)
[TO FILEGROUP 文件组名]
```

这是向数据库中增加新的文件，其中，文件描述与CREATE DATABASE中文件描述是相同的。举例如下：

[**例4－2**]在数据库Test中增加新的文件。

```
ALTER DATABASE Test
ADD FILE
(NAME = test3,
```

```
FILENAME='d:\Test3.ndf',
SIZE=1,
MAXSIZE=5,
FILEGROWTH=1
)
```

（2）增加日志文件

```
ALTER DATABASE 数据库名
ADD LOG FILE
(NAME=逻辑文件名,
FILENAME='物理文件名',
SIZE=文件初始大小,
MAXSIZE=文件最大大小,
FILEGROWTH=文件增量)
```

这是向数据库中增加新的日志文件。举例如下：

[**例4-3**]在数据库Test中增加新的日志文件。

```
ALTER DATABASE Test
ADD LOG FILE
(NAME=Test_log1,
FILENAME='d:\Test_log1.ldf',
SIZE=4,
MAXSIZE=40,
FILEGROWTH=15%
)
```

（3）增加文件组

```
ALTER DATABASE 数据库名
ADD FILEGROUP 文件组名
```

这是向数据库中增加新的文件组,举例如下：

[**例4-4**]在数据库Test中增加文件组。

```
ALTER DATABASE Test ADD FILEGROUP TestGroup2
```

（4）修改文件描述

```
ALTER DATABASE 数据库名
MODIFY FILE
(NAME=逻辑文件名,
[NEWNAME=新逻辑文件名,]
[SIZE=新的文件大小,]
[MAXSIZE=将要达到的容量,]
[FILEGROWTH=修改后的增量]
)
```

对文件描述的修改需要注意以下几点：

① 可以修改文件的SIZE、MAXSIZE及FILEGROWTH这三个属性，但是每次只能修改一个属性。

② 若要修改文件的SIZE，那么新的SIZE的值要比原来的SIZE值大。

③ 文件的逻辑名NAME是必须要指定的，可以通过NEWNAME修改文件的逻辑名。

[**例4-5**]在数据库Test中修改文件大小。

```
ALTER DATABASE Test
MODIFY FILE
(NAME = test3,
SIZE = 2
)
```

[**例4-6**]在数据库Test中修改文件逻辑名。

```
ALTER DATABASE Test
MODIFY FILE
(NAME = test3,
NEWNAME = test_3
)
```

(5) 修改文件组属性

```
ALTER DATABASE 数据库名
MODIFY FILEGROUP 文件组名 文件组属性
```

文件组属性有以下三种：

① READONLY：指定文件组为只读，不允许更新其中的对象。

② READWRITE：允许更新文件组中的对象。

③ DEFAULT：将文件组指定为默认文件组。只能有一个文件组为默认文件组。

举例如下：

[**例4-7**]在数据库Test中修改文件组。

```
ALTER DATABASE Test   MODIFY FILEGROUP TestGroup READWRITE
```

(6) 删除文件

```
ALTER DATABASE 数据库名
REMOVE FILE 文件名
```

这是从数据库中删除文件，注意删除文件时不能删除主数据文件和日志文件。举例如下：

[**例4-8**]在数据库Test中删除文件。

```
ALTER DATABASE Test REMOVE FILE test2
```

(7) 删除文件组

```
ALTER DATABASE 数据库名
REMOVE FILEGROUP 文件组名
```

从数据库中删除文件组。注意只有在文件组为空时才能删除,如果文件组不为空,应先将文件删除,再删除文件组。举例如下:

[**例4-9**]在数据库 Test 中删除文件组。

先将 TestGroup 文件组中的两个文件删除:

```
ALTER DATABASE Test  REMOVE FILE test1
ALTER DATABASE Test  REMOVE FILE test2
```

再将文件组删除:

```
ALTER DATABASE Test  REMOVE FILEGROUP TestGroup
```

5. 删除数据库

删除数据库的 T-SQL 语句的格式如下:

```
DROP DATABASE 数据库名
```

从 SQL Server 中删除一个或多个数据库。如果删除多个数据库,可以用逗号隔开。

注意:

(1) 不能删除系统数据库;

(2) 不能删除当前正在使用的数据库。

4.2.2 基本表的定义

关系数据库的所有数据都存储在基本表中,所以创建数据库后,下一步就是定义数据库的所有基本表,并在基本表中插入数据,进而就可以使用数据库了。在下面的章节里将基本表简称为表。

1. 创建表

创建表的 T-SQL 语句的格式如下:

```
CREATE TABLE 表名
(
列名1 数据类型[NULL]|[NOT NULL],
列名2 数据类型[NULL]|[NOT NULL],
⋮
)
[ON 文件组名|DEFAULT]
```

此处对 CREATE TABLE 进行了简化,略去了对表及属性列的约束条件,有关完整性约束等内容将在第5章进行讲解。

对创建表的 T-SQL 语句需要作以下说明:

(1) 表名是新表的名称,表名必须符合标识符的命名规则。

(2) 列名是表的属性列的名称,列名必须符合标识符的命名规则,并且在表内唯一。

这点在第2章已经提到过,在一个表中不能有相同的列名。

(3) 在列名后要指定列的数据类型,此处的数据类型必须是 SQL Server 2000 所提供的数据类型。

(4) NULL 代表允许为空,NOT NULL 代表不允许为空。这是对该列施加的限制条件。如果不指定,默认为 NULL,即允许该列为空。

(5) 创建表时,可以通过 ON 文件组名将表存储在某个文件组中,也可以通过 ON DEFAULT 将表存储在默认文件组中。如果不指定,该表将存储在默认文件组中。

[**例 4-10**]在 Test 数据库中创建一个 student 表,表中有下列属性:

学号 sno:长度为9的字符串,非空。姓名 sname:长度为20的字符串。性别 ssex:长度为2的字符串。年龄 sage:整数。所在系 sdept:长度为20的字符串。

T-SQL 语句如下:

```
use Test
CREATE TABLE student
(sno CHAR(9) NOT NULL,
sname CHAR(20),
ssex CHAR(2),
sage SMALLINT,
sdept CHAR(20)
)
```

2. 修改表的定义

修改表的定义的 T-SQL 语句的格式如下:

```
ALTER TABLE 表名
{ ALTER COLUMN 列名 新数据类型
  |ADD 列名 数据类型
  |DROP COLUMN 列名
}
```

修改表的定义包括下面三种修改方式:

(1) 修改已有列的数据类型;

(2) 增加新列;

(3) 删除已有列。

[**例 4-11**]将 student 表的学号 sno 的数据类型改为 int 类型。

```
ALTER TABLE student   ALTER COLUMN sno INT
```

注意:如果表中已有数据,那么修改属性列的数据类型后有可能会破坏表中的数据。

假设表 student 已有数据如表 4-2 所列。

表 4-2 student 表

sno	sname	ssex	sage	sdept
a001	张明	女	20	信息

如果执行[例 4-11]的 T-SQL 语句,则会出现图 4-3 的错误。

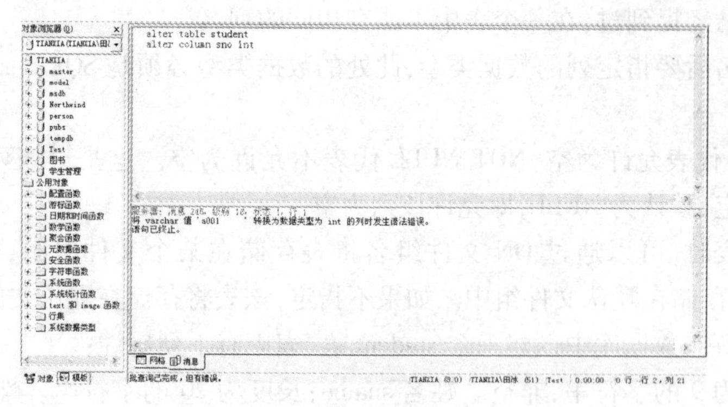

图 4-3 错误提示

此处由于不能把 a001 这个字符串转换为整数，导致该 T-SQL 语句不能正确执行。

如果能将数据转换成新类型，也有可能会破坏已有数据。假设 student 表已有数据如表 4-3 所列。

表 4-3 student 表

sno	sname	ssex	sage	sdept
070811111	张明	女	20	信息

如果执行[例 4-11]的 T-SQL 语句，虽能正确执行，但表中数据变为表 4-4，失去了学号本身的含义，破坏了已有数据。

表 4-4 转换 sno 类型后的 student 表

sno	sname	ssex	sage	sdept
70811111	张明	女	20	信息

[例 4-12] 向 student 表增加 s_entrance 列代表入学时间，数据类型为日期型。

T-SQL 语句如下：

```
ALTER TABLE student  ADD s_entrance DATETIME
```

注意：在表中增加新列后，新列是表中最后一列，并且属性值均为空。

表 4-5 增加新列后的 student 表

sno	sname	ssex	sage	sdept	s_entrance
070811111	张明	女	20	信息	NULL

[例 4-13] 在 student 表中删除性别 ssex 列。

T-SQL 语句如下：

```
ALTER TABLE student  DROP COLUMN ssex
```

3. 删除表

删除表的 T-SQL 语句的格式如下：

```
DROP TABLE 表名
```

删除表是指删除表的定义及该表所有的数据，执行删除语句后，在该数据库中将不存在这个表。举例如下：

[例 4-14] 将 student 表删除。

```
DROP TABLE student
```

4.2.3 索引的定义

1. 索引

考虑表4－6student 表。

表4－6 student 表

sno	sname	ssex	sage	sdept
070811111	张明	女	20	信息
…	…	…	…	…

假设该表是某个学校所有学生的信息，如果要查找学号为070817224的学生信息，通常数据库系统不得不逐行扫描student表，直到找到该行为止。如果表中的数据量非常大，那么查询效率肯定很低。为了提高查询效率、提高数据库性能，数据库中引入了索引机制。

索引是一个单独的数据库结构，它是对数据库表中一列或多列的值进行排序的结构，同时索引还要记录指向表中指定列的数据值的指针。

如图4－4所示的student表，在学号sno上建立索引（学号按照升序排列）后，如果查找学号为070817224的学生信息，系统先通过搜索索引找到特定的值，然后跟随指针到达包含该值的行。与在student表中搜索所有行相比，建立索引后能提高查询效率，更快的获取信息。

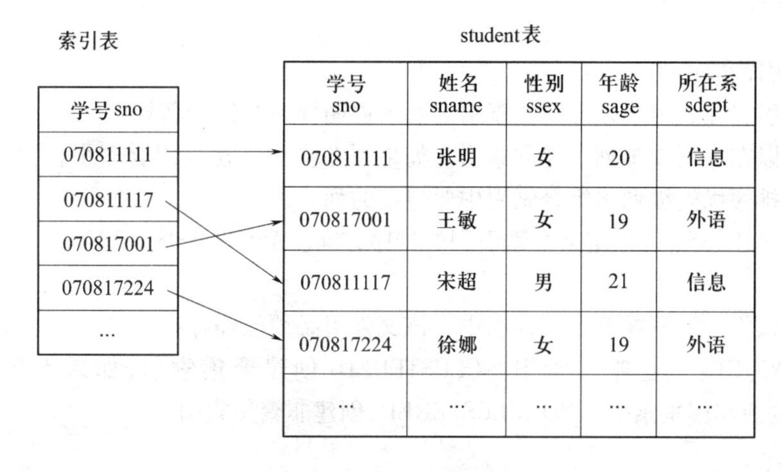

图4－4 索引表和student表的关系

在SQL Server 2000中可以创建三种类型的索引：

（1）唯一索引：唯一索引不允许两行具有相同的索引值。如要在student表的姓名sname这一列上建立唯一索引，那么要求就是该列不能有重复值，即不能有重名的学生。为了提高性能，唯一索引不推荐使用，而推荐使用唯一约束，关于唯一约束将在第5章讨论。

（2）主键索引：为表的主键（或主码）建立索引。为表指定主键后，将自动创建主键索引，即在主键所在列上创建索引。同样推荐使用主键约束，不推荐使用主键索引。主键约束将在第5章讨论。

(3) 聚集索引:在聚集索引中,表中各行的物理顺序与索引列的顺序相同。如 student 表,如果在学号 sno 上建立聚集索引,那么 student 表的物理顺序将按照学号的升序排列,如表4-7所列。聚集索引比非聚集索引有更快的数据访问速度。一个表只能有一个聚集索引。

表4-7 建立聚集索引后的 student 表

sno	sname	ssex	sage	sdept
070811111	张明	女	20	信息
070811117	宋超	男	21	信息
070817001	王敏	女	19	外语
070817224	徐娜	女	19	外语
…	…	…	…	…

2. 定义索引

定义索引的 T-SQL 语句的格式如下:

```
CREATE
[UNIQUE][CLUSTERED|NONCLUSTERED]
INDEX 索引名
ON 表名{列名1[ASC|DESC][,列名2[ASC|DESC]]...}
[ON 文件组名]
```

定义索引需要说明几点:

(1) 索引名在表中必须唯一。索引名必须遵循标识符的命名规则。

(2) 可以在一列或多列上建立索引。如果要在多列上建立组合索引,可在表名后面的括号中按排序优先级列出组合索引中要包括的列。

(3) [ASC|DESC]:指定某个索引列的排序方向。ASC 为升序。DESC 为降序。默认为 ASC。

(4) 可以将索引放在某个文件组中。该文件组必须已经存在。

(5) UNIQUE:创建唯一索引。CLUSTERED:创建聚集索引,如果不指定 CLUSTERED,则创建非聚集索引。NONCLUSTERED:创建非聚集索引。

举例如下:

[**例4-15**]在 student 表的学号 sno 列上建立唯一索引。

T-SQL 语句如下:

```
CREATE UNIQUE INDEX stusno ON student(sno)
```

创建完毕后,可以查看该索引的属性,如图4-5所示。

[**例4-16**]在选修 SC 表上按照学号 sno 升序和课程号 cno 降序建立唯一索引。

T-SQL 语句如下:

```
CREATE UNIQUE INDEX scno ON SC(sno,cno DESC)
```

创建完毕后,可以查看该索引的属性,如图4-6所示。

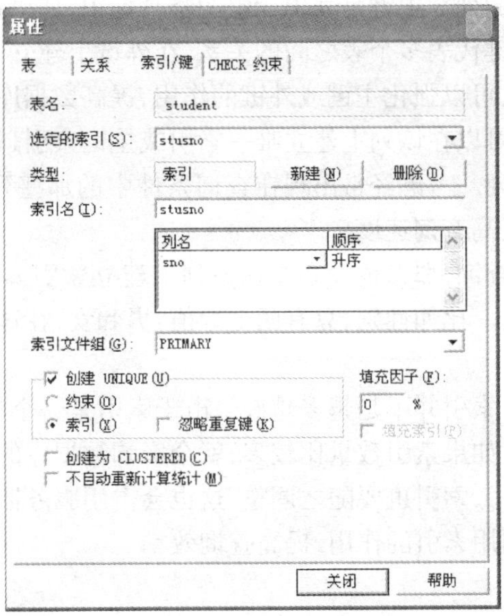

图 4 – 5　索引属性窗口

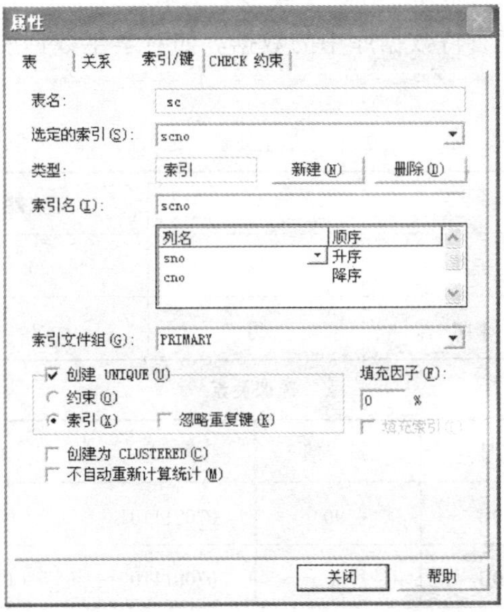

图 4 – 6　索引属性窗口

3. 删除索引

删除索引的 T – SQL 语句如下：

```
DROP  INDEX 表名.索引名
```

从数据库中删除一个或多个索引。索引名前必须有表名前缀。

[**例 4 – 17**]将 student 表的 stusno 索引删除。T – SQL 语句如下：

```
DROP INDEX student.stusno
```

4. 说明

索引可以有效提高查询的效率，在数据库系统中，下面这几种情况适合建立索引。

(1) 是主键或外键的列。主键是表中元组的唯一标识,如果在主键上建立索引,可以使查询的速度加倍。外键代表多个表之间的关系,在外键上建立索引,可以提高多表连接查询的速度。通过索引,可以强化主键或外键的作用,提高数据库的性能。

(2) 该列值唯一。可以在该列上建立唯一索引或主键索引,提高查询效率。

(3) 经常被查询的列。考虑经常出现在查询条件中的那些列,如果在这些列上建立索引的话,也会有效地提高查询速度。

如果某列不经常被查询,那么也没必要在该列上建立索引。如果某列的重复值比较多时,也不适合建立索引。比如性别,只有两个取值:男和女,在这样的列上建立索引也不会显著地增加查询效率。

对数据库系统来说,索引并不是越多越好。由于索引是一个单独的对象,每个索引都会占用一定的物理空间,如果索引数量比较多,就会影响数据库的性能。如果建立了索引的表中的数据发生变化时,索引也要随之调整,这也会占用服务器的资源。所以只有建立适当的索引,才能真正利用索引的作用,提高查询效率。

4.2.4 视图的定义

视图是一个虚拟表,它是建立在一个或多个基本表或视图的基础上,从用户的角度来看,视图是从特定的角度看待数据库中的数据。如对学生数据库来说,有以下两个基本表,如图 4-7 所示。

学生关系

学 号	姓 名	性 别	年 龄	所在系
070811101	王凯	男	20	计算机
070811102	李阳	男	21	计算机

选课关系

学 号	课程号	成 绩	学 号	课程号	成 绩
070811101	080110B	90	070811101	080602A	77
070811102	080110B	80	070811102	080602A	88

图 4-7 学生关系和选课关系

可以在这两个基本表的基础上建立两个视图,如图 4-8 所示。

视图 1 学生总成绩

学 号	姓 名	总成绩
070811101	王凯	167
070811102	李阳	168

视图 2 课程平均成绩

课程号	平均成绩
080110B	85
080602A	82.5

图 4-8 两个视图

这两个视图提供了两种不同的角度来看待数据库中的数据，一个是从学生的角度，一个是从课程的角度。在 T－SQL 中，定义视图的语句格式如下：

```
CREATE VIEW 视图名[(列名1,列名2...)]
AS
子查询
[WITH CHECK OPTION]
```

视图名必须是合法的标识符。在视图名后可以指定视图的所有属性列名。只有下列情况下，才需要指定：

（1）子查询中 SELECT 后有算术表达式、函数或常量。

（2）SELECT 后存在同名列。

（3）需要给视图指定新列名。

在指定视图的属性列名时，不允许指定部分属性列名，必须给出视图的所有属性列。如果不存在上面几种情况，那么可以省略属性列名，此时视图列将获得与 SELECT 语句中的目标列相同的名称。

数据库管理系统执行 CREATE VIEW 语句时只是把视图的定义存入数据字典，并不执行子查询。只有在对视图查询时，才将数据从基本表中查出。

[**例 4－18**]创建图 4－8 的两个视图。

第一个视图：学生总成绩 student_score

```
CREATE VIEW student_score(sno,sname,score)
AS
SELECT sc.sno,sname,SUM(grade)
FROM student,sc
WHERE student.sno = sc.sno
GROUP BY sc.sno,sname
```

第二个视图：课程平均成绩 course_avg

```
CREATE VIEW course_avg(cno,avggrade)
AS
SELECT cno,AVG(grade)
FROM sc
GROUP BY cno
```

WITH CHECK OPTION 是可选项，如果指定该项，那么对视图进行修改时，要保证新元组满足子查询的条件。

[**例 4－19**]创建计算机系学生的视图。

```
CREATE VIEW student_jsj
AS
SELECT*
FROM student
WHERE sdept = '计算机'
```

```
WITH CHECK OPTION
```

如果执行下面的 UPDATE 语句：

```
UPDATE student_jsj
SET sdept = '经济'
WHERE sno = '070811101'
```

这时，系统会提示如图 4-9 所示的错误提示。

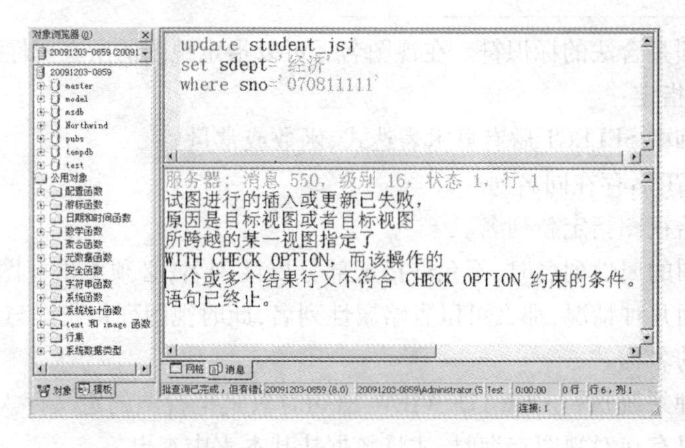

图 4-9　错误提示

原因就是对视图的修改不满足 sdept = '计算机'这个条件。

视图的数据来自于基本表，对视图也可以执行基本表的各种操作，如查询、更新等。T-SQL 语句的格式与对基本表的操作完全相同。

1. 查询视图

对视图的查询与对基本表的查询完全相同。

[**例 4-20**]查询 student_jsj 视图的数据。

```
SELECT*
FROM student_jsj
```

查询结果如图 4-10 所示。

	sno	sname	ssex	sage	sdept
1	070811101	王凯	男	21	计算机
2	070811102	李阳	男	20	计算机

图 4-10　查询结果

2. 更新视图

由于视图的数据来自于基本表，所以对视图的更新要转化为对基本表的更新，因此有些视图的更新可以执行，有些是不能执行的。

[**例 4-21**]创建男生的视图，并在视图中将男生的年龄加一岁。

创建视图：

```
CREATE VIEW student_male
AS
SELECT*
```

```
FROM student
WHERE ssex = '男'
```

更新视图：

```
UPDATE student_male
SET sage = sage + 1
```

这个更新是可以执行的，因为它可以直接转化为对基本表 student 的更新。

[**例 4-22**]将学生总成绩视图 student_score 中每个学生的总分加 10 分。

更新视图：

```
UPDATE student_score
SET score = score + 10
```

系统提示错误如图 4-11 所示。

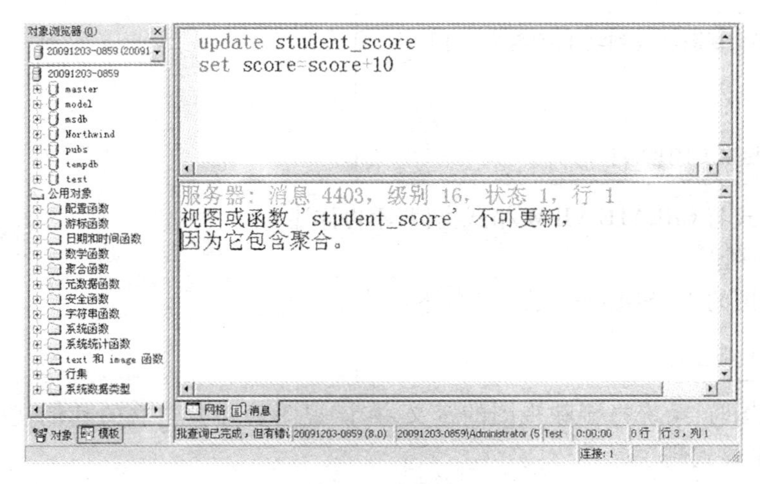

图 4-11 错误提示

创建这个视图的子查询中包含聚集函数，因此不允许更新。

[**例 4-23**]创建学生出生年份的视图，将 1990 年出生的学生改为 1991 年出生。

创建视图：

```
CREATE VIEW student_bir(sno,sname,birthyear)
AS
SELECT sno,sname,2009 - sage
FROM student
```

更新视图：

```
UPDATE  student_bir
SET birthyear = 1991
WHERE birthyear = 1990
```

系统提示错误如图 4-12 所示。

创建这个视图的子查询中包含计算列，因此不允许更新。

3. 修改视图定义

修改视图的 T-SQL 语句的格式如下：

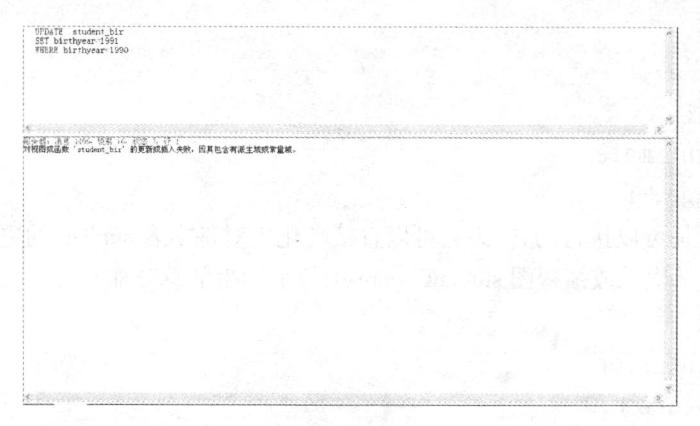

图 4-12　错误提示

```
ALTER VIEW 视图名[(列名1,列名2...)]
AS
子查询
[WITH CHECK OPTION]
```

这个格式与 CREATE VIEW 格式类似，不再详述。

4. 删除视图

删除视图的 T-SQL 语句的格式如下：

```
DROP VIEW 视图名
```

删除视图时，系统将删除视图的定义，在该视图基础上建立的其他视图也要通过 DROP VIEW 显式删除。

如果某个基本表用 DROP TABLE 删除，那么在这个基本表基础上建立的视图要通过 DROP VIEW 显式删除。

4.3　数据查询

数据查询是数据库使用频率最高的一项操作，在 T-SQL 中，数据查询是由 SELECT 语句来完成的，是 T-SQL 的核心部分。这一节主要介绍 T-SQL 中各种数据查询的格式及具体实例，本节中以学生数据库为例，该数据库中主要包含图 4-13 中的三个基本表。

学生关系 student

学　号 sno	姓　名 sname	性　别 ssex	年　龄 sage	所在系 sdept
070811101	王凯	男	20	计算机
070811102	李阳	男	20	计算机
070817221	杨燕	女	19	经济
070817226	刘真	女	20	经济

选课关系 sc

学　号 sno	课程号 cno	成绩 grade
070811101	080110B	90
070811102	080110B	80
070811101	080602A	77
070811102	080602A	88

课程关系 course

课程号 cno	课程名 cname	学　分 credit
080110B	数据库原理与应用	4
080602A	软件工程	3

图 4－13　三个基本表

4.3.1　单表查询

单表查询是只涉及到一个表的查询，是一种最简单的查询。

1. 查询表中的属性列

查询表中一列或多列的 T－SQL 语句格式如下：

```
SELECT 列名 1,列名 2,…
FROM 表名
```

[例 4－24]查询所有的课程号和课程名。

```
SELECT cno,cname
FROM course
```

查询结果以文本形式显示，如图 4－14 所示。

```
cno      cname
-------- ----------------------
080110B  数据库原理与应用
080602A  软件工程
```

图 4－14　文本形式的查询结果

查询结果以表格形式显示，如图 4－15 所示。

	cno	cname
1	080110B	数据库原理与应用
2	080602A	软件工程

图 4－15　表格形式的查询结果

可以看出，查询结果仍然是一个表，表中属性列的顺序与 SELECT 后各个目标列的顺序是一致的。如果把[例 4－24]改为

```
SELECT cname,cno
FROM course
```

查询结果中第一列是 cname，第二列是 cno。

[例 4－25]查询所有的课程信息。

这是对 course 表的所有属性列的查询，有两种写法，这两种写法是等价的：

```
(1) SELECT cno,cname,credit
    FROM course
```

(2) SELECT*
FROM course

第二种写法是用*代表所有列。查询结果中属性列的顺序与course表的属性列的顺序是一致的。

2. 查询中使用TOP关键字

在SELECT语句中可以使用TOP关键字得到部分查询结果,格式如下:

```
SELECT[TOP n[percent]]目标列
FROM 表名
```

TOP n指定只输出查询结果集的前n行。

TOP n percent代表只输出结果集中的前n%行。n必须是0和100之间的一个整数。

[**例4-26**]查询课程号和课程名,返回第一行数据。

```
SELECT TOP 1 cno,cname
FROM course
```

查询结果如图4-16所示。

```
cno       cname
--------  ------------------
080110B   数据库原理与应用
```

图4-16 查询结果

3. 查询中使用ALL和DISTINCT关键字

格式如下:

```
SELECT[ALL|DISTINCT]目标列
FROM 表名
```

ALL:指定在结果集中可以包含重复行。ALL是默认值,可以省略。

DISTINCT:指定结果集的重复行只保留一行。

[**例4-27**]查询学生所在系。

```
SELECT sdept
FROM student
```

查询结果如图4-17所示。

```
sdept
----------------------
计算机
计算机
经济
经济
```

图4-17 查询结果

```
SELECT DISTINCT sdept
FROM student
```

查询结果如图4-18所示。

DISTINCT关键字去掉的是重复行,而不是重复的属性值,所以,如果SELECT后有多个目标列时,DISTINCT应该在SELECT之后,所有的目标列之前。

```
sdept
--------------------
计算机
经济
```

图 4－18　查询结果

[**例 4－28**]查询学生的性别和年龄。

```
SELECT ssex,sage
FROM student
```

查询结果如图 4－19 所示。

```
ssex sage
---- ------
男    20
男    20
女    19
女    20
```

图 4－19　查询结果

使用 DISTINCT 关键字后,T－SQL 语句如下:

```
SELECT DISTINCT ssex,sage
FROM student
```

查询结果如图 4－20 所示。

```
ssex sage
---- ------
男    20
女    19
女    20
```

图 4－20　查询结果

可以看出,只有性别和年龄都相同的重复行才会被去掉,如图 4－19 中的第一行和第二行。所以 DISTINCT 关键字是针对所有目标列而言的。

注意不能写成下面这种形式:

```
SELECT DISTINCT ssex,DISTINCT sage
FROM student
```

执行这个语句,系统会提示如图 4－21 的错误。

```
服务器: 消息 156, 级别 15, 状态 1, 行 3
在关键字 'distinct' 附近有语法错误。
```

图 4－21　错误提示

4. 使用计算列

在 SELECT 后面的目标列中可以使用计算列,计算列是由同一表中属性列的表达式计算得来,表达式是由列名、常量、函数及由运算符连接的列名、常量和函数的任意组合。计算列中使用函数将在后面讲述。

[**例 4－29**]查询学生的学号和出生年份。

student 表中有学生的 sage 属性,可以根据当前年份估算出学生的出生年份,假设当前年份是 2009,T－SQL 语句如下:

```
SELECT sno,2009 - sage
FROM student
```

查询结果如图 4-22 所示,可以看出,计算列没有列名。

计算列是虚拟列,没有存储在 student 表中。每当在查询中使用计算列时,都将重新计算它们的值。

```
sno
--------- -----------
070811101 1989
070811102 1989
070817221 1990
070817226 1989
```

图 4-22 查询结果

[**例 4-30**]查询学生的年龄,每个学生的年龄加一岁。

```
SELECT sno,sname,sage+1
FROM student
```

查询结果如图 4-23 所示。

```
sno       sname
--------- ----- -----------
070811101 王凯     21
070811102 李阳     21
070817221 杨燕     20
070817226 刘真     21
```

图 4-23 查询结果

[**例 4-31**]查询学生的信息。

T-SQL 语句如下:

```
SELECT sno,'姓名:'+sname+'所在系:'+sdept
FROM student
```

查询结果如图 4-24 所示。

```
sno
--------- ----------------------------------------
070811101 姓名:王凯 所在系:计算机
070811102 姓名:李阳 所在系:计算机
070817221 姓名:杨燕 所在系:经济
070817226 姓名:刘真 所在系:经济
```

图 4-24 查询结果

这里的"+"运算符是字符串连接符,将字符串和列的组合连接成一个新的字符串。

5. 为结果集起新列名

为结果集起新列名的格式如下:

```
SELECT[目标列[AS]新列名]|[新列名=目标列]
FROM 表名
```

新列名是字符串。举例如下:

[**例 4-32**]查询学生的学号和出生年份,并为学号取新列名"学号",出生年份取新列名"出生年份"。

格式一:

```
SELECT sno AS 学号,2009-sage AS 出生年份
FROM student
```

查询结果的两列都有了指定的新列名。如图 4-25 所示。

```
学号         出生年份
---------- -----------
070811101  1989
070811102  1989
070817221  1990
070817226  1989
```

图 4-25　查询结果

格式二：

```
SELECT sno 学号,2009 - sage 出生年份
FROM student
```

格式三：

```
SELECT 学号 = sno,出生年份 = 2009 - sage
FROM student
```

这三种形式是等价的。

如果新列名的字符串中有空格，那么新列名前后必须加单引号（' '）。举例如下：

```
SELECT '学生 学号' = sno,出生年份 = 2009 - sage
FROM student
```

新列名为"学生 学号"，前后要加单引号。

6. 带条件的查询

在 T-SQL 中可以在表中查询符合条件的数据，带条件的查询的 T-SQL 语句格式如下：

```
SELECT 列名 1,列名 2,…
FROM 表名
WHERE 查询条件
```

查询条件可以有如下的形式：

（1）算术表达式。算术表达式的形式如下：

表达式 1　比较运算符　表达式 2

其中，表达式是列名、常量、函数、变量的组合。比较运算符包括等于（=）、不等于（<>或!=）、大于（>）、大于或等于（>=）、不大于（!>）、小于（<）、小于或等于（<=）、不小于（!<）这九种。如果表达式 1 和表达式 2 的值满足比较关系，那么条件成立，将满足条件的元组放在结果集中。举例如下：

[例 4-33] 查询女生的学号和姓名。

这个查询要根据性别列的值进行判断，由于性别为字符串类型，所以条件中在"女"这个常量值前后要加单引号。

```
SELECT sno,sname
FROM student
WHERE ssex = '女'
```

查询结果如图 4-26 所示。

```
sno        sname
---------- -----
070817221 杨燕
070817226 刘真
```

图 4-26　查询结果

(2) 逻辑表达式。在条件中可以使用下列三个逻辑运算符：

① NOT:逻辑非,对条件求反。

② AND:逻辑与,组合两个条件,要求两个条件都成立。

③ OR:逻辑或,组合两个条件,要求至少有一个条件成立。优先级低于 AND。

举例如下：

[**例 4-34**]查询不是计算机系的学生的学号、姓名和所在系。

```
SELECT sno,sname,sdept
FROM student
WHERE NOT sdept ='计算机'
```

这里的条件 sdept ='计算机'前面加 NOT 表示否定。

[**例 4-35**]查询经济系年龄为 19 岁的学生。

```
SELECT sno,sname
FROM student
WHERE sdept ='经济'AND sage =19
```

[**例 4-36**]查询经济系或计算机系的学生。

```
SELECT sno,sname,sdept
FROM student
WHERE sdept ='计算机'OR sdept ='经济'
```

如果在一个条件中使用多个逻辑运算符时,注意它们的优先级。NOT 优先级高于 AND,AND 优先级高于 OR。可以加括号改变求值顺序。

分析下面两个 T-SQL 语句：

```
SELECT sno,sname,sage,sdept
FROM student
WHERE sdept ='经济'OR sdept ='计算机'AND sage =20
```

由于 AND 优先级高于 OR,因此这个条件为计算机系 20 岁的学生或者是经济系的学生。

查询结果如图 4-27 所示。

```
sno        sname sage   sdept
---------- ----- ------ --------------------
070811101 王凯    20    计算机
070811102 李阳    20    计算机
070817221 杨燕    19    经济
070817226 刘真    20    经济
```

图 4-27　查询结果

```
SELECT sno,sname,sage,sdept
FROM student
```

```
WHERE(sdept = '经济'OR sdept = '计算机')AND sage = 20
```

利用括号可以改变求值顺序。这个查询的含义就是查询年龄为 20 岁,经济系或计算机系的学生。这个查询的结果如图 4-28 所示。

```
sno        sname sage   sdept
---------- ----- ------ ----------------------
070811101  王凯   20     计算机
070811102  李阳   20     计算机
070817226  刘真   20     经济
```

图 4-28　查询结果

分析下面的 T-SQL 语句:

```
SELECT sno,sname,sage,sdept
FROM student
WHERE NOT sdept = '经济'AND sage = 20
```

这里 NOT 是对 sdept = '经济'条件的否定。查询结果如图 4-29 所示。

```
sno        sname sage   sdept
---------- ----- ------ ----------------------
070811101  王凯   20     计算机
070811102  李阳   20     计算机
```

图 4-29　查询结果

(3) 使用 BETWEEN 关键字。在条件中可以使用 BETWEEN 关键字,格式如下:

表达式[NOT]BETWEEN 表达式 1 AND 表达式 2

含义是:如果表达式的值大于或等于表达式 1 的值并且小于或等于表达式 2 的值,则 BETWEEN 成立。如果表达式的值小于表达式 1 的值或者大于表达式 2 的值,则 NOT BETWEEN 成立。

[例 4-37] 查询成绩为良(80 到 89 分之间,包括 80 和 89 分)的学生的选课信息。

```
SELECT*
FROM sc
WHERE grade BETWEEN 80 AND 89
```

查询结果如图 4-30 所示。

```
sno        cno       grade
---------- --------- ------------
070811102  080110B   80
070811102  080602A   88
```

图 4-30　查询结果

[例 4-38] 查询成绩不是良的学生的选课信息。

```
SELECT*
FROM sc
WHERE grade NOT BETWEEN 80 AND 89
```

根据 BETWEEN 关键字的定义可以得出,BETWEEN 关键字可以用比较运算符和逻辑运算符代替。如[例 4-37]可以用大于等于(>=)和小于等于(<=)代替,T-SQL 语句如下:

```
SELECT*
FROM sc
WHERE grade > =80 AND grade < =89
```

NOT BETWEEN 也可以用比较运算符和逻辑运算符代替,如[例 4 - 38]可以写为

```
SELECT*
FROM sc
WHERE grade <80 OR grade >89
```

(4) 使用 IN 关键字。在条件中可以使用 IN 关键字,格式如下:

表达式[NOT]IN(表达式 1,表达式 2,…)

IN 的含义是:如果表达式与列表中任一表达式相等,条件就成立。NOT IN 的含义是:如果表达式与列表中所有表达式都不相等,条件就成立。

[**例 4 -39**]查询经济系或计算机系的学生。

```
SELECT sno,sname,sdept
FROM student
WHERE sdept IN('计算机','经济')
```

[**例 4 -40**]查询不是计算机系,也不是经济系的学生。

```
SELECT sno,sname,sdept
FROM student
WHERE sdept NOT IN('计算机','经济')
```

IN 和 NOT IN 也可以用逻辑运算符连接的多个条件代替。[例 4 - 39]与[例 4 - 36]是等价的,对[例 4 - 40]来说可以写为

```
SELECT sno,sname,sdept
FROM student
WHERE sdept < >'计算机'AND sdept < >'经济'
```

(5) 涉及空值的查询。在查询条件中,如果有对空值或非空值的查询,那么条件应该写为:

表达式 IS[NOT]NULL

注意:由于空值不能用等号判断,所以对空值的查询要用谓词 IS。

[**例 4 -41**]查询成绩非空的学生的选课信息。

```
SELECT*
FROM sc
WHERE grade IS NOT NULL
```

(6) 模糊查询。前面所讲的例子是根据精确的条件对数据库进行查询。如果只有部分的查询条件,即查询条件不确定的情况下,可以对数据库进行模糊查询。模糊查询是针对字符串类型进行的查询。

在模糊查询中,可以包含下列通配符:

① %:代表长度大于或等于 0 的任意字符串。

② _(下划线):代表任意单个字符(中文或英文均可)。

③ [ ]:指定范围或集合中的任一单个字符。如[5 -9]或[56789]代表 5,6,7,8,9 均

满足条件。

④ [^]:不属于指定范围或集合中的任何单个字符。

模糊查询的条件格式如下:

字符串表达式[NOT]LIKE 含通配符的条件

注意:模糊查询不能用=,而必须用谓词 LIKE,=代表精确查询。

[**例 4-42**]查询姓李的学生信息。

这里,查询条件为姓李,也就是学生的姓名以“李”开头,对后续的字符串可以用通配符%表示,T-SQL 语句如下:

```
SELECT sno,sname
FROM student
WHERE sname LIKE'李%'
```

[**例 4-43**]查询姓李,且名字长度为 3 的学生信息。

这里除了姓李这个条件以外,限制了学生姓名长度为 3,因此可以使用通配符_。

```
SELECT sno,sname
FROM student
WHERE sname LIKE'李__'
```

假设表中数据如图 4-31 所示。

```
sno        sname
---------  ------
070811101  王凯
070811102  李阳
070817221  杨燕
070817226  刘真
070811103  李小阳
```

图 4-31　表中数据

查询结果如图 4-32 所示。

```
sno        sname
---------  ------
070811102  李阳
070811103  李小阳
```

图 4-32　查询结果

为什么结果不正确呢?这是由于 sname 的数据类型为 char,长度为 20。在 SQL Server 中,char 类型的数据如果长度不满 20,系统会在数据后面补以空格。因此这里的“李阳”也符合模糊查询的条件,出现在结果中。解决这个问题有两个方法:

① 修改 sname 的数据类型,由 char 改为 varchar,varchar 类型不会在数据后面补以空格。

② 将数据后面的尾随空格去掉,使用函数 rtrim()。

T-SQL 语句如下:

```
SELECT sno,sname
FROM student
WHERE rtrim(sname) LIKE'李__'
```

[**例 4-44**]查询名字第二个字为小的学生信息。

```
SELECT sno,sname
FROM student
WHERE sname LIKE'_小%'
```

[**例 4-45**]查询课程号以 08 开头,以 A 或 B 结束的课程信息。

```
SELECT cno,cname
FROM course
WHERE cno LIKE'08%[AB]'
```

[**例 4-46**]查询学号以 0708 开头,以 0~9 结束的学生的信息。

```
SELECT sno,sname
FROM student
WHERE sno LIKE'0708%[0~9]'
```

此处用 0~9 代表 0 到 9 这 10 个字符。

[**例 4-47**]查询学号以 0708 开头,不是以 789 结束的学生的信息。

```
SELECT sno,sname
FROM student
WHERE sno LIKE'0708%[^789]'
```

如果在查询的字符串中包含通配符(%,_,[,],^),可以用转义字符(一个字符)对通配符进行转义,将通配符恢复本来的含义。

格式如下:

字符串表达式[NOT]LIKE 含通配符的条件 ESCAPE'转义字符'

[**例 4-48**]查询课程号以 08 开头,以_1 结束的课程的名称。

```
SELECT cname
FROM course
WHERE cno LIKE'08%|_1'ESCAPE'|'
```

这里的转义字符为'|',在查询条件中的'_'由于前面有转义字符'|',不再代表单个字符,而代表下划线本身。

如果不使用转义字符,也可以将通配符放在括号[ ]中。[例 4-48]的另一种写法为

```
SELECT cname
FROM course
WHERE cno LIKE'08%[_]1'
```

(7) 使用聚合函数。为了有效地对数据进行统计和计算,T-SQL 提供了一系列的聚合函数,如表 4-8 所列。

表 4-8 T-SQL 提供的聚合函数

函数名	功能	函数名	功能
COUNT	统计数目	SUM	求和
MAX	求最大值	AVG	求平均值
MIN	求最小值		

聚合函数可以用在SELECT子句中，返回对查询结果集进行计算的结果。

① COUNT函数：该函数的作用是计数。函数的形式如表4-9所列。

表4-9 COUNT函数形式及作用

函数形式	作　用
COUNT([ALL]列名)	统计该列非空值的数量
COUNT(DISTINCT 列名)	统计该列非空值的数量，重复值只计算一次
COUNT(*)	统计查询结果的行数

[例4-49]计算学生人数。

```
SELECT COUNT(* )
FROM student
```

查询结果如图4-33所示，由于使用了聚合函数，所以查询结果中没有列名。

```
-----------
5
```

图4-33　查询结果

[例4-50]统计成绩不为空的选课次数。

```
SELECT COUNT(grade)
FROM sc
```

假设sc表的内容如图4-34所示。

```
sno       cno      grade
--------- -------- -----------
070811101 080110B  90
070811102 080110B  80
070811101 080602A  77
070811102 080602A  88
070811103 0001     NULL
```

图4-34　sc表的内容

查询结果如图4-35所示。

```
-----------
4

(所影响的行数为 1 行)

警告：聚合或其它 SET 操作消除了空值。
```

图4-35　查询结果

此时，NULL值不计算在内。

[例4-51]统计已经选课的学生人数。

```
SELECT COUNT(DISTINCT sno)
FROM sc
```

这个查询中使用了DISTINCT关键字，对同一个学生的多次选课只计算一次，符合查询要求。

② MAX函数：求最大值，形式为MAX(列名)，在这个函数中，使用ALL和DISTINCT关键字没有意义，所以此处不再列出。MAX忽略任何空值，也可以对字符串求最大值。

[例4-52]求学生的最高成绩。

```
SELECT MAX(grade)
FROM sc
```

③ MIN 函数:求最小值,形式为 MIN(列名),同样,也不再列出 ALL 和 DISTINCT 关键字。MIN 忽略任何空值,也可以对字符串求最小值。此处不再举例。

④ SUM 函数:求和。形式为 SUM([ALL|DISTINCT]列名),如果使用 DISTINCT 关键字,则重复值只计算一次。SUM 函数只能用于数字列,空值将被忽略。

[**例 4-53**]计算 070811101 学生的总成绩。

```
SELECT SUM(grade)
FROM sc
WHERE sno = '070811101'
```

⑤ AVG 函数:求平均值。形式为 AVG([ALL|DISTINCT]列名),如果使用 DISTINCT 关键字,则重复值只计算一次。AVG 函数只能用于数字列,空值将被忽略。

[**例 4-54**]计算学生的平均年龄。

```
SELECT AVG(sage)
FROM student
```

[**例 4-55**]计算 080110B 号课程的学生的平均成绩。

```
SELECT AVG(grade)
FROM sc
WHERE cno = '080110B'
```

(8) 分组。在 T-SQL 中,分组使用 GROUP BY 子句,这个子句在 WHERE 子句之后,格式如下:

```
GROUP BY 分组属性
```

在使用 GROUP BY 子句后,如果 SELECT 子句中使用了聚合函数,那么聚合函数将作用于每一个组。举例如下:

[**例 4-56**]计算每个学生选修的课程数。

计算每个学生选修的课程数,在查询时需要对学生进行分组,分组属性是学号 sno,学号相同的作为一组,对每一组使用 COUNT 函数统计行数。T-SQL 语句如下:

```
SELECT sno,COUNT(* )
FROM sc
GROUP BY sno
```

查询结果如图 4-36 所示。

```
sno
--------- -----------
070811101 2
070811102 2
070811103 1
```

图 4-36 查询结果

可以按照一列值分组,也可以按照多列值分组。

[**例 4-57**]将学生按照性别和年龄分组,并计算每组的人数。

```
SELECT ssex,sage,COUNT(* )
FROM student
```

```
GROUP BY ssex,sage
```

查询结果如图 4－37 所示,只有性别和年龄均相等的才能成为一组。

ssex	sage	
女	19	1
男	20	3
女	20	1

图 4－37　查询结果

注意:在 SELECT 后面只能出现分组属性和聚合函数。

如果将上例修改为

```
SELECT sno,ssex,sage,COUNT(* )
FROM student
GROUP BY ssex,sage
```

错误提示如图 4－38 所示。

服务器: 消息 8120, 级别 16, 状态 1, 行 1
列 'student.sno' 在选择列表中无效，因为该列既不包含在聚合函数中，也不包含在 GROUP BY 子句中。

图 4－38　错误提示

因为 sno 不是分组属性,对性别和年龄均相同的一组来说,学号值不一定相同,因此无法显示。

分组后,还可以使用 HAVING 子句筛选组,选出符合条件的组。HAVING 子句用在 GROUP BY 子句之后,通过聚合函数对组进行筛选。

[例 4－58]查询选课超过两门(包括两门)的学生的学号。

```
SELECT sno,COUNT(* )
FROM sc
GROUP BY sno
HAVING COUNT(* )> =2
```

注意:HAVING 子句是对组进行筛选。WHERE 子句是对元组进行筛选。注意二者的区别。

[例 4－59]查询成绩在 90 分以上(包括 90)的课程超过两门(包括两门)的学生的学号。

```
SELECT sno,COUNT(* )
FROM sc
WHERE grade > =90
GROUP BY sno
HAVING COUNT(* )> =2
```

这个查询中,成绩在 90 分以上是对元组进行筛选,使用 WHERE 子句。课程数超过两门是对组进行筛选,使用 HAVING 子句。

(9) 排序。排序使用 ORDER BY 子句。ORDER BY 子句是 SELECT 语句的最后一个子句,格式如下:

ORDER BY 排序属性[ASC|DESC]

ASC:升序排列,DESC:降序排列。默认为升序。如果排序列含有NULL值时,升序排列时,NULL值最先显示;降序排列时,NULL值最后显示。

[**例4-60**]查询学生的成绩,按降序排列。

```
SELECT*
FROM sc
ORDER BY grade DESC
```

查询结果如图4-39所示。

```
sno        cno       grade
---------- --------- -----------
070811101  080110B   90
070811102  080602A   88
070811102  080110B   80
070811101  080602A   77
070811103  0001      NULL
```

图4-39　查询结果

排序属性可以有一个,可以有多个。对每一个排序属性都可以指定ASC或DESC。

[**例4-61**]查询学生信息,查询结果按所在系升序排列,同一系按年龄降序排列。

```
SELECT*
FROM student
ORDER BY sdept,sage DESC
```

4.3.2　连接查询

如果一个查询涉及到两个或两个以上的表,将这种查询称为连接查询。在连接查询中,用来连接两个表的条件称为连接条件。这样,在FROM子句中指定查询涉及的多个表,WHERE子句中指定连接条件。T-SQL语句可以写为如下的形式:

```
SELECT 目标列
FROM 表1,表2...
WHERE 连接条件 AND 其他条件
```

连接查询可以分为内连接和外连接等类型,内连接又可以分为等值连接、自然连接、不等值连接等。

1. 内连接

(1) 等值连接。等值连接的连接条件可以表示如下:

[表1.]列1=[表2.]列2

等值连接可以理解为在表1和表2的笛卡儿积中选出满足连接条件的元组。如果两个表存在同名列,在列名前要加表名前缀加以区分。

[**例4-62**]查询每个学生的信息及选课情况。

这个查询涉及到student和sc两个表,在这两个表中,有共同的属性学号sno,只有学号相同的元组才能连接,因此T-SQL语句如下:

```
SELECT student.*,sc.*
FROM student,sc
WHERE student.sno=sc.sno
```

在连接条件中学号 sno 要加表名前缀,以示区分。查询结果如图 4-40 所示。

	sno	sname	ssex	sage	sdept	sno	cno	grade
1	070811101	王凯	男	20	计算机	070811101	080602A	77
2	070811101	王凯	男	20	计算机	070811101	080110B	90
3	070811102	李阳	男	20	计算机	070811102	080602A	88
4	070811102	李阳	男	20	计算机	070811102	080110B	80

图 4-40　查询结果

查询结果中每一行代表的是学生及其选课的信息。也可以将 student、sc、course 三个表进行连接,得到每个学生及选课的详细情况。

[例 4-63]查询每个学生及选课的详细信息。

```
SELECT student.* ,sc.* ,course.*
FROM student,sc,course
WHERE student.sno = sc.sno and sc.cno = course.cno
```

查询结果如图 4-41 所示。

	sno	sname	ssex	sage	sdept	sno	cno	grade	cno	cname	credit
1	070811101	王凯	男	20	计算机	070811101	080110B	90	080110B	数据库原理与应用	4
2	070811102	李阳	男	20	计算机	070811102	080110B	80	080110B	数据库原理与应用	4
3	070811101	王凯	男	20	计算机	070811101	080602A	77	080602A	软件工程	3
4	070811102	李阳	男	20	计算机	070811102	080602A	88	080602A	软件工程	3

图 4-41　查询结果

(2) 自然连接。在 T-SQL 语句中表达自然连接需要在 SELECT 子句中将重复的属性列去掉。如对[例 4-62]可以表示如下:

```
SELECT student.sno,sname,ssex,sage,sdept,cno,grade
FROM student,sc
WHERE student.sno = sc.sno
```

对[例 4-63]可以表示如下:

```
SELECT student.sno,sname,ssex,sage,sdept,sc.cno,grade,cname,credit
FROM student,sc,course
WHERE student.sno = sc.sno and sc.cno = course.cno
```

(3) 非等值连接。如果连接条件的比较运算符不是 =,而是其他的比较运算符时,这种连接查询称为非等值连接。连接条件可以表示如下:

[表1.]列1 比较运算符[表2.]列2

假设有这样一个成绩等级 grade_level 表(表 4-10)。

表 4-10　grade_level 表

begin_grade	end_grade	glevel	begin_grade	end_grade	glevel
0	59	不及格	80	89	良
60	69	及格	90	100	优
70	79	中			

[**例 4 - 64**]将学生的成绩根据成绩等级表 4 - 10 转化为五级制。

```
SELECT sno,cno,glevel
FROM sc,grade_level
WHERE grade > = begin_grade AND grade < = end_grade
```

查询结果如图 4 - 42 所示。

```
sno       cno      glevel
--------- -------- ----------
070811101 080110B  优
070811102 080110B  良
070811101 080602A  中
070811102 080602A  良
```

图 4 - 42 查询结果

这个查询也可以使用 BETWEEN 关键字，写法如下：

```
SELECT sno,cno,glevel
FROM sc,grade_level
WHERE grade BETWEEN begin_grade AND end_grade
```

(4) 自身连接。在连接查询时，有时需要对一个表进行连接查询，这时可以将该表看作分开的两个相同的表，并通过别名来加以区分。给表起别名的形式如下：

表名 别名

[**例 4 - 65**]查询与学号 070811101 的学生在同一个系的学生。

这个查询只用到了 student 表，其中"同一个系"就是这个查询的条件，可以将学生表复制两份，并分别命名为 S1 和 S2 如图 4 - 43 所示。

student 表，别名 S1

sno	sname	ssex	sage	sdept
070811101	王凯	男	20	计算机
070811102	李阳	男	20	计算机
070817221	杨燕	女	19	经济
070817226	刘真	女	20	经济

student 表，别名 S2

sno	sname	ssex	sage	sdept
070811101	王凯	男	20	计算机
070811102	李阳	男	20	计算机
070817221	杨燕	女	19	经济
070817226	刘真	女	20	经济

图 4 - 43 S1 和 S2 表

连接条件为学生所在系相同,即 S1.sdept = S2.sdept,除了这个条件以外,还有题目给出的条件,学号为070811101,即 S1.sno = '070811101',T-SQL 语句可以写为

```
SELECT S2.sno,S2.sname
FROM student S1,student S2
WHERE S1.sdept = S2.sdept AND S1.sno = '070811101'
```

查询结果如图 4-44 所示。

```
sno       sname
--------- -----
070811101 王凯
070811102 李阳
```

图 4-44 查询结果

[**例 4-66**]查询学分比 080110B 号课程少的课程名。

```
SELECT S2.cname
FROM course S1,course S2
WHERE S1.credit > S2.credit AND S1.cno = '080110B'
```

2. 外连接

内连接需要指定连接条件,只有符合连接条件的结果才输出。外连接则不同,它会返回 FROM 子句中提到的至少一个表的所有行。外连接可以分为左向外连接、右向外连接和完整外部连接。

(1) 左向外连接。左向外连接是返回左表的所有行。格式如下:

```
SELECT 目标列
FROM 左表 LEFT[OUTER]JOIN 右表
ON 条件
```

[**例 4-67**]查询学生及选课的信息,即使没有选课的学生也显示。

```
SELECT student.* ,cno,grade
FROM student LEFT OUTER JOIN sc
ON student.sno = sc.sno
```

查询结果如图 4-45 所示,即使没有选课的学生(杨燕和刘真)也在查询结果中。

	sno	sname	ssex	sage	sdept	cno	grade
1	070811101	王凯	男	20	计算机	080602A	77
2	070811101	王凯	男	20	计算机	080110B	90
3	070811102	李阳	男	20	计算机	080602A	88
4	070811102	李阳	男	20	计算机	080110B	80
5	070817221	杨燕	女	19	经济	NULL	NULL
6	070817226	刘真	女	20	经济	NULL	NULL

图 4-45 查询结果

(2) 右向外连接。右向外连接是返回右表的所有行。格式如下:

```
SELECT 目标列
FROM 左表 RIGHT[OUTER]JOIN 右表
ON 条件
```

[**例4－68**]查询学生及选课的信息,即使没有选课的学生也显示。

```
SELECT student.* ,cno,grade
FROM sc RIGHT OUTER JOIN student
ON student.sno = sc.sno
```

使用右向外连接可以实现与[例4－67]同样的结果。

(3) 完整外部连接。完整外部连接是返回两个表的所有行。格式如下:

```
SELECT 目标列
FROM 左表 FULL[OUTER]JOIN 右表
ON 条件
```

假设有这样一个表(表4－11)。

表4－11 奖励 student_award 表

award	sno
一等奖学金	070811101
二等奖学金	070811102
校长奖学金	
贫困奖学金	

[**例4－69**]查询学生情况及奖励情况,要求列出所有学生信息及所有奖励信息。

```
SELECT student.* ,award
FROM student FULL OUTER JOIN student_award
ON student.sno = student_award.sno
```

查询结果如图4－46所示。

	sno	sname	ssex	sage	sdept	award
1	070811101	王凯	男	20	计算机	一等奖学金
2	070811102	李阳	男	20	计算机	二等奖学金
3	NULL	NULL	NULL	NULL	NULL	校长奖学金
4	NULL	NULL	NULL	NULL	NULL	贫困奖学金
5	070817221	杨燕	女	19	经济	NULL
6	070817226	刘真	女	20	经济	NULL

图4－46 查询结果

4.3.3 嵌套查询

嵌套查询是指包含子查询的SELECT语句。子查询是一个SELECT查询,它可以嵌套在SELECT语句或其他子查询中。任何允许使用表达式的地方都可以使用子查询。子查询也称为内部查询,包含子查询的语句也称为外部查询。

子查询的形式如下：

```
SELECT 子句
FROM 子句
[WHERE 子句]
[GROUP BY 子句]
[HAVING 子句]
```

可以看出，子查询中没有 ORDER BY 子句，但是如果同时指定了 TOP 子句，那么子查询中是可以包含 ORDER BY 子句的。子查询总是使用括号( )括起来。子查询可以嵌套在外部 SELECT 语句的 WHERE 或 HAVING 子句中，也可以嵌套在其他子查询中。

包含子查询的语句通常采用下面三种形式。

1. WHERE 表达式[NOT]IN(子查询)

子查询的结果用于形成外层的查询条件。举例如下：

[例 4-70]查询计算机系学生的选课信息，包括学号、课程号、成绩。

(1) 首先查询计算机系学生的学号。

```
SELECT sno
FROM student
WHERE sdept = '计算机'
```

(2) 将第一步作为子查询，根据子查询的结果形成外层查询的条件。

```
SELECT sno,cno,grade
FROM sc
WHERE sno IN
(SELECT sno
FROM student
WHERE sdept = '计算机'
)
```

[例 4-71]查询与学号 070811101 的学生在同一个系的学生。

前面曾经介绍过这个例子，通过自身连接来完成。如果使用嵌套查询也可以实现。

```
SELECT sno,sname
FROM student
WHERE sdept IN
(SELECT sdept
FROM student
WHERE sno = '070811101'
)
```

[例 4-72]查询"数据库原理与应用"的选课信息，包括学号、姓名、成绩。

```
SELECT student.sno,sname,grade
FROM student,sc
```

```
WHERE student.sno = sc.sno AND cno IN
(SELECT cno
FROM course
WHERE cname = '数据库原理与应用'
)
```

[例 4 -73]查询王凯没有选修的课程号。

```
SELECT cno
FROM course
WHERE cno NOT IN
(SELECT cno
FROM sc
WHERE sno IN
(SELECT sno
FROM student
WHERE sname = '王凯'
)
)
```

2. WHERE 表达式 比较运算符(子查询)

如果确切的知道内层查询返回单值时,可以使用比较运算符。

[例 4 -74]查询比王凯年龄大的学生的学号及姓名。

```
SELECT sno,sname
FROM student
WHERE sage >
(SELECT sage
FROM student
WHERE sname = '王凯'
)
```

[例 4 -75]查询学分比 080110B 号课程少的课程名。

这个查询前面通过自身连接来实现,通过嵌套查询也可以实现。

```
SELECT cname
FROM course
WHERE credit <
(SELECT credit
FROM course
WHERE cno = '080110B'
)
```

3. WHERE 表达式 比较运算符[ANY|ALL](子查询)

在子查询前可以使用谓词 ANY 或 ALL,使用这两个谓词时必须同时使用比较运算符。其语义如表 4 -12 所示。

表 4-12 比较运算符和 ANY、ALL 的各种组合

比较运算符和谓词的各种组合	含义
> ANY	大于子查询结果中的某个值
> ALL	大于子查询结果中的所有值
< ANY	小于子查询结果中的某个值
< ALL	小于子查询结果中的所有值
= ANY	等于子查询结果中的某个值
= ALL	等于子查询结果中的所有值(通常无实际意义)
! =(或< >)ANY	不等于子查询结果中的某个值
! =(或< >)ALL	不等于子查询结果中的任何一个值

> ANY 的含义是大于子查询结果中的某个值。假设子查询结果为集合{1,2,3},那么只要大于集合中某个值就满足条件。因此只要大于 1 就可以认为满足条件。

> ALL 的含义是大于子查询结果中的所有值。假设子查询结果为集合{1,2,3},那么要大于集合中所有值,因此只要大于 3 就可以认为满足条件。

其他形式类似,不再举例赘述。

[**例 4-76**]查询比学号 070811101 的学生某一门课程成绩高的学生。

```
SELECT sno,cno,grade
FROM sc
WHERE grade >ANY
(SELECT grade
FROM sc
WHERE sno = '070811101'
)
AND sno < > '070811101'
```

其中子查询得到的是 070811101 的学生的所有成绩的集合, > ANY(子查询)代表的是大于子查询结果集合中的某个值。sno < > '070811101' 是外层查询的条件,要求得到的是除了 070811101 以外其他的学生的选课信息。

[**例 4-77**]查询成绩高于学号为 070811101 的学生所有成绩的学生。

```
SELECT sno,cno,grade
FROM sc
WHERE grade >ALL
(SELECT grade
FROM sc
WHERE sno = '070811101'
)
AND sno < > '070811101'
```

也可以使用聚合函数来替代带 ANY 或 ALL 谓词的子查询。使用聚合函数的子查询比使用谓词 ANY 或 ALL 的子查询效率要高,因为减少了比较次数。聚合函数和谓词的

转换如表4－13所列。

表4－13　聚合函数和谓词的转换

谓词	>ANY	>ALL	<ANY	<ALL	=ANY	=ALL	！=(或< >)ANY	！=(或< >)ALL
聚合函数	>MIN	>MAX	<MAX	<MIN	IN	无	无	NOT IN

对[例4－76]可以用聚合函数来实现：

```
SELECT sno,cno,grade
FROM sc
WHERE grade >
(SELECT MIN(grade)
FROM sc
WHERE sno='070811101'
)
AND sno< >'070811101'
```

对[例4－77]也可以用聚合函数来实现：

```
SELECT sno,cno,grade
FROM sc
WHERE grade >
(SELECT MAX(grade)
FROM sc
WHERE sno='070811101'
)
AND sno< >'070811101'
```

在前面的查询中，子查询仅执行一次，并且子查询执行的结果组成了外层查询的条件，这类查询称为不相关子查询，即子查询的执行不依赖于外层查询。在有些查询中，子查询的执行要依赖于外层查询，这类查询称为相关子查询，使用的谓词是EXISTS。相关子查询的形式如下：

```
WHERE[NOT]EXISTS(子查询)
```

先看这个例子：

[例4－78]查询选修了080110B号课程的学生姓名。

这个查询可以使用EXISTS谓词，写法如下：

```
SELECT sname
FROM student
WHERE EXISTS
(SELECT*
FROM sc
WHERE sno=student.sno AND cno='080110B'
)
```

student表和sc表的数据如图4－47所示。

student 表

sno	sname	ssex	sage	sdept
070811101	王凯	男	20	计算机
070811102	李阳	男	20	计算机
070817221	杨燕	女	19	经济
070817226	刘真	女	20	经济

sc 表

sno	cno	grade	sno	cno	grade
070811101	080110B	90	070811101	080602A	77
070811102	080110B	80	070811102	080602A	88

图 4－47　student 和 sc 表

这个查询的执行过程如下：首先取 student 表的第一个元组，执行子查询，这时子查询中 student. sno 的值为 070811101，子查询为：

```
SELECT*
FROM sc
WHERE sno = '070811101'AND cno = '080110B'
```

如果在 sc 表中存在满足条件的元组，那么子查询返回 TRUE；否则返回 FALSE。如果子查询返回 TRUE，那么将 student 表的第一个元组的 sname 值放入结果中。因为 sc 表中存在满足条件的元组，那么将第一个元组的姓名“王凯”放入结果中。同理，取 student 表的第二个元组，执行子查询，将“李阳”放入结果中。对于 student 表的第三个元组和第四个元组来说，由于子查询返回 FALSE，所以不放入结果中。student 表的所有元组处理完毕，查询过程结束。查询结果如图 4－48 所示。

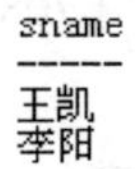

图 4－48　查询结果

可见，只要这个学生在 sc 表中有相应的选课记录，那么就放在结果中，很显然满足查询的要求。

使用 EXISTS 引入的子查询有如下特点：

（1）子查询不产生任何查询结果，只返回 TRUE 或 FALSE 值。对 EXISTS 谓词来说，如果子查询结果非空，返回 TRUE；否则返回 FALSE。对 NOT EXISTS 谓词来说，如果子查询结果为空，返回 TRUE；否则返回 FALSE。

（2）EXISTS 谓词前面没有列名、常量或其他表达式。

（3）子查询中 SELECT 后一般都是 *，因为只返回 TRUE 或 FALSE，所以不必列出目标列。

上例如果不使用 EXISTS 谓词，也可以实现。T－SQL 语句如下：

```
SELECT sname
FROM student
WHERE sno IN
(SELECT sno
FROM sc
WHERE cno = '080110B'
)
```

但是对某些带有 EXISTS 谓词的查询来说，是没有其他的等价的表示方法的。下面是 EXISTS 谓词的两个重要用法。

1）用 EXISTS 谓词实现全称量词

[**例 4－79**]查询选修了全部课程的学生姓名。

由于 T－SQL 中没有全称量词，所以将这个查询转化为："查询这样的学生，没有一门课是他不选的"。

T－SQL 语句写为

```
SELECT sname
FROM student
WHERE NOT EXISTS
(SELECT*
FROM course
WHERE NOT EXISTS
(SELECT*
FROM sc
WHERE sno = student.sno AND cno = course.cno)
)
```

这个查询的执行过程是这样的：

取 student 表的第一行，学号 sno 为 070811101，取 course 表的第一行，课程号为 080110B，在内层子查询中判断：

```
SELECT*
FROM sc
WHERE sno = '070811101' AND cno = '080110B'
```

在 sc 表中有满足条件的元组，结果非空，因为是由 NOT EXISTS 引导的子查询，因此第二个 NOT EXISTS 返回 FALSE。

取 course 表的第二行，cno 为 080602A，在内层子查询中判断：

```
SELECT*
FROM sc
WHERE sno = '070811101' AND cno = '080602A'
```

结果非空,第二个 NOT EXISTS 返回 FALSE。

此时对 course 表的所有元组都已判断完毕,返回结果为空,对第一个 NOT EXISTS 来说,返回 TRUE,所以将 070811101 这个记录放入结果中。同理可以判断 070811102 这个学生也满足条件。也就是说,对这两个学生来说,找不到这样的一门课,他们没有选,那么这两个学生实际上就是选修了所有的课程。

取 student 表的第三个元组,学号为 070817221,取 course 表的第一行,课程号为 080110B,在内层子查询中判断:

```
SELECT*
FROM sc
WHERE sno = '070817221'AND cno = '080110B'
```

在 sc 表中没有满足条件的元组,结果为空,因为是由 NOT EXISTS 引导的子查询,因此第二个 NOT EXISTS 返回 TRUE。

取 course 表的第二行,cno 为 080602A,在内层子查询中判断:

```
SELECT*
FROM sc
WHERE sno = '070817221'AND cno = '080602A'
```

结果为空,第二个 NOT EXISTS 返回 TRUE。

此时对 course 表的所有元组都已判断完毕,返回结果不为空,对第一个 NOT EXISTS 来说,返回 FALSE,所以 070817221 这个记录不在结果中。同理可以判断 070817226 这个学生也不满足条件。也就是说,对这两个学生来说,存在着他们没选的课,因此不满足查询条件。

2）用 EXISTS 谓词实现逻辑蕴涵

[**例 4 - 80**]查询选修了 070811101 学生选修的所有课程的学生的学号。

这个查询与[例 4 - 79]有所不同,课程必须是 070811101 所选的课程,因此可以将这个查询改为:查询这样的学生,没有一门课 070811101 号学生选了,但是他没选。所以 T - SQL 语句可以写为

```
SELECT sno
FROM student
WHERE NOT EXISTS
(SELECT*
FROM sc scy
WHERE sno = '070811101'AND NOT EXISTS
(SELECT*
FROM sc scz
WHERE sno = student.sno AND cno = scy.cno)
)
```

在这个查询中由于两次用到 sc 表,所以分别给 sc 表起了别名,执行的过程与上例类似,此处不再赘述,读者可自行分析。

4.3.4 集合查询

在 T-SQL 中可以实现集合的并、交、差等集合操作。

1. 并

使用 UNION 运算符将两个或更多查询的结果组合为单个结果集。使用 UNION 组合两个查询的结果集有以下两点要求:

(1) 所有查询中的列数和列的顺序必须相同。

(2) 数据类型必须兼容。

[**例 4-81**]查询 070811101 和 070811102 的学生信息。

```
SELECT*
FROM student
WHERE sno='070811101'
UNION
SELECT*
FROM student
WHERE sno='070811102'
```

2. 交

使用 EXISTS 引入的子查询可以查找同时属于两个集合的所有元素。

[**例 4-82**]查找 070811101 和 070811102 选修的公共课程。

```
SELECT cno
FROM sc scx
WHERE sno='070811101'AND EXISTS
(SELECT*
FROM sc
WHERE cno=scx.cno AND sno='070811102')
```

3. 差

使用 NOT EXISTS 引入的子查询可以查找两个集合的差,即只属于两个集合中的第一个集合的元素。

[**例 4-83**]查找 070811101 号的学生选修、但 070811102 号的学生没有选修的课程。

```
SELECT cno
FROM sc scx
WHERE sno='070811101'AND NOT EXISTS
(SELECT*
FROM sc
WHERE cno=scx.cno AND sno='070811102')
```

4.4 数据更新

在创建表,添加数据后,数据更新操作成为维护数据库的一个日常操作。数据更新包括插入数据、修改数据和删除数据,在执行数据更新操作后,基本表中的数据将会发生变化。

4.4.1 插入数据

插入数据是在基本表中添加新的数据,通过 INSERT 语句来完成,插入数据有两种形式,一种是在表中插入单个元组,格式如下:

```
INSERT
INTO 表名[(列名1,列名2,…)]
VALUES(常量1,常量2,…)
```

这种格式的 INSERT 语句一次在基本表中插入单个元组。INTO 子句后是表名,表名后可以列出各个属性列的名称,用逗号进行分隔。VALUES 子句后是新元组的各个分量,各个分量要与表名后的属性列一一对应。

[例 4-84] 在学生 student 表中插入一个新元组:学号 070811109,姓名李刚,性别男,年龄 20,所在系土木系。

T-SQL 语句如下:

```
INSERT
INTO student(sno,sname,ssex,sage,sdept)
VALUES('070811109','李刚','男',20,'土木')
```

新元组的分量中如果是字符串,前后要加单引号(' ')。执行完这个 T-SQL 语句后,在 student 表中将增加一个新元组。

如果新元组中各个分量的顺序与表中各个属性列的顺序是一致的话,那么在表名后面可以省略各个属性列。可以将[例 4-84]修改如下:

```
INSERT
INTO student
VALUES('070811109','李刚','男',20,'土木')
```

如果新元组中各个分量的顺序与表中各个属性列的顺序不一致,那么必须指定属性列。还以[例 4-84]为例,修改如下:

```
INSERT
INTO student(sname,sno,ssex,sage,sdept)
VALUES('李刚','070811109','男',20,'土木')
```

这样才能保证插入的元组是有意义的元组。

如果新元组只在部分属性列上有值,那么可以只指定部分属性列。其余属性列的值可以取空,除此之外还可以取默认值和标识列,后两种情况将在第 5 章讲述。

[例 4-85] 在学生 student 表中插入一个新元组:学号 070811122,姓名张华。

```
INSERT
INTO student(sno,sname)
VALUES('070811122','张华')
```

这样新元组除学号和姓名外在其余的属性列上取空值。此时查询结果如图 4-49 所示。

	sno	sname	ssex	sage	sdept
1	070811101	王凯	男	20	计算机
2	070811102	李阳	男	20	计算机
3	070817221	杨燕	女	19	经济
4	070817226	刘真	女	20	经济
5	070811109	李刚	男	20	土木
6	070811122	张华	NULL	NULL	NULL

图 4-49　查询结果

第二种形式是在表中插入子查询结果,格式如下:

```
INSERT
INTO 表名[(列名1,列名2,…)]
子查询
```

这个 T-SQL 语句是将子查询的结果插入表中。如果子查询的结果为多个元组,就可以将多个元组插入到表中。如果子查询中 SELECT 后的目标列顺序与表中属性列的顺序一致,那么可以省略表名后的属性列表。

[**例 4-86**]将学生的学号及平均成绩插入新表中。

第一步:创建一个新表。

```
CREATE TABLE avg_student
(sno char(9),avggrade int)
```

第二步:插入数据。

```
INSERT INTO avg_student
SELECT sno,AVG(grade)
FROM sc
GROUP BY sno
```

在子查询中,从已有的表 sc 中查询学号和平均成绩,将查询结果插入到新表 avg_student 中。在 INSERT 语句中,表名后面省略了属性列,因为子查询中 SELECT 后的目标列与 avg_student 表的属性顺序是一致的。

4.4.2　修改数据

修改数据是修改表中的现有数据,用 UPDATE 语句来实现。格式如下:

```
UPDATE 表名
SET 列名1=表达式1[,列名2=表达式2,…]
[WHERE 条件]
```

表名是要进行修改数据操作的表。SET 子句是指定要更新的列。SET 子句中的各个列名必须存在于 UPDATE 子句指定的表中,表达式可以是常量、变量、表达式或返回单个值的子查询,SET 子句将表达式的值替换该列的现有值。WHERE 指定条件。如果省略,则修改表中所有元组。

[**例 4-87**]将 student 表的学生年龄加一岁。

```
UPDATE student
SET sage = sage + 1
```

这个查询修改了 student 表中所有元组的 sage 值。

[**例 4 -88**]将王凯的年龄改为计算机系学生的平均年龄。

```
UPDATE student
SET sage =
(SELECT avg(sage)
FROM student
WHERE sdept = '计算机')
WHERE sname = '王凯'
```

[**例 4 -89**]将王凯的成绩提高 10%。

```
UPDATE sc
SET grade = grade* 1.1
WHERE sno =
(SELECT sno
FROM student
WHERE sname = '王凯'
)
```

在这个查询中,首先在子查询中得到王凯对应的学号值,然后在 sc 表中修改该学号的成绩。

[**例 4 -90**]将 070811101 的所有成绩改为空。

```
UPDATE sc
SET grade = NULL
WHERE sno = '070811101'
```

将成绩改为空,使用 = NULL 来实现。

4.4.3 删除数据

删除数据是在基本表中将已有数据删除,基本表仍然存在。用 DELETE 语句来实现。格式如下:

```
DELETE
FROM 表名
[WHERE 条件]
```

DELETE 语句是在基本表中删除一个或多个元组。WHERE 子句指定删除元组的条件,如果省略,则将表中所有数据删除。

[**例 4 -91**]在 student 表中将王凯的记录删除。

```
DELETE
FROM student
WHERE sname = '王凯'
```

[**例 4 -92**]在 sc 表中将李阳的选课记录删除。

```
DELETE
FROM sc
WHERE sno =
(SELECT sno
FROM student
WHERE sname = '李阳')
```

[**例 4 -93**]将 sc 表的所有记录删除。

```
DELETE
FROM sc
```

注意:在使用 DELETE 语句时,要注意与 SELECT 语句加以区分,因为 SELECT 与 DELETE 拼写有些类似,查询语句和删除语句也容易混淆。

习　题

1. T - SQL 语言是什么? 与 SQL 语言相比,有哪些特点? 举例说明。
2. SQL Server 中的文件和文件组各是什么? 文件分成几类? 有什么作用?
3. 创建数据库 student,要求如下:

(1) 主数据文件逻辑名为 student,物理名为 student_data. mdf,存放在 D:\下,初始大小 2MB,按 10% 的比例增长。

(2) 二级数据文件逻辑名为 student1 和 student2,物理名为 student1_data. ndf 和 student2_data. ndf,存放在 E:\下,初始大小 1MB,按 2MB 增长。

(3) 二级数据文件逻辑名为 student3 和 student4,物理名为 student3_data. ndf 和 student4_data. ndf,存放在 E:\下,初始大小 2MB,按 3MB 增长。这两个文件放在 studentgroup 文件组中。

(4) 日志文件逻辑名为 studentlog,物理名为 student_log. ldf,存放在 E:\下,初始大小 3MB,按 1MB 增长。

4. 有如下两个表:

顾客(顾客编号,姓名,性别,联系电话)

商店(商店编号,商店名,地址,电话)

请创建这两个表,并输入一定的数据。

5. 什么是索引? 索引的作用是什么? 在 4 题的两个表上创建合适的索引,并说明原因。
6. 使用视图有什么好处? 视图和基本表有什么区别?
7. 公司数据库中有以下两个基本表:

部门(部门号,部门名,部门经理职工号)

职工(职工号,姓名,部门号,工资)

建立以下两个视图:

(1) 市场部所有职工的视图。

(2) 所有部门经理的视图。

8. 有如下三个基本表:

student(sno,sname,ssex,sage,sdept)

course(cno,cname,teachername,credit)

sc(sno,cno,grade)

其中,teachername 代表授课教师名,其他属性的含义与本章中的例子一致。请完成以下查询:

(1) 查询姓李的男同学的人数。

(2) 查询 003 号课程的最低分。

(3) 查询每位同学的平均分。

(4) 查询每位同学选修的课程门数。

(5) 查询总分最高的学生的学号。

(6) 查询至少选修三门课程的学生的学号。

(7) 统计有学生选修的课程的门数。

(8) 统计每门课程的学生选修人数,超过 20 人的课程才统计,要求输出课程号和选修人数,查询结果按人数降序排列,如果人数相同,按课程号升序排列。

(9) 查询数据库原理与应用 80 分以上的学生姓名。

(10) 查询每门课程的课程名及选修人数。

(11) 查询总学分超过 30 学分的学生的学号、姓名和总学分。

(12) 查询张明同学没有选修的课程号。

(13) 查询选修课程包含李慧老师所讲授课程的学生学号。

(14) 查询选修 008 号课程的学生的平均年龄。

(15) 查询李慧老师讲授的每门课程的学生的平均成绩。

9. 对 8 题的表完成以下更新:

(1) 向 student 表增加一条记录。

(2) 在 student 表中删除李明同学的信息。

(3) 查询每门课程成绩都在 80 分以上的学生的学号、姓名和性别,并将查询结果存入表 student2(sno,sname,sex)中。

(4) 在 sc 表中删除成绩为空的元组。

(5) 删除王娜同学的选课记录。

(6) 把选修数据库不及格的成绩改为空值。

(7) 把低于总平均成绩的女生成绩提高 10%。

(8) 在 sc 表中修改 005 号课程的成绩,如果成绩低于 75 分提高 5%。

第5章 数据完整性

本章要求:

(1) 理解数据完整性的概念,了解 SQL Server 2000 中对完整性的支持。

(2) 掌握主码的定义方法,理解主码取值的要求。

(3) 理解外码的概念,掌握外码的定义方法,理解外码取值的要求。

(4) 掌握唯一约束的定义方法,理解唯一约束和主码约束的区别。

(5) 掌握核查约束的定义方法。

(6) 掌握规则和默认值的定义和使用方法。

(7) 掌握标识列的定义方法,理解标识列的取值要求。

5.1 数据完整性概述

关系的完整性是指数据库中数据的正确性和相容性。关系数据库管理系统必须能够提供定义完整性约束条件的机制、提供完整性检查的方法及违约处理。在 SQL Server 2000 中,关系的完整性有以下几种类型(表5-1)。

表5-1 关系的完整性的类型

<table>
<tr><th>完整性分类</th><th>描 述</th><th colspan="2">实 现 方 法</th></tr>
<tr><td rowspan="4">实体完整性</td><td rowspan="4">表的每个元组都有唯一标识</td><td>索引</td><td>适当的索引可作为行的唯一标识</td></tr>
<tr><td>唯一约束</td><td>取值唯一的属性或属性组可作为行的唯一标识</td></tr>
<tr><td>主码约束</td><td>主码作为行的唯一标识</td></tr>
<tr><td>标识列</td><td>标识列作为行的唯一标识</td></tr>
<tr><td rowspan="8">域完整性</td><td rowspan="8">属性取值有效性的要求</td><td>数据类型</td><td>定义列的数据类型</td></tr>
<tr><td rowspan="2">核查约束</td><td>定义数据的格式</td></tr>
<tr><td>限制数据的取值范围</td></tr>
<tr><td rowspan="2">规则</td><td>定义数据的格式</td></tr>
<tr><td>限制数据的取值范围</td></tr>
<tr><td>外码约束</td><td>属性的取值依赖于被参照表主码的取值</td></tr>
<tr><td>默认值</td><td>没有输入属性列的值时,取默认值</td></tr>
<tr><td>不为空</td><td>属性列取值不能为空</td></tr>
<tr><td rowspan="2">引用完整性</td><td rowspan="2">保证表间关系满足要求</td><td>外码约束</td><td>保证外码与被参照表主码之间的关系</td></tr>
<tr><td>核查约束</td><td>保证外码与属性列间的关系</td></tr>
<tr><td rowspan="4">用户定义完整性</td><td rowspan="4">定义不属于其他完整性的特定业务规则</td><td>列级约束</td><td rowspan="4">支持用户定义完整性</td></tr>
<tr><td>表级约束</td></tr>
<tr><td>存储过程</td></tr>
<tr><td>触发器</td></tr>
</table>

根据完整性定义的方式将完整性分为以下几类：

(1) 约束：包括主码约束、外码约束、唯一约束、核查约束等。

(2) 规则。

(3) 默认值。

(4) 标识列。

5.2 节将介绍在企业管理器中设置完整性约束条件，5.3 节将介绍使用 T－SQL 设计数据完整性。

5.2 企业管理器中设计数据完整性

5.2.1 使用约束

1. 主键约束

在 SQL Server 2000 中，一个表只能有一个主键。主键不允许为空，不允许出现重复值。因此主键是作为每个元组的唯一标识。主键中可以有一个属性，也可以有多个属性。

在企业管理器中定义主键的方式：

在数据库表设计器或数据库关系图中，单击要定义为主键的属性列。如果要选择多个属性，则按住 CTRL 键同时选择其他属性列。点击鼠标右键，选择“设置主键”命令，则主键设置完毕。

设有一个 student 表，表中有 sno，sname，ssex，sage，sdept 属性，要把学号 sno 设为主键，有以下两种方式：

(1) 在表设计器中定义主键，首先选择 sno 列，如图 5－1 所示。

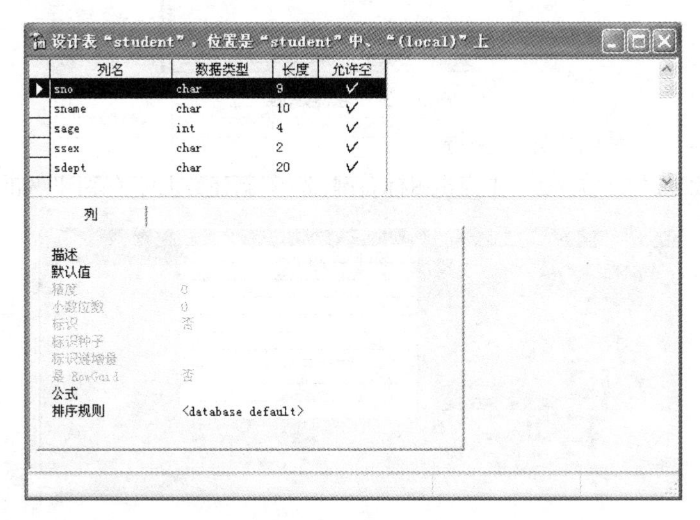

图 5－1 表设计器

点击鼠标右键，选择“设置主键”，如图 5－2 所示。

选择“索引/键”命令可以查看主键的属性，如图 5－3 所示。

此处主键约束名由系统自动命名，为 PK_后加表名。

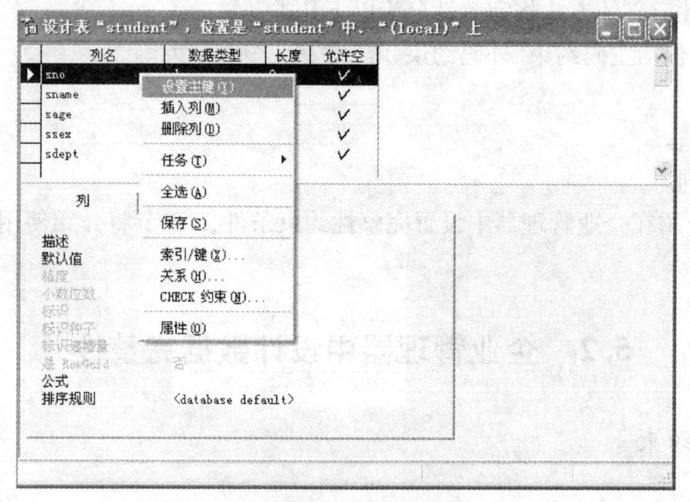

图 5-2　设置主键

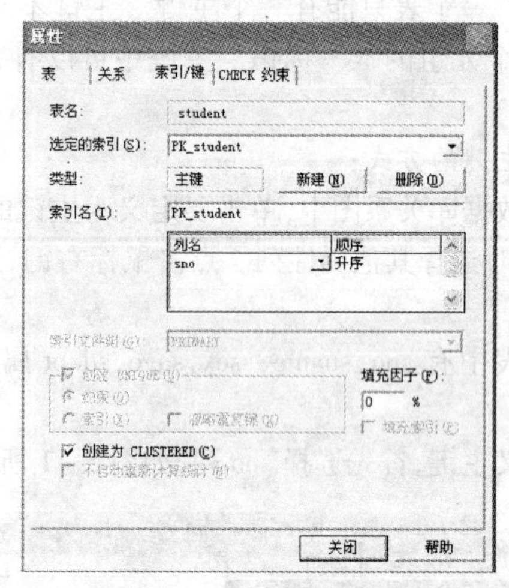

图 5-3　主键属性

(2) 在数据库关系图中定义主键。

在 student 数据库的"关系图"上点击鼠标右键,选择"新建数据库关系图",如图 5-4 所示。

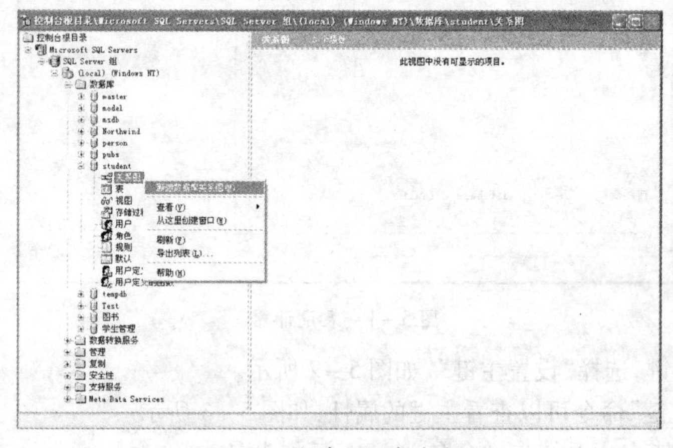

图 5-4　新建数据库关系图

根据向导完成数据库关系图的创建(图5-5)。

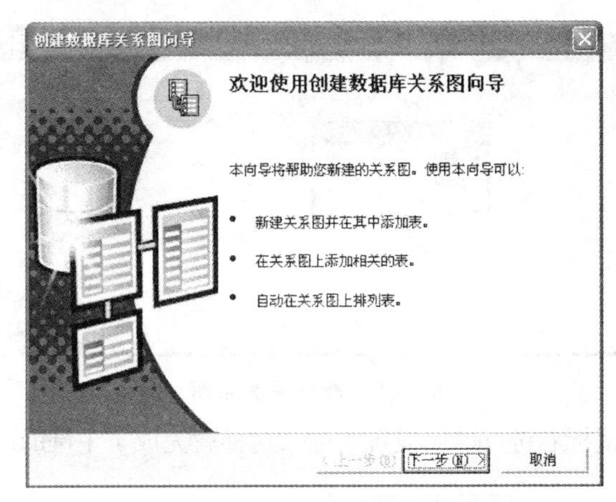

图5-5 数据库关系图向导

点击“下一步”,选中“可用的表”列表框中的course表,点击“添加”按钮添加到“要添加到关系图中的表”列表框中,如图5-6所示。

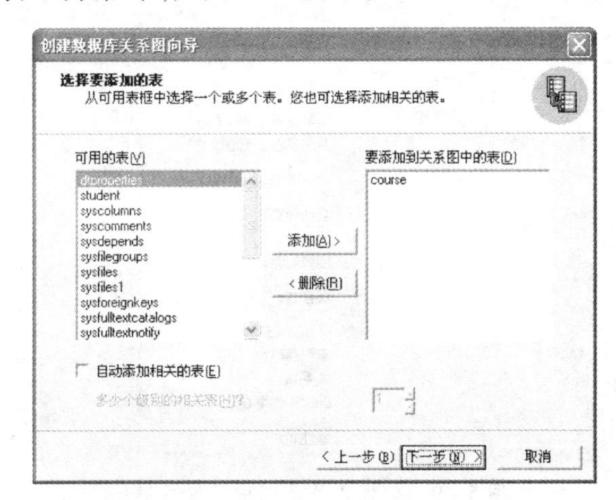

图5-6 选择要添加的表

数据库关系图创建完成,如图5-7所示。

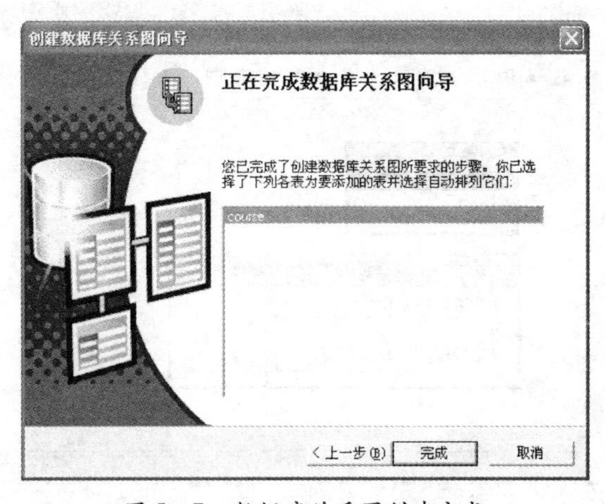

图5-7 数据库关系图创建完成

点击“完成”按钮，得到新的关系图，在图5-8中显示了course表及各个属性列的名称。

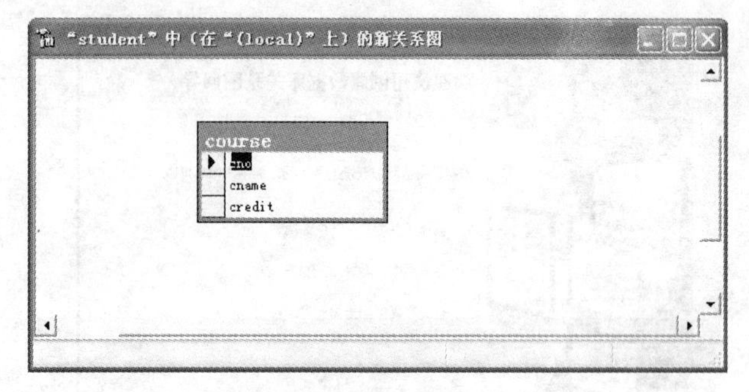

图5-8　数据库关系图

选中cno列，点击鼠标右键，选择“设置主键”，这样就完成了主键的设置，如图5-9所示。

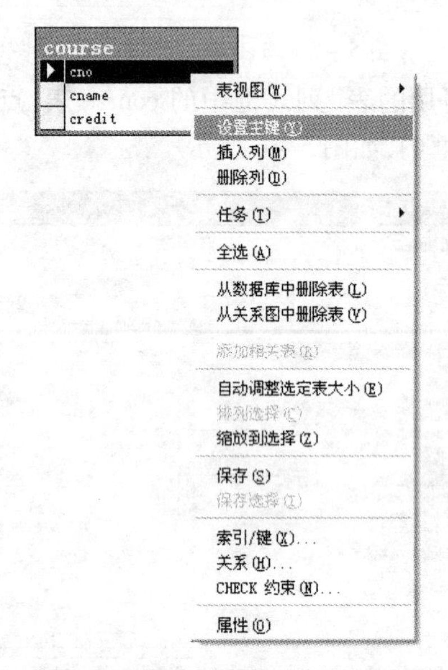

图5-9　数据库关系图中设置主键

点击按钮，将关系图保存为D1，关系图创建完成，如图5-10所示。

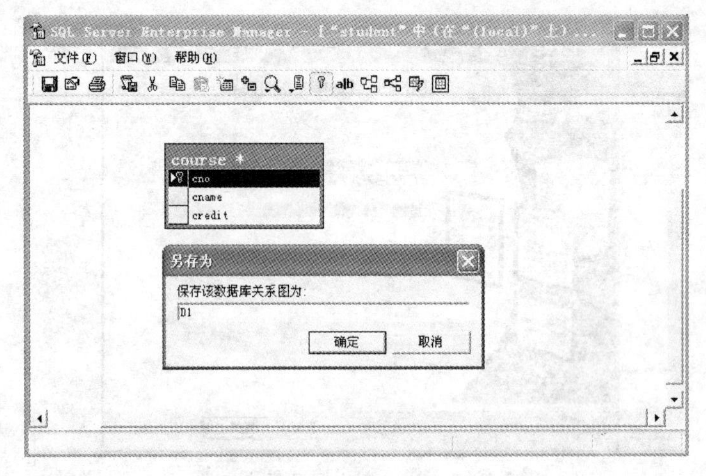

图5-10　保存数据库关系图

修改主键约束

在数据库关系图或表设计器中，点击鼠标右键，选择“索引/键”，得到如图 5－3 所示的窗口，可以对主键进行以下修改：

(1) 修改约束名：在“索引名”框内输入新名称。

(2) 更改列顺序：在“列名”窗格内，点击列名后的▾按钮，可以选择其他的属性列作为主键。在“顺序”窗格内，点击▾按钮，可以修改属性列的排序方式。如果要删除属性列，可直接将属性名删除。

(3) 设置聚集选项：选中“创建为 CLUSTERED”复选框，则在该主键上建立聚集索引。

(4) 定义填充因子：在“填充因子”框中输入 0 到 100 之间的整数。

保存表或关系图后，主键的更新将会保存在数据库中。

删除主键约束有两种方法：

(1) 在数据库关系图或表设计器中，选择主键包含的属性列，点击鼠标右键，选择“设置主键”后，设置主键前面的“√”会消除。代表已经将主键约束删除。图 5－11 是表设计器中删除主键约束前显示的内容。

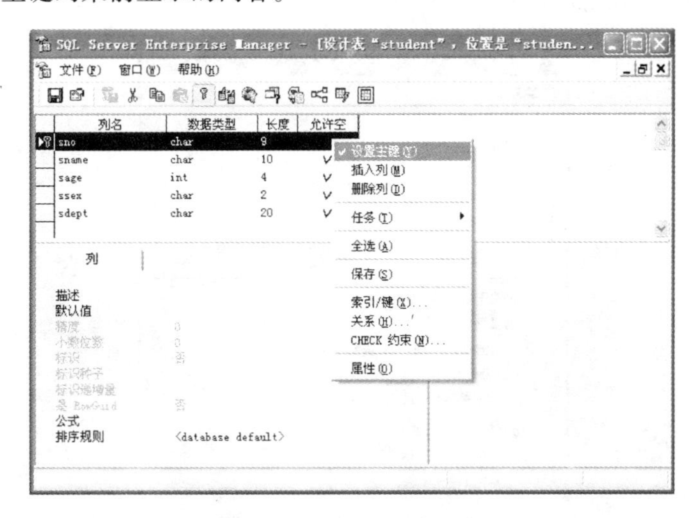

图 5－11　删除主键约束

(2) 在数据库关系图或表设计器中，点击鼠标右键，选择“索引/键”，在“选定的索引”列表中选择要删除的主键约束名，单击“删除”按钮，将主键约束删除。

保存表或关系图后，主键约束将会从数据库中删除。

2. 外键约束

外键约束是设置多个表的属性列的关联关系。

在企业管理器中有两种设置方法。

第一种：在数据库关系图中创建关系

首先，将需要建立关联的表添加到数据库关系图中，如要在 sc 表与 student 表之间建立关联，在数据库关系图中添加这两个表。其中 sc 表和 student 表的主键已经设置完毕。如图 5－12 所示。

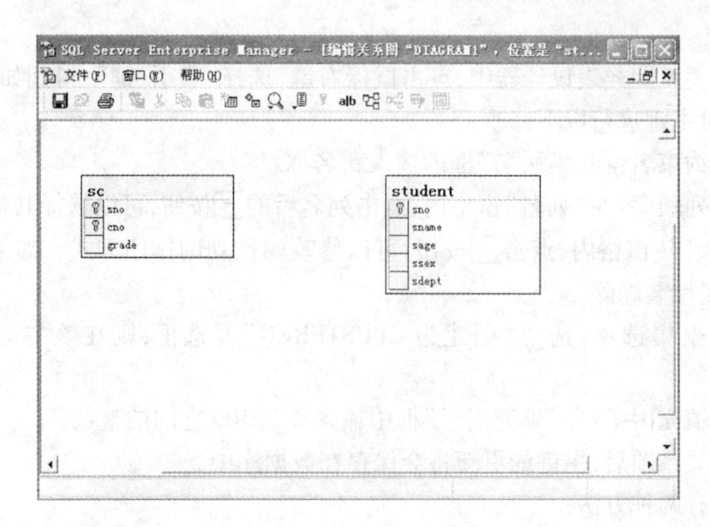

图 5-12　数据库关系图

单击要与其他表建立关联的列或列组合，按住鼠标左键，拖动到建立关联的表，松开鼠标，会出现创建关系对话框。如图 5-13 所示。

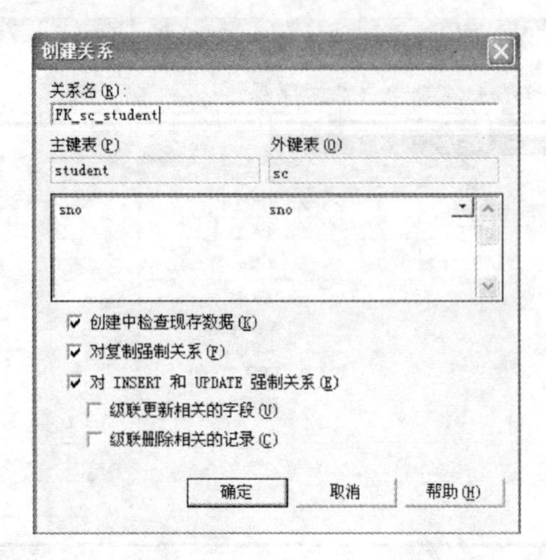

图 5-13　创建关系对话框

此时，外键约束由系统自动命名，以 FK_开头，后面是相关联的两个表名。此时，"主键表"和"外键表"列表中将会出现需要建立关联的属性列，图 5-13 为 sc 表的 sno 为外键，与 student 表的主键 sno 相关联。在该对话框中有如下选项。

(1) 创建中检查现存数据：创建关系时是否检查外键表中的现有数据。如果该项选定，在现有数据违反外键约束时，系统会给出提示。图 5-14 为 sc 表和 student 表的现有数据违反了外键约束，给出错误提示，同时外键约束没有创建成功。

(2) 对复制强制关系：如果选中该项，将外键表复制到其他数据库时，会检查外键约束是否满足。

(3) 对 INSERT 和 UPDATE 强制关系：如果选中该项，在数据库中插入或更新数据时都将检查外键约束。

① 级联更新相关的字段：如果主键修改，外键也随之修改。如 student 表的

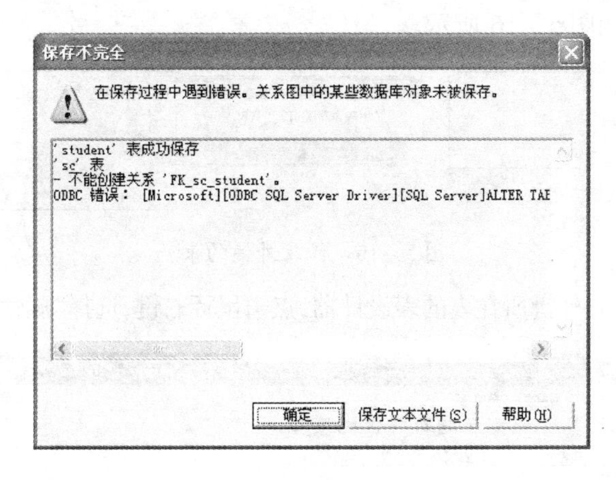

图 5－14　错误提示

070811101 学号改为 0811101，那么 sc 表的 070811101 学号也改为 0811101。

② 级联删除相关的字段：如果删除主键表中的行，则从外键表删除相应的行。如 student 表学号为 070811101 的元组被删除，那么 sc 表的 070811101 学号的所有选课记录也将删除。

第二种：在表设计器中创建关系

打开作为外键方的表设计器，点击鼠标右键，选择“关系”，在“关系”属性页中点击“新建”按钮。可以修改关系名，在“关系名”对话框内输入名称。在“主键表”的下拉列表中选择作为主键方的表，在下面的网格中选择主键所在的列。在“外键表”下面的网格中选择相应的外键所在的列。点击“关闭”按钮，关系创建完毕。

如图 5－15，打开 sc 表的表设计器，主键表选择 student，主键所在的列为 sno，相应的外键为 sc 表的 sno。

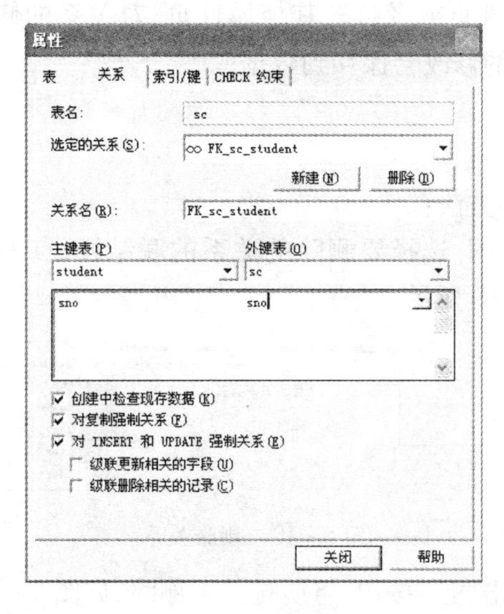

图 5－15　属性窗口

修改外键约束

修改外键时，一种方式是在数据库关系图中选中要修改的外键对应的关系，点击鼠标右键,选择“属性”,如图 5-16 所示。

图 5-16 修改外键约束

另一种方式是打开外键所在表的表设计器,点击鼠标右键,选择“属性”,如图 5-17 所示。

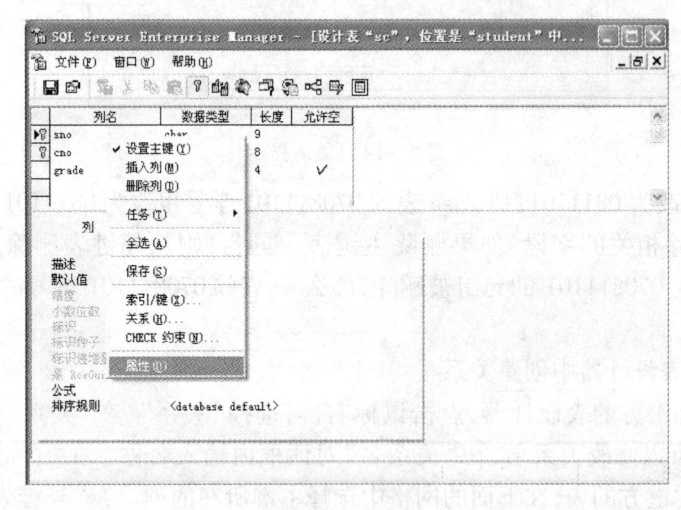

图 5-17 表设计器

在“属性”对话框中选择“关系”属性页,在“选定的关系”列表中选择要修改的关系名。此时可以修改“主键表”和“外键表”相关的属性列、该外键约束相应的各个选项。修改完毕后,关闭“关系”属性页或者打开其他属性页,对关系的修改就自动生效了。保存关系图或表时,对该约束的修改会保存到数据库中。

删除外键约束

删除外键约束有多种方法:

(1) 打开数据库关系图,选择要删除的关系的联结线,点击鼠标右键,选择“从数据库中删除关系”,如图 5-18 所示。

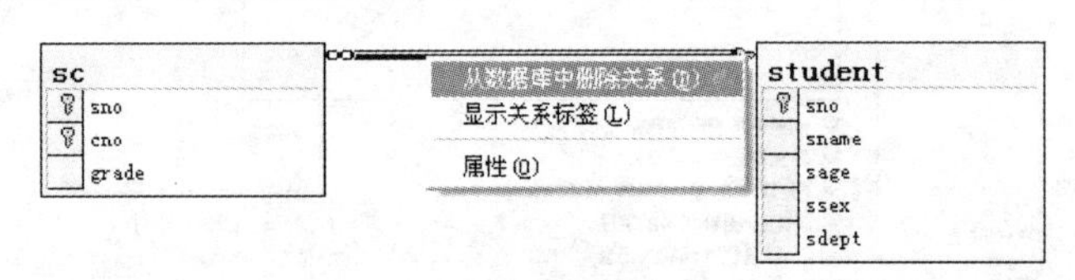

图 5-18 删除关系

出现一个提示框,点击“是”按钮,将所选关系删除,如图 5-19 所示。

(2) 在数据库关系图的表上点击鼠标右键,或者打开表设计器,点击鼠标右键,选择“关系”,在“选定的关系”列表中选择关系,单击“删除”按钮,将所选关系删除。当保存关系图或表时,关系将从数据库中删除。

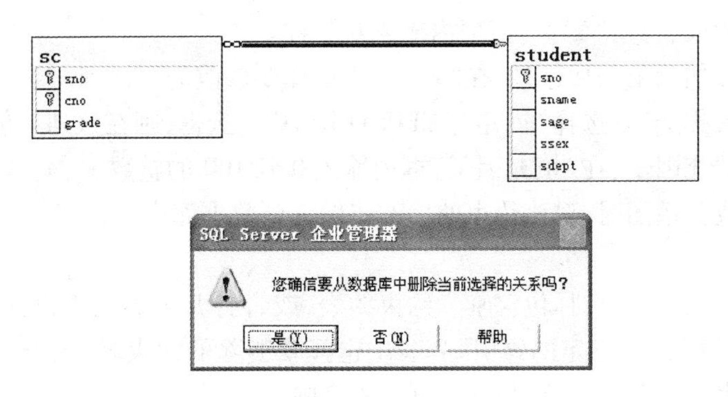

图 5－19　提示

3. 唯一约束

唯一(UNIQUE)约束要求属性或属性组不能出现重复值,可以在表中主码以外的一列或多列上创建唯一约束。一个表可含有多个唯一约束。唯一约束允许存在空值,但最多有一个元组的唯一约束的属性列的取值为空。

唯一约束和主码约束都不允许重复值的出现,但是注意唯一约束和主码约束的区别:

(1) 一个表只能有一个主码约束,而唯一约束可以有多个。

(2) 主码约束不能为空。唯一约束允许为空。

创建唯一约束

在数据库关系图中右击要创建约束的表,或打开表设计器,点击鼠标右键,选择"索引/键",点击"新建"按钮,此时系统会为该约束分配一个索引名。在"列名"下可以选择表中的属性列,一行选择一列,如果有多个属性列,则在后续行选择其他的属性列。选中"创建 UNIQUE"复选框和"约束"选项。保存关系图或表后,唯一约束将保存在数据库中。图 5－20 是在 student 表的 sname 列上创建唯一约束。

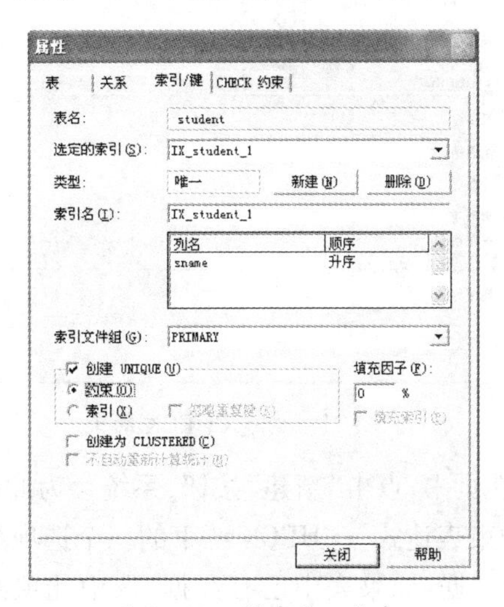

图 5－20　创建唯一约束

修改唯一约束

在数据库关系图中选择要修改的表,点击鼠标右键,或者打开表设计器,点击鼠标右键,选择"索引/键",在"选定的索引"列表中选择要修改的约束名。可以进行下列修改:

(1) 修改约束名:在“索引名”框内输入新名称。

(2) 修改施加约束的属性列:在“列名”下选择要修改的属性列。

(3) 设置聚集选项:选择“创建为 CLUSTERED”复选框,则在该列上创建聚集索引。

(4) 定义填充因子:在“填充因子”框内输入 0 到 100 的整数。

当保存表或关系图时,对该约束的修改将保存到数据库中。

删除唯一约束

在数据库关系图中,选择包含唯一约束的表,或者打开该表的表设计器,单击鼠标右键,选择“索引/键”,在“选定的索引”列表中选择要删除的约束名,点击“删除”按钮。当保存关系图或表时,该唯一约束将从数据库中删除。

4. 核查约束

核查(CHECK)约束可以定义表中的一列或多列满足的条件。约束表达式的形式如下所示:

常量 |列名 |函数 |(子查询)

多个约束表达式可以通过下面的符号连接:

运算符 |AND |OR |NOT

运算符包括:算术运算符、比较运算符和字符串运算符等。

定义核查约束

在数据库关系图中选择要施加约束的表,或者打开表设计器,点击鼠标右键,选择“CHECK 约束”,如图 5-21 所示。

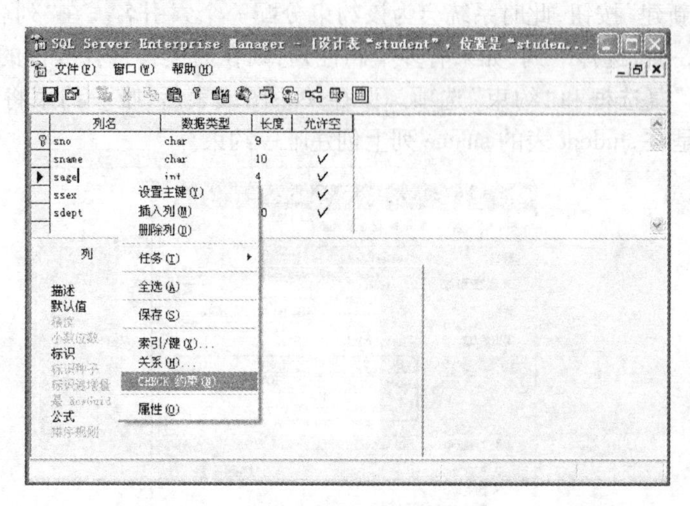

图 5-21 创建 CHECK 约束

在“CHECK 约束”属性页中,点击“新建”按钮,系统会为此约束分配一个约束名。在“约束表达式”框中输入约束表达式。CHECK 约束的三个选项如下。

(1) 创建中检查现存数据:如果表中已有数据,选中此项则检查已有数据是否满足 CHECK 约束。

(2) 对复制强制约束:选中此项则将该表复制到其他数据库时仍然检查 CHECK 约束。

(3) 对 INSERT 和 UPDATE 强制约束:选中此项则在插入和更新表中数据时检查是否满足 CHECK 约束。图 5-22 在 student 表的 sage 列上创建了一个 CHECK 约束。

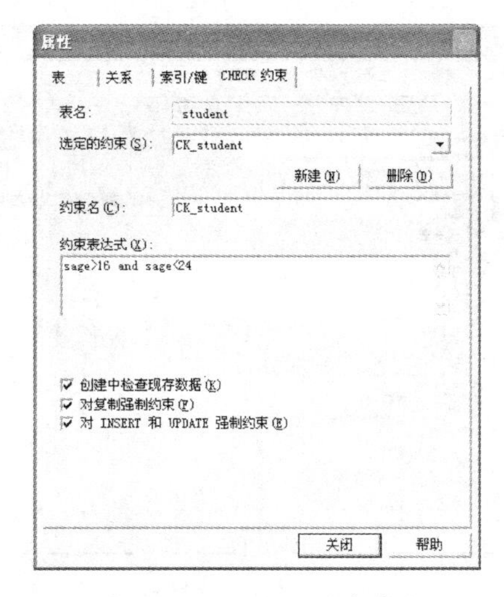

图 5-22　CHECK 约束属性

修改 CHECK 约束

在数据库关系图中选择包含约束的表,或者打开表设计器,点击鼠标右键,选择"CHECK 约束",得到"CHECK 约束"属性页,在"选定的约束"列表中,选择要修改的约束名。可以对约束做如下修改。

(1) 修改约束表达式:在"约束表达式"框内,输入新的表达式。

(2) 修改约束名:在"约束名"文本框内,输入新的约束名。

(3) 修改约束的三个选项:可以通过修改"创建中检查现存数据"、"对复制强制约束"和"对 INSERT 和 UPDATE 强制约束"这三个复选框改变约束的性质。

当保存关系图或表时,约束的修改也将被保存到数据库中。

删除 CHECK 约束

在数据库关系图中选择包含约束的表,或者打开表设计器,点击鼠标右键,选择"CHECK 约束",得到"CHECK 约束"属性页,在"选定的约束"列表中,选择要删除的约束名,点击"删除"按钮。保存关系图或表时,约束就自动从数据库中删除了。

5.2.2　规则

规则是数据库中的对象。规则执行一些与核查约束相同的功能,可以作用于列或用户自定义数据类型。规则可以是 WHERE 子句中任何有效的表达式,可以包含算术运算符、比较运算符和 IN、LIKE、BETWEEN 等谓词。规则中不能引用列名或其他数据库对象。规则可以包含不引用数据库对象的函数。

定义规则时,必须包含一个局部变量,以@开头。

1. 定义规则

(1) 创建规则。在数据库的"规则"项上点击鼠标右键,选择"新建规则",如图 5-23 所示。

得到"规则属性"窗口,在"名称"文本框中输入规则的名称。在"文本"框内输入规则的条件。如图 5-24 所示,创建了一个 ssex_rule 的规则,规则的条件为"@a in('男','女')",其中 a 为局部变量。点击"确定"按钮将该对象保存到数据库中。

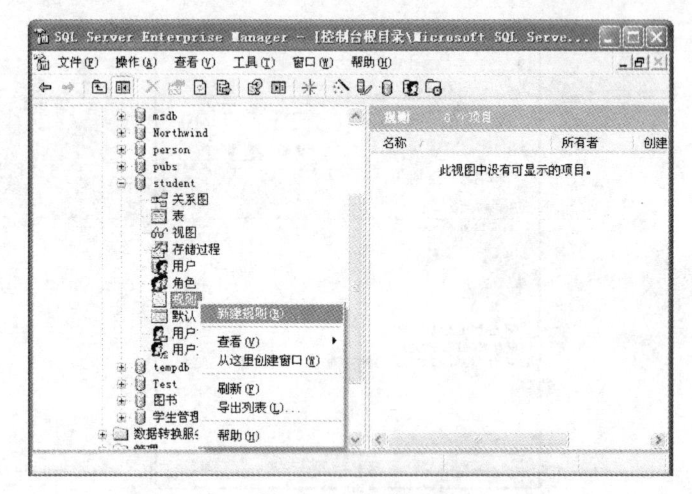

图 5-23 新建规则

图 5-24 规则属性窗口

(2) 绑定规则。创建规则后,需要将规则与属性列进行绑定。每个属性列只能绑定一个规则,一个规则可以绑定在多个属性列上。绑定之后,属性列必须满足规则的条件。

在规则对象的名称上点击鼠标右键,选择“属性”,如图 5-25 所示。

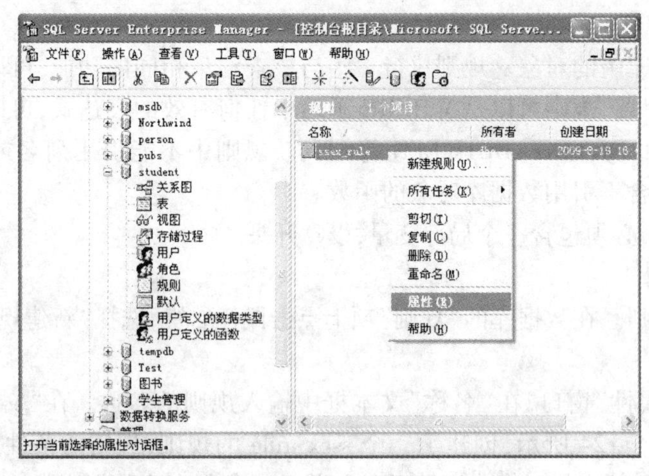

图 5-25 修改规则属性

在“规则属性”窗口中，点击“绑定列”按钮，如图5－26所示。

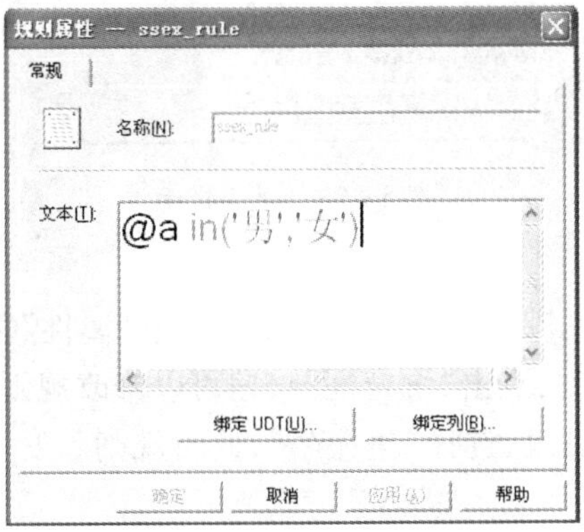

图5－26　规则属性窗口

在“表”后的列表中可以选择绑定列所在的表。“未绑定的列”框内会列出表中所有的属性列。单击要绑定的属性列，点击“添加”按钮，该列会添加到“绑定列”框内。还可以继续添加其他的属性列。添加完毕后，点击“确定”按钮，会回到“规则属性”窗口，点击“确定”按钮，则将规则与指定的列绑定完毕。图5－27将ssex_rule规则与student表的ssex列绑定。这样在student表中添加数据时，系统会检查ssex列的数据是否满足规则的条件。

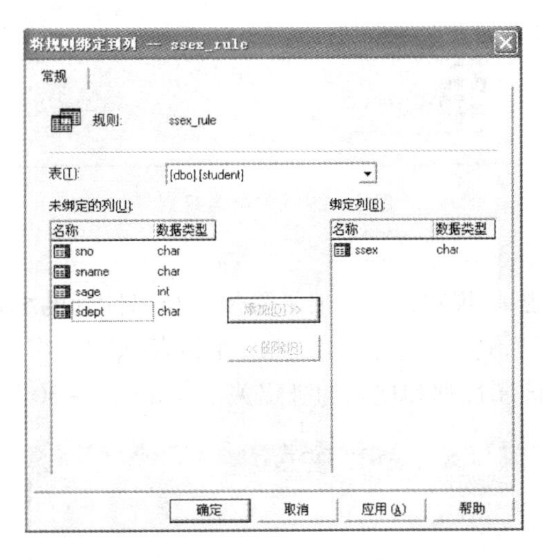

图5－27　规则绑定到列

如在student表中添加这样一条记录：

学号：070817221

姓名：张明

性别：F

年龄：20

所在系：计算机

系统会给出如图5－28所示的错误提示。

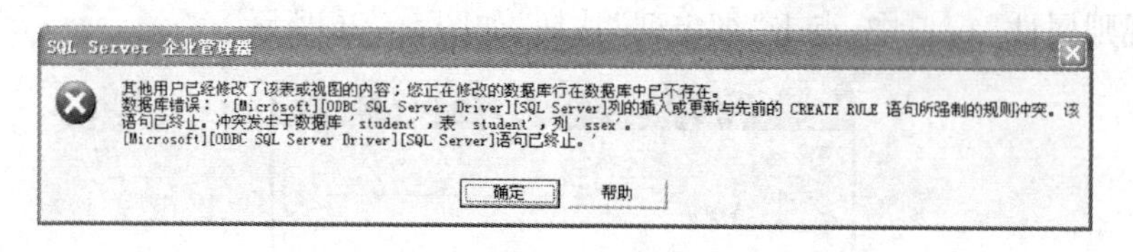

图 5-28 错误提示

2. 修改规则

在规则名上点击鼠标右键，选择“属性”，得到“规则属性”窗口。在该窗口中，可以在“文本”框中修改规则的条件，点击“绑定列”按钮可以修改规则和列的绑定关系。

在规则名上点击鼠标右键，选择“重命名”，此时规则名变为可编辑状态，可以输入新的规则名，如图 5-29 所示。

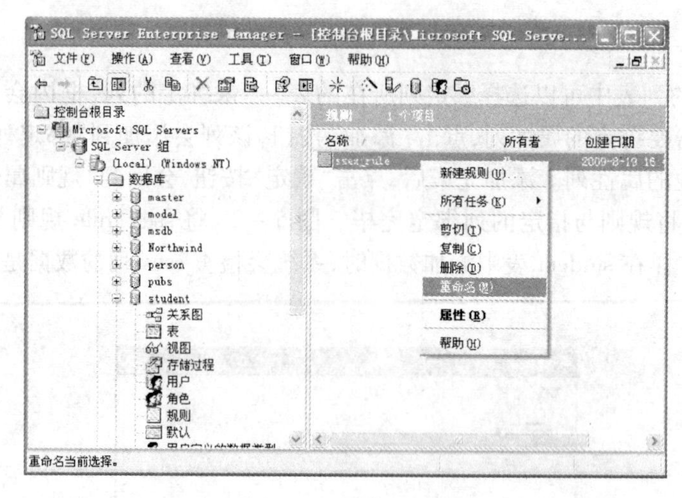

图 5-29 重命名规则

3. 删除规则

如果要从数据库中删除规则，首先，要解除规则与属性列的绑定关系。在“将规则绑定到列”窗口中，在“表”后列表中选择绑定列所在的表，单击“绑定列”中的属性列，单击“删除”按钮，就会解除该属性列和规则的绑定关系。如图 5-30 所示。

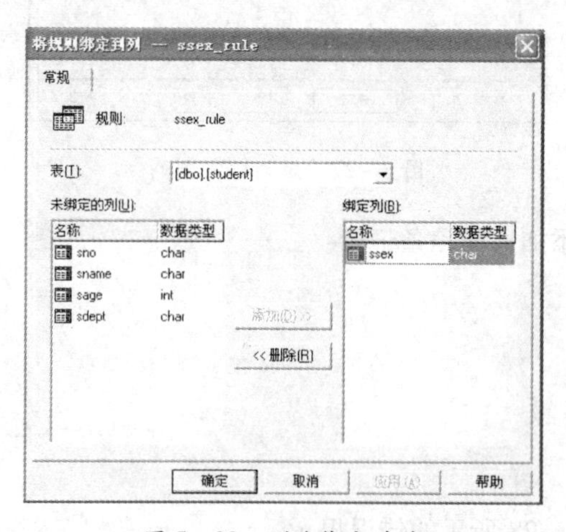

图 5-30 删除绑定关系

在将规则与所有属性列都解除绑定之后，在规则名上点击鼠标右键，选择“删除”，得到如图5－31所示的窗口。点击“全部除去”按钮，即可将规则对象从数据库中删除。

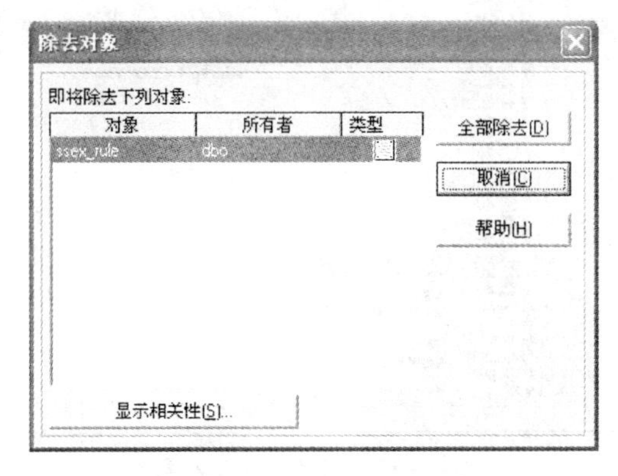

图5－31　删除规则

5.2.3　默认值

默认值是数据库中的对象。如果插入时没有明确提供属性列的值，那么该列就取默认值。

1. 定义默认值

默认值有两种定义方法：

(1) 在设计表时直接为属性列指定默认值。如图5－32所示，为sc表的属性列grade指定默认值60，则在“默认值”后面的文本框中输入60。

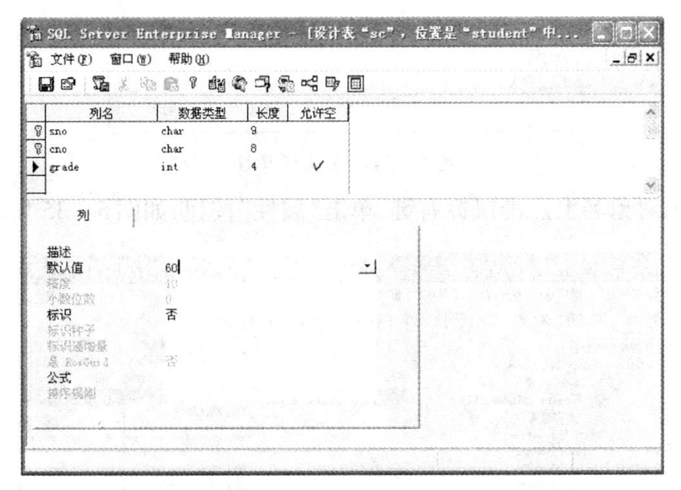

图5－32　定义默认值

如果执行下面的语句：

```
INSERT INTO sc(sno,cno)  VALUES('070811101','080110B')
```

那么新元组在grade列上的取值为60。

在表设计器中可以修改默认值，也可以去掉默认值，这个操作非常简单，不再赘述。

(2) 创建默认值对象，并将其与属性列或用户自定义数据类型绑定。

① 创建默认值对象。在数据库的“默认”项上点击鼠标右键，选择“新建默认”，如图5－33所示。

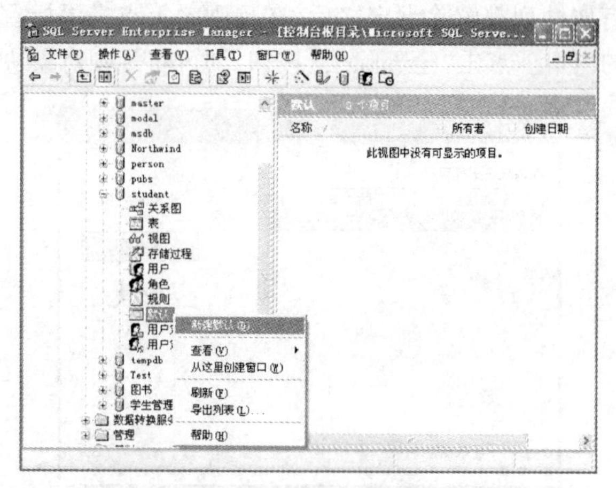

图 5-33　新建默认值对象

在“默认属性”窗口中，在“名称”后的文本框中输入默认值对象的名称，在“值”后的文本框中输入一个常量。点击“确定”按钮后默认值对象将保存到数据库中，如图 5-34 所示。

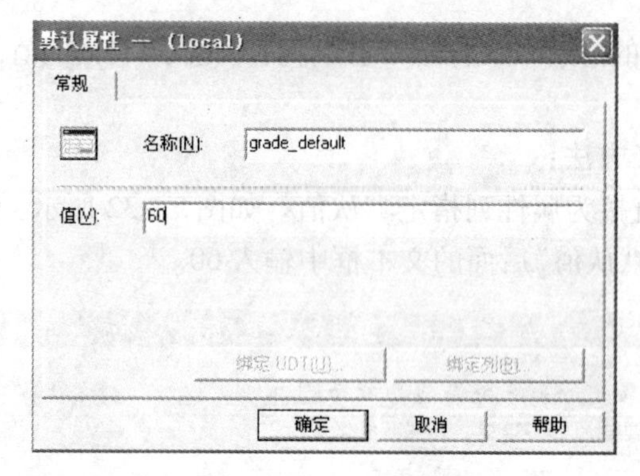

图 5-34　默认值属性

② 在默认值对象名上点击鼠标右键，单击“属性”按钮，如图 5-35 所示。

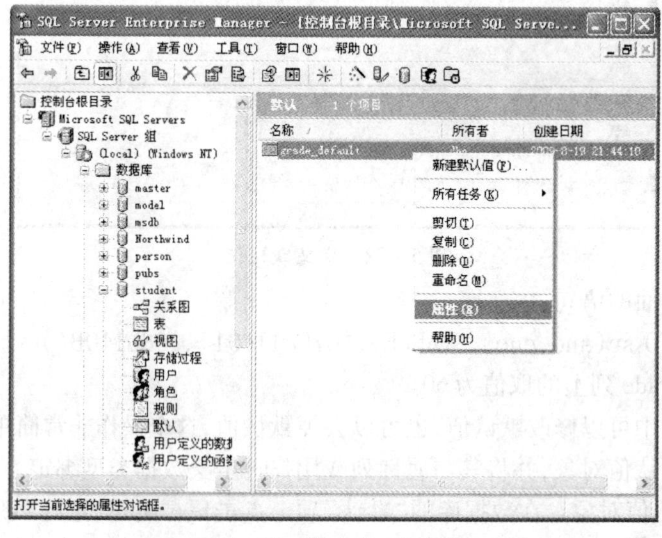

图 5-35　修改默认值属性

在“默认属性”窗口中，点击“绑定列”按钮，可以将默认值与指定的属性列绑定，如图5－36所示。

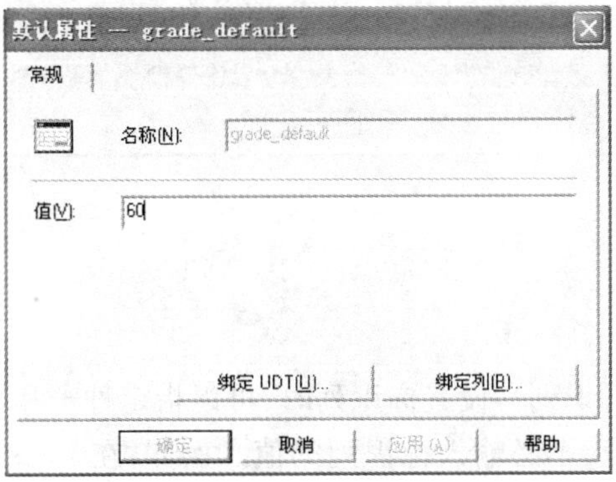

图5－36　将默认值绑定到列

在“将默认值绑定到列”窗口中，在“表”后的列表中选择绑定列所在的表，选中表后，在“未绑定的列”框中会列出表中所有的属性列，单击要绑定的属性列，点击“添加”按钮，可将该列添加到右边“绑定列”框内。如果要选择多列，可以继续选择表和属性列，添加到右边的框内。属性列选择完毕后，点击“确定”按钮，回到“默认属性”窗口，点击“确定”按钮，即将默认值和指定列绑定，如图5－37所示。

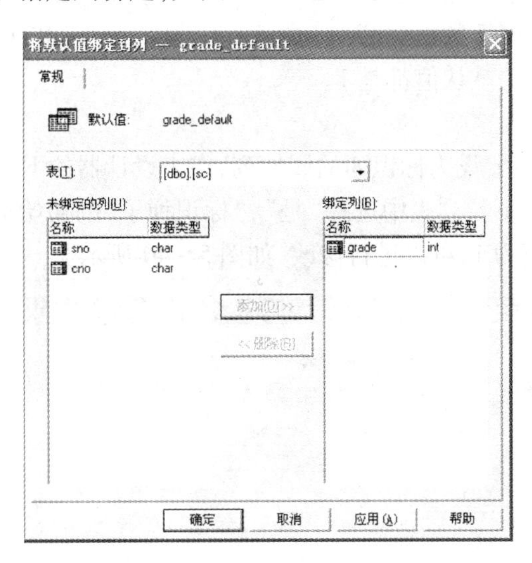

图5－37　将默认值绑定到列

2. 修改默认值

在默认值名上单击鼠标右键，选择“属性”，得到“默认属性”窗口，可以在“值”中修改默认值的常量值，点击“绑定列”按钮可以修改与默认值绑定的列。

在默认值名上单击鼠标右键，选择“重命名”，此时默认值名变为可编辑状态，可以进行修改，输入新的名称。

3. 删除默认值

在默认值名上单击鼠标右键，选择“删除”，即可将该默认值对象删除。注意在删除默认值前必须解除该默认值和属性列的绑定，否则系统会提示错误，如图 5-38 所示。

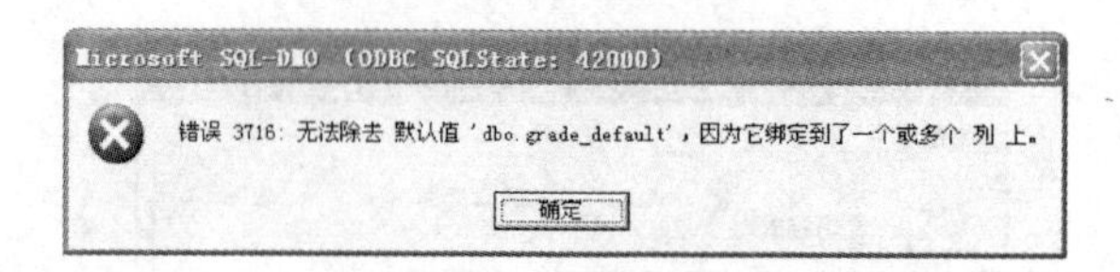

图 5-38　错误提示

5.2.4　标识列

一个表只能有一个标识列。设置标识列时，可以指定种子和增量值，系统会根据种子和增量值计算标识列的值，不必输入标识列的值。例如，在 student 表中有一个属性列为 id，将该列设置为标识列，种子和增量值都是 1，此时表中数据如图 5-39 所示。

	id	name
1	1	张明
2	2	李娜
3	3	王刚

图 5-39　表中数据

标识列需要说明以下几点：

(1) 标识列必须是以下数据类型：decimal、int、numeric、smallint、bigint 或 tinyint。

(2) 种子和增量值的默认值都是 1。

(3) 标识列不允许为空。

在表设计器中，单击要设为标识列的属性列，在表设计器的下半部分可以设置标识列的属性。在“标识”后的下拉列表中选择“是”，“标识种子”的初始值为 1，可以进行修改，“标识递增量”的初始值为 1，可以进行修改，如图 5-40 所示。

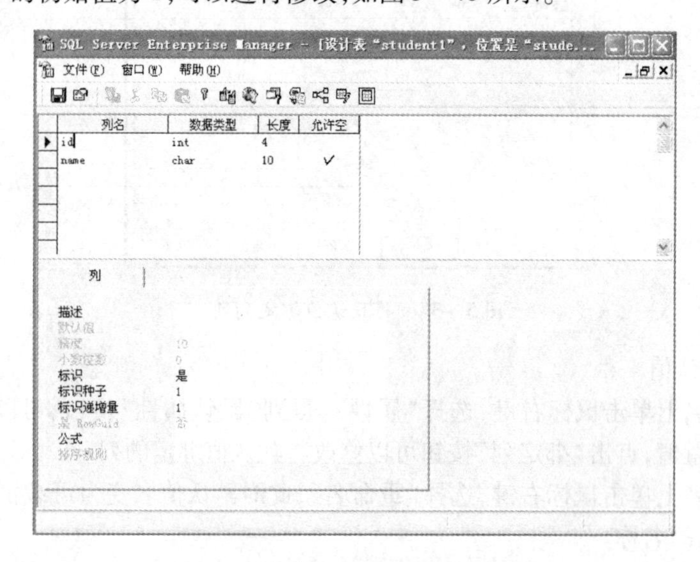

图 5-40　表设计器中定义标识列

5.3 使用 Transact-SQL 设计数据完整性

5.3.1 使用约束

在 SQL Server 2000 中,约束分为列级约束条件和表级约束条件。如果约束条件只涉及一个属性列,那么可以定义为列级约束条件或表级约束条件。如果约束条件涉及多个属性列,那么必须定义为表级约束条件。下面将给出列级约束条件和表级约束条件的格式,并分别通过例子加以说明。

1. 主键约束

列级约束条件定义在每一个属性列定义的后面,格式如下:

```
[CONSTRAINT  约束名]
PRIMARY  KEY  [CLUSTERED|NONCLUSTERED]
[WITH FILLFACTOR = 整数]
[ON  {文件组名|DEFAULT}]
```

说明:

(1) CONSTRAINT 关键字是可选的,约束名是主键约束的名称。

(2) PRIMARY KEY 是定义主键约束的关键字。

(3) CLUSTERED|NONCLUSTERED 是为主键约束创建聚集索引或非聚集索引的关键字。主键约束默认为聚集索引。

(4) WITH FILLFACTOR 指定填充因子的关键字,可以指定 0~100 的整数。

(5) ON {文件组名|DEFAULT} 将在主键列上创建的索引存储在指定的文件组或默认文件组中。

[例 5-1] 创建学生表 student,学号为主键。

```
CREATE TABLE student
(sno char(9)PRIMARY KEY,
sname char(10),
ssex char(2),
sage int,
sdept char(20)
)
```

表级约束条件定义在表中所有属性列定义的后面,格式如下:

```
[CONSTRAINT  约束名]
PRIMARY  KEY  [CLUSTERED|NONCLUSTERED]
(列1  [ASC|DESC],列2  [ASC|DESC]…)
[WITH FILLFACTOR = 整数]
[ON  {文件组名|DEFAULT}]
```

[例 5-2] 创建学生表 student,学号为主键。

```
CREATE TABLE student
```

```
(sno char(9),
sname char(10),
ssex char(2),
sage int,
sdept char(20),
PRIMARY KEY(sno DESC)
)
```

说明:如果主键中只有一个属性,那么可以将主键定义为列级约束,也可以将主键定义为表级约束。

[例5-3]创建选课表 sc,主键为学号和课程号。

```
CREATE TABLE sc
(sno char(9),
cno char(8),
grade int,
PRIMARY KEY(sno,cno)
)
```

说明:如果主键中有多个属性,那么只能将主键定义为表级约束。

主键约束只能通过企业管理器进行修改。此处不再介绍。

在已有列上增加主键约束,格式如下:

```
ALTER TABLE 表名 ADD 表级约束条件
```

[例5-4]为学生表 student 设置学号 sno 为主键。

```
ALTER TABLE student ADD PRIMARY KEY(sno)
```

增加新列,并将新列设置为主键,格式如下:

```
ALTER TABLE 表名 ADD 列名 数据类型 列级约束条件
```

[例5-5]为学生表 student 增加一个新的属性列 id 代表学生的身份证号码,并将该列设为主键。

```
ALTER TABLE student ADD id char(18)PRIMARY KEY
```

删除主键约束的格式如下:

```
ALTER TABLE 表名 DROP[CONSTRAINT]约束名
```

[例5-6]删除 student 表的主键约束,约束名为 PK_student。

```
ALTER TABLE student  DROP CONSTRAINT PK_student
```

2. 外键约束

外键约束的列级约束条件格式如下:

```
[CONSTRAINT  约束名]
[FOREIGN KEY]
REFERENCES 被参照表[(被参照列)]
[ON DELETE{CASCADE|NO ACTION}]
[ON UPDATE{CASCADE|NO ACTION}]
[NOT FOR REPLICATION]
```

说明：

(1) CONSTRAINT 关键字是可选的，约束名是外键约束的名称。

(2) FOREIGN KEY 是定义外键的关键字。可以省略。

(3) REFERENCES 是指定被参照表和被参照列的关键字。被参照列可以省略，系统会自动在被参照表中选择匹配的列。

(4) ON DELETE{CASCADE|NO ACTION}：指定 CASCADE 则级联删除相关的记录。NO ACTION 是默认设置，如果删除被参照表的某个元组，则系统会产生错误，不执行相应的删除操作。

(5) ON UPDATE{CASCADE|NO ACTION}：指定 CASCADE 则级联更新相关的记录。NO ACTION 是默认设置，如果更新被参照表的某个元组，则系统会产生错误，不执行相应的更新操作。

(6) NOT FOR REPLICATION：对复制不强制约束。

[**例 5-7**]创建选课表 sc，包括主键和外键的设置。

```
CREATE TABLE sc
(sno char(9)FOREIGN KEY REFERENCES student(sno),
cno char(8)FOREIGN KEY REFERENCES course(cno),
grade int,
PRIMARY KEY(sno,cno)
)
```

说明：sc 表的主键是(sno,cno)。sno 是外键，与 student 表的 sno 列相关；cno 是外键，与 course 表的 cno 列相关。

外键约束的表级约束条件格式如下：

```
[CONSTRAINT  约束名]
[FOREIGN KEY](列1[,列2…])
REFERENCES 被参照表[(被参照列)]
[ON DELETE{CASCADE|NO ACTION}]
[ON UPDATE{CASCADE|NO ACTION}]
[NOT FOR REPLICATION]
```

[**例 5-8**]创建选课表 sc，包括主键和外键的设置。

```
CREATE TABLE sc
(sno char(9),
cno char(8),
grade int,
PRIMARY KEY(sno,cno),
FOREIGN KEY(sno)REFERENCES student(sno)
ON DELETE CASCADE
ON UPDATE CASCADE,
FOREIGN KEY(cno)REFERENCES course(cno)
)
```

外键约束只能通过企业管理器进行修改。此处不再介绍。

在已有列上增加外键约束,格式与增加主键约束相同。举例如下。

[**例 5-9**]把选课表 sc 的 sno 设置为外键。

```
ALTER TABLE sc  ADD FOREIGN KEY(sno)REFERENCES student(sno)
```

增加新列,并将新列设置为外键,格式与增加新列为主键相同。举例如下。

[**例 5-10**]为学生表 student 增加一个新的属性列 leader_sno 代表班长的学号,并将该列设为外键。

```
ALTER TABLE student
ADD leader_sno char(9)FOREIGN KEY REFERENCES student(sno)
```

删除外键约束的格式与删除主键约束相同。举例如下。

[**例 5-11**]删除 student 表的外键约束,约束名为 FK_student。

```
ALTER TABLE student  DROP CONSTRAINT FK_student
```

3. 唯一约束

唯一约束的列级约束条件格式如下:

```
[CONSTRAINT  约束名]
UNIQUE  [CLUSTERED|NONCLUSTERED]
[WITH FILLFACTOR = 整数]
[ON  {文件组名|DEFAULT}]
```

关于该约束的各项说明与主键约束相同,请参见主键约束,此处不再赘述。

[**例 5-12**]创建学生表 student,姓名 sname 和身份证号 idnum 唯一。

```
CREATE TABLE student
(sno char(9)PRIMARY KEY,
sname char(8)UNIQUE,
ssex char(2),
sage int,
sdept char(20),
idnum char(18)UNIQUE
)
```

唯一约束的表级约束条件格式如下:

```
[CONSTRAINT  约束名]
UNIQUE  [CLUSTERED|NONCLUSTERED]
(列1  [ASC|DESC],列2  [ASC|DESC],…)
[WITH FILLFACTOR = 整数]
[ON  {文件组名|DEFAULT}]
```

[**例 5-13**]创建商品表,商品名和产地取值唯一。

```
CREATE TABLE goods
(goods_id char(15)PRIMARY KEY,
goods_name char(30),
goods_city char(16),
```

```
UNIQUE(goods_name,goods_city)
)
```

唯一约束只能通过企业管理器进行修改。此处不再介绍。

在已有列上增加唯一约束,举例如下。

[例 5-14] 为商品表 goods 设置商品名和产地取值唯一。

```
ALTER TABLE goods  ADD UNIQUE(goods_name,goods_city)
```

增加新列,新列取值唯一,举例如下。

[例 5-15] 为学生表 student 增加一个新的属性列 id 代表学生的身份证号码,id 取值唯一。

```
ALTER TABLE student  ADD id char(18)UNIQUE
```

删除唯一约束举例如下。

[例 5-16] 删除 student 表的唯一约束,约束名为 UQ_student。

```
ALTER TABLE student  DROP CONSTRAINT UQ_student
```

4. 核查约束

核查约束的列级约束条件和表级约束条件的格式如下:

```
[CONSTRAINT  约束名]
CHECK[NOT FOR REPLICATION]
(逻辑表达式)
```

说明:

(1) CHECK 为核查约束的关键字。

(2) NOT FOR REPLICATION 为对复制不强制约束。

[例 5-17] 创建学生表 student,要求年龄在 16~24 之间。

```
CREATE TABLE student
(sno char(9)PRIMARY KEY,
sname char(8),
ssex char(2),
sage int CHECK(sage>16 and sage<24),
sdept char(20)
)
```

核查约束只能通过企业管理器进行修改。此处不再介绍。

在已有列上增加核查约束,举例如下。

[例 5-18] 为 sc 表设置成绩在 0~100 之间。

```
ALTER TABLE sc  ADD CHECK(grade>=0 and grade<=100)
```

增加新列,新列满足 CHECK 约束,举例如下。

[例 5-19] 为商品表增加新列 price,要求价格在 0~500 之间。

```
ALTER TABLE goods ADD price smallmoney CHECK(price>=0 and price<=500)
```

删除核查约束举例如下。

[例 5-20] 删除 student 表的核查约束,约束名为 CK_student。

```
ALTER TABLE student
```

DROP CONSTRAINT CK_student

5.3.2 使用规则

创建规则的语法如下：

CREATE RULE 规则名

AS 规则条件

[例5-21]创建规则，要求变量必须在“男”和“女”之中取值。

CREATE RULE ssex_rule AS @ a IN(‘男’,‘女’)

绑定规则要使用存储过程 sp_bindrule，格式如下：

sp_bindrule 规则名,‘表名.列名’

[例5-22]将 ssex_rule 与 student 表的 ssex 列绑定。

sp_bindrule ssex_rule,‘student.ssex’

解除绑定要使用存储过程 sp_unbindrule，格式如下：

sp_unbindrule ‘表名.列名’

[例5-23]解除与 student 表的 ssex 列绑定的规则。

sp_unbindrule ‘student.ssex’

删除规则的语法如下：

DROP RULE 规则名

[例5-24]删除 ssex_rule 规则。

DROP RULE ssex_rule

5.3.3 使用默认值

使用默认值有两种方法。

1. 把默认值作为一个对象

创建默认值的语法如下：

CREATE DEFAULT 默认值名

AS 常量表达式

[例5-25]创建默认值 grade_default 为60。

CREATE DEFAULT grade_default AS 60

绑定默认值要使用存储过程 sp_bindefault，格式如下：

sp_bindefault 默认值名,‘表名.列名’

[例5-26]将默认值 grade_default 与 sc 表的 grade 列绑定。

sp_bindefault grade_default,‘sc.grade’

解除绑定要使用存储过程 sp_unbindefault，格式如下：

sp_unbindefault‘表名.列名’

[例5-27]解除 sc 表的 grade 列与默认值的绑定。

sp_unbindefault ‘sc.grade’

删除默认值的格式如下：

DROP DEFAULT 默认值名

[**例 5－28**]删除默认值 grade_default。

```
DROP DEFAULT grade_default
```

2. 创建表时定义默认值

默认值可以在创建表时定义,表的每一列都可以包含一个默认值,但是标识列不能定义默认值。格式如下:

列名 数据类型 **DEFAULT** 常量表达式

[**例 5－29**]创建 sc 表,grade 列的默认值为 60。

```
CREATE TABLE sc
(sno char(9)FOREIGN KEY REFERENCES student(sno),
cno char(8)FOREIGN KEY REFERENCES course(cno),
grade int DEFAULT 60,
PRIMARY KEY(sno,cno)
)
```

修改表的定义时,在表级约束条件中可以对默认值进行修改。格式如下:

```
ADD[CONSTRAINT  约束名]
DEFAULT  常量表达式
FOR  列名
```

[**例 5－30**]在 sc 表中增加一列 grade1,默认值为 100。

```
ALTER TABLE sc
ADD grade1 int
go
ALTER TABLE sc
ADD DEFAULT 100 for grade1
go
```

或者写为

```
ALTER TABLE sc  ADD grade1 int DEFAULT 100
```

5.3.4 使用标识列

在创建表时,定义每个属性列时,可以定义该列是否为标识列,格式如下:

列名 数据类型 IDENTITY[(种子,递增量)]

说明:IDENTITY 为定义标识列的关键字。可以指明种子(第一行的值)和递增量(添加到前一行的增量),如果不指明种子和递增量,二者的默认值均为 1。

[**例 5－31**]创建商品表 goods,商品序号 id 为标识列,并将该列定义为主码。

```
CREATE TABLE goods
(id int IDENTITY PRIMARY KEY,
goods_name char(30),
goods_price smallmoney
)
```

标识列只能通过企业管理器进行修改。此处不再介绍。

在T－SQL中没有将已有列设为标识列的直接的语句。但是可以增加新列，新列为标识列，格式如下：

```
ALTER TABLE 表名
ADD 列名 数据类型 IDENTITY[(种子,递增量)]
```

T－SQL中没有删除列的标识属性的语句。只能是通过其他的方法，比如将该列删除，再增加新列等。

习 题

1. 什么是关系的完整性？在SQL Server中有哪些对完整性的支持？
2. 主键和唯一约束有何异同？
3. 有如下三个表：

   顾客（顾客编号，姓名，性别，联系电话）

   商店（商店编号，商店名，地址，电话）

   购买（顾客编号，商店编号，消费金额，日期）

   请创建这三个表，包括主键和外键的定义。
4. 标识列应该如何定义？什么样的属性列适合作为标识列？
5. 如何定义规则？如何建立规则和属性列的关系？

第6章　SQL编程和存储过程

本章要求：

(1) 掌握SQL编程的方法，能使用SQL编程的方法实现简单的操作。

(2) 理解游标的作用，掌握游标的使用方法。

(3) 理解存储过程的作用及特点，能够编写简单的存储过程。

(4) 理解触发器的作用及编写方法。

SQL Server 2000使用的是Transact－SQL语言（简称为T－SQL）。与SQL相比，T－SQL增加了新的函数、系统存储过程以及程序设计结构（例如，IF和WHILE），从而提高了应用程序的实用性。本章主要内容为通过批处理方式对SQL语句集中编译，也就是SQL编程和存储过程。

6.1　SQL编程

本节的主要内容为T－SQL的注释、变量、函数、控制语句及编程方法。

SQL语句的组织方式有三种：批处理、脚本和事务。批处理是将多条SQL语句按顺序组织在一起，一个批处理以GO语句作为结束；脚本是将一系列的批处理按提交顺序组织在一起；事务是不可分割的逻辑单元，一个事务中的所有操作，要么全部被成功执行，要么都不执行。若事务中某条语句没有成功执行，则事务回滚，重新回到事务执行前的状态。下面在此基础上介绍T－SQL的注释、变量、函数和控制语句。

1. 注释

Transact－SQL有两种注释方式：单行注释和多行注释。注释是对SQL语句的说明，编译器只对其进行扫描，并不检查它的语法，因此注释语句是不执行的。

(1) 单行注释符号。单行注释符号是－－，单行注释符号的使用方式是：

－－注释内容

(2) 多行注释符号。多行注释符号是/* */，多行注释符号的使用方式是：

/* 注释内容* /

[例6－1]注释举例。

```
/* 这是统计学生总人数和各系的人数的SQL语句* /
select count(* )总人数 from student
select  sdept 系别,count(sdept)人数 from student  --给列名sdept定义别名“系别”,给每个系的人数定义列标题“人数”。
group by sdept
```

执行结果如图 6－1 所示。本章所有的例子都是在 test 数据库中进行的(在执行语句时,必须先选中 test 数据库为当前数据库)。

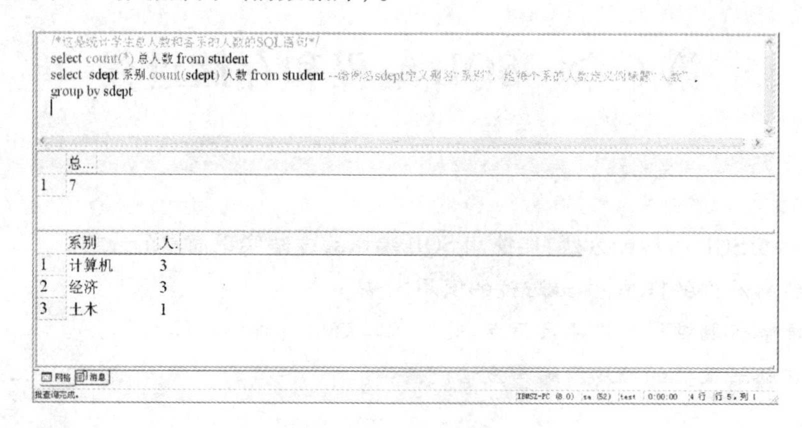

图 6－1 执行结果

2. 变量

SQL 语句中的变量分为局部变量和全局变量。

(1) 局部变量。局部变量是由用户定义,用来保存某个特定类型的值。局部变量的作用域是从局部变量定义处到批处理或存储过程的结尾处。局部变量用 DECLARE 语句定义,格式如下:

```
DECLARE  @ 变量名 变量类型
```

说明:

① 变量名前必须加“@”。

② 要指定局部变量的类型,变量名和变量类型之间有空格,局部变量名不能使用关键字。

③ 可以同时定义多个局部变量,局部变量之间用逗号隔开。

④ 局部变量在使用之前必须先定义。

⑤ 第一次定义局部变量时,初始值为 NULL。

给局部变量赋值有两种命令:SELECT、SET 命令,格式如下:

```
SELECT @ 局部变量 = 变量值
SET @ 局部变量 = 变量值
```

一般来说,赋值首选 SET 命令,SELECT 命令一般用来将 SELECT 语句目标列的值赋给局部变量。使用 SELECT 和 SET 命令同时给多个局部变量赋值时,需要在多个局部变量之间用逗号分隔。使用 SELECT 命令时,局部变量应该被赋予标量值或者 SELECT 语句的结果集仅有一行,如果结果集有多行,则局部变量的值为结果集最后一行的值。

[例 6－2] 局部变量定义赋值举例。

```
/* 定义一个长度为 10 的 char 类型的局部变量,用 SET 命令进行赋值* /
declare @ id  char(10)
set @ id ='111'
select 变量值 =@ id --给局部变量定义列标题‘变量值’
```

执行结果如图 6－2 所示。

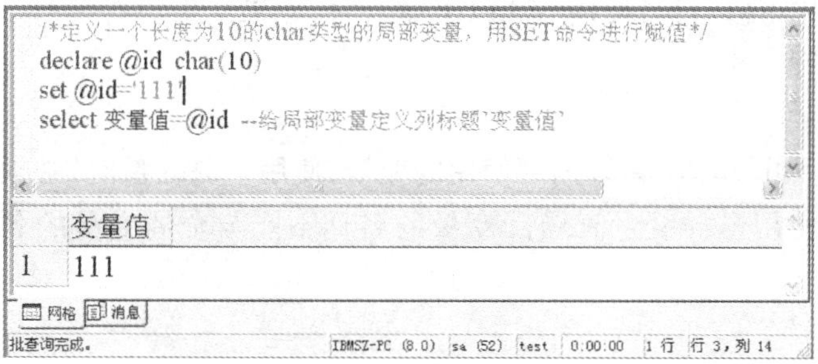

```
/*定义一个长度为10的char类型的局部变量，用SET命令进行赋值*/
declare @id char(10)
set @id='111'
select 变量值=@id --给局部变量定义列标题'变量值'
```

	变量值
1	111

网格 消息

批查询完成。 IBMSZ-PC (8.0) sa (52) test 0:00:00 1 行 行 3，列 14

图 6-2　执行结果

```
/* 定义两个变量,用 SELECT 命令进行赋值* /
declare @ name char(30),@ age int
select @ name = sname,@ age = sage
from student
order by sage desc  - -结果集按 sage 降序排列
select @ name as 姓名,@ age as 年龄
```

执行结果如图 6-3 所示。

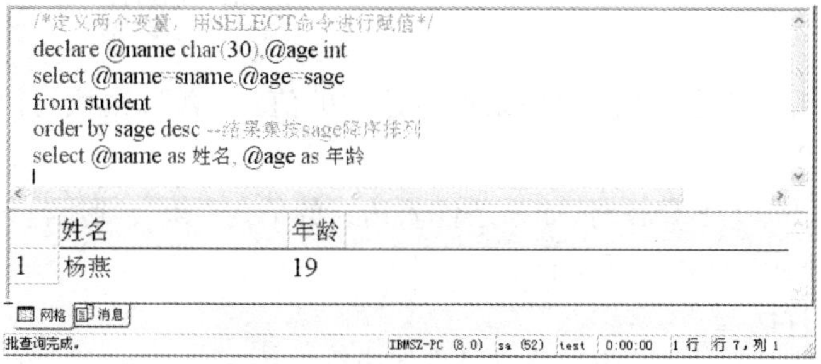

```
/*定义两个变量，用SELECT命令进行赋值*/
declare @name char(30),@age int
select @name=sname,@age=sage
from student
order by sage desc --结果集按sage降序排列
select @name as 姓名,@age as 年龄
```

	姓名	年龄
1	杨燕	19

网格 消息

批查询完成。 IBMSZ-PC (8.0) sa (52) test 0:00:00 1 行 行 7，列 1

图 6-3　执行结果

```
/* 定义两个变量,用 SELECT 命令进行赋值,与上面不同的是结果集没有排序* /
declare @ name char(30),@ age int
select @ name = sname,@ age = sage
from student
select @ name as 姓名,@ age as 年龄
```

执行结果如图 6-4 所示。

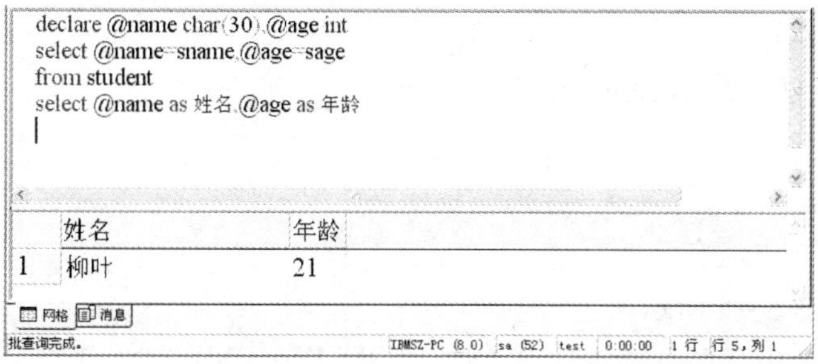

```
declare @name char(30),@age int
select @name=sname,@age=sage
from student
select @name as 姓名,@age as 年龄
```

	姓名	年龄
1	柳叶	21

网格 消息

批查询完成。 IBMSZ-PC (8.0) sa (52) test 0:00:00 1 行 行 5，列 1

图 6-4　执行结果

从上述例子中可以看出,使用 SELECT 命令时,如果结果集有多行,则局部变量的值为结果集最后一行的值。

(2) 全局变量

全局变量是 SQL Server 系统内部使用的变量,使用全局变量时,必须以“@@”开头,任何程序都可以使用全局变量。局部变量的名称不能与全局变量的名称相同,否则会出错。

3. 控制语句

控制语句是用来控制 SQL 语句流程的语句,主要分为以下几种。

(1) IF…ELSE 语句

该语句根据条件是否满足,控制程序的流程,从而可以在不同的条件下执行不同的操作。语法结构如下:

```
IF 条件表达式
  语句1
[ELSE 语句2]
```

```
IF 条件表达式
  BEGIN
   语句块
  END
[ELSE  BEGIN 语句块 END]
```

说明:

① 当 ELSE 语句 2 存在时,如果条件表达式的值为“真”,则执行语句 1,如果值为“假”则执行语句 2。

② 当 ELSE 语句 2 不存在时,如果条件表达式的值为“真”,则执行语句 1,如果值为“假”则不作任何操作,继续向下执行。

③ 该语句允许嵌套。

④ IF 或 ELSE 中的语句如果有多条,就必须使用 BEGIN…END 结构。该结构是将一行或多行并行语句结合在一起,称为语句块。一个批处理中,可以包含多个语句块,但一个块只能被包含在一个批处理中,不能被同时包含在多个批处理中。

[**例 6-3**]计算学生的平均年龄。

```
IF(SELECT COUNT(* )FROM student)> 0   --如果表中没有记录则提示表中没有数据
    BEGIN
        PRINT '学生的平均年龄:'
        PRINT ''
        SELECT AVG(sage)FROM student
    END
ELSE
    PRINT '表中没有数据'
```

执行结果如图 6-5 所示。

当 IF 或 ELSE 中有多条语句时,必须使用 BEGIN…END 结构,否则会出错,如图 6-6 所示。

```
IF (SELECT COUNT(*) FROM student)> 0 --如果表中没有记录则提示表中没有数据
  BEGIN
      PRINT '学生的平均年龄:'
      PRINT ' '
      SELECT AVG(sage) FROM student
  END
ELSE
      PRINT '表中没有数据'
```

	（无列名）
1	21

网格 消息

批查询完成。 IBMSZ-PC (8.0) sa (52) test 0:00:00 1 行 行 10，列 1

图 6－5　执行结果

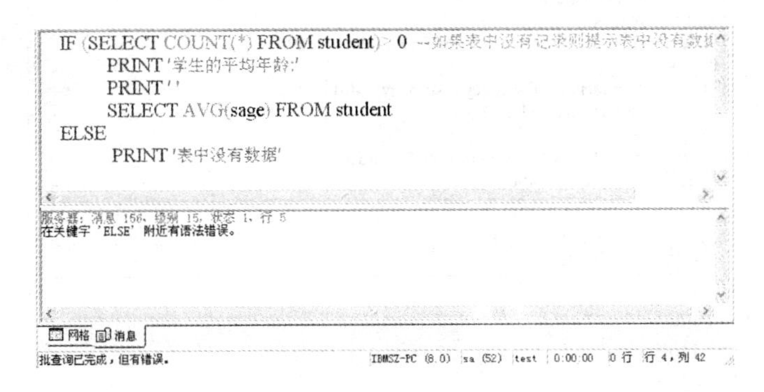
IF (SELECT COUNT(*) FROM student)> 0 --如果表中没有记录则提示表中没有数据
PRINT '学生的平均年龄:'
PRINT ' '
SELECT AVG(sage) FROM student
ELSE
PRINT '表中没有数据'
在关键字 'ELSE' 附近有语法错误。
网格
消息
批查询已完成，但有错误。

图 6－6　执行结果

（2）WHILE 循环。WHILE 循环是用来重复执行某条语句，其语法结构如下：

```
WHILE 条件表达式                          WHILE 条件表达式
   BEGIN                                     BEGIN
        语句 1                                     语句 1
        [BREAK]                                    [CONTINUE]
        语句 2                                     语句 2
     END                                       END
```

说明：

① 如果条件表达式的值为“真”，则执行循环体中的语句，否则为“假”则跳出循环，执行后面的语句。

② 如果循环体中含有 BREAK 命令则直接跳出循环，执行后面的语句。

③ 如果循环体中含有 CONTINUE 命令则立刻停止本次循环，测试循环条件进行下一次循环。

④ 循环语句可以嵌套。

⑤ 循环语句如果有多条必须使用 BEGIN…END 结构。

[例 6－4] 将全体学生的费用上调 500 元，直至全体平均收费大于等于 3000 元。

```
--如果学费小于 3000 元，则增加 500 元书费
```

```
DECLARE @ number int
SET @ number =0    - - 循环执行的次数
WHILE(SELECT AVG(smoney)FROM student ) <3000
BEGIN
    UPDATE student SET smoney = smoney  +500
    SET @ number =@ number +1
END
SELECT 全体学费调整后 = smoney FROM student
SELECT 修改次数 =@ number
```

执行结果如图 6 - 7 所示。

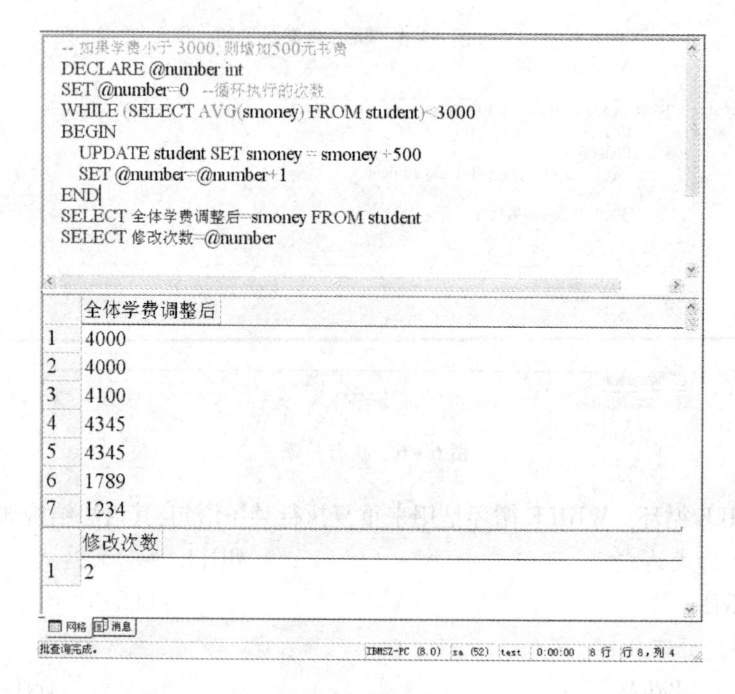

图 6 - 7　执行结果

(3) CASE 语句。该语句用来产生一个平行的多分支选择结构,其语法结构如下:

```
CASE 条件表达式
        WHEN 值表达式 1 THEN 表达式 1
        WHEN 值表达式 2 THEN 表达式 2
         …
        [ELSE 表达式 n]
END
```

说明:CASE 语句在执行时,首先计算条件表达式的值,然后逐一与值表达式进行比较,直到遇到第一个相同的,则 CASE 语句的值是 THEN 后面表达式的值,语句结束。如果没有遇到相同的,ELSE 表达式 n 存在,则 CASE 语句的值是 ELSE 后面表达式 n 的值。如果 ELSE 表达式 n 不存在,则 CASE 语句的值为 NULL。

[**例6-5**]输出080110B对应的课程名称。

```
DECLARE @ number char(8)
SET @ number ='080110B '
SELECT CASE @ number
        WHEN '080110A' THEN 'C语言程序设计'
        WHEN '080110B' THEN '数据库原理与应用'
        WHEN '080602A' THEN '软件工程'
        ELSE '设立中...'
END
```

执行结果如图6-8所示。

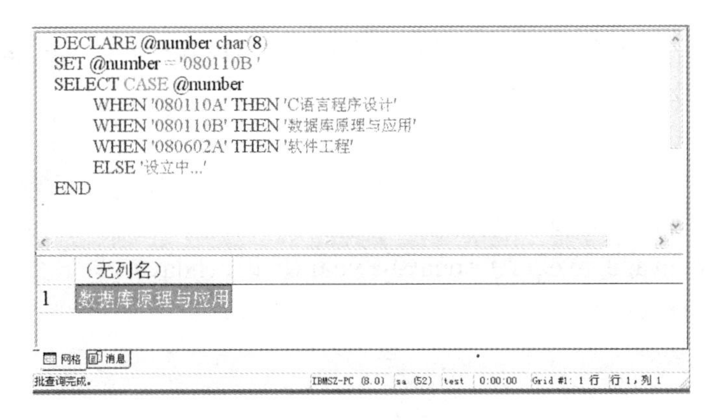

图6-8 执行结果

除上述提到的控制语句外,还有GOTO语句,RETURN语句等,GOTO语句是无条件转移语句,用法与C语言中的GOTO语句类似,RETURN语句主要用于存储过程中,作用是终止存储过程,并将值返回给调用者。

4. 函数

SQL中有很多系统函数,例如:AVG(column)返回一列的平均值,COUNT(column)返回一列中记录的行数(不包括NULL值),MAX(column)返回一列中最大值,MIN(column)返回一列中最小值,等等,除了系统函数外,SQL允许用户自定义函数,自定义函数分为三种类型:标量型函数、内联表值型函数和多声明表值型函数。

(1) 标量型函数。标量型函数返回一个确定类型的标量值,返回值类型不能为TEXT、NTEXT、IMAGE、CURSOR、TIMESTAMP和TABLE类型。BEGIN-END语句之间为函数体,使用RETURN命令返回标量值。其定义语句为:

```
CREATE FUNCTION[拥有者.]函数名
([{@ 参数名 参数的数据类型[=default]}[,…n]])
RETURNS 返回值数据类型
[WITH <function_option>[,…n]]
[AS]
BEGIN
```

```
    函数体
    RETURN  表达式
END
```

符号说明:

① | 表示只能选择分隔括号或大括号内的一个语法项目。

② [ ] 表示可选语法项目,具体语句中不必键入方括号。

③ { } 表示必选语法项,具体语句中不必键入大括号。

④ [,…n] 表示前面的项可重复 n 次,每一项由逗号分隔。

[例 6-6] 自定义一个函数,根据学生的生日,计算学生的年龄。执行结果如图 6-9 所示。

```
/* 计算学生年龄 */
create function StudentAge3(@ birthday datetime,@ today datetime)
returns int
as
begin
declare  @ studentage int
set @ studentage = year(@ today) - year(@ birthday)
return @ studentage
end
go
select dbo.StudentAge3('1982-12-15',getdate())as 学生年龄
```

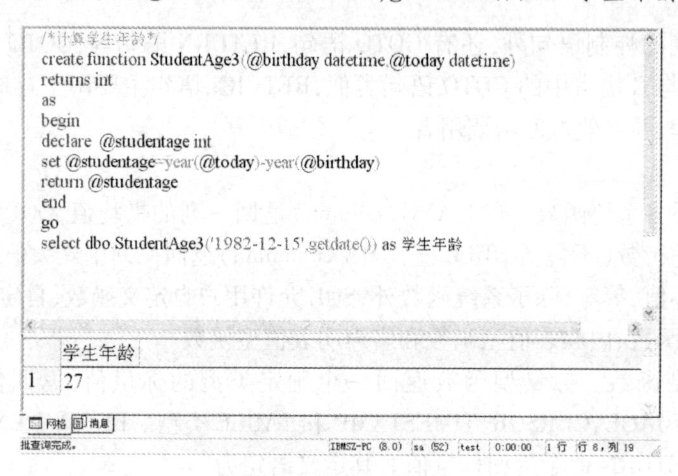

图 6-9 执行结果

标量型函数在调用时,前面必须加上 dbo,dbo 是一个用户名,是自定义函数默认的拥有者。GO 命令表示一个批处理结束,GO 命令之后的 SQL 语句属于另一个批处理的范围。但 GO 命令不属于 T-SQL 语句,可以被 SQL Server 工具识别。

(2) 内联表值型函数。内联表值型函数返回的是一个表,它没有 BEGIN-END 语句括起来的函数体,返回的表是由 RETURN 命令中的 SELECT 语句筛选出来的,功能相当于一个参数化的视图。其定义语句是:

```
CREATE FUNCTION[拥有者.]函数名
([{@ 参数名 参数的数据类型[ =default]}[,…n]])
RETURNS TABLE
[WITH <function_option>[,…n]]
[AS]
RETURN[(select - stmt)]
```

说明：

① TABLE 是一个固定的值，表示返回值是一个表。

② select - stmt 表示单个的 SELECT 语句，用来确定返回表中的数据记录。

[**例 6－7**] 自定义一个内联表值型函数，根据学生的学号，查找该生的姓名、成绩以及选课的课号。

```
/* 根据学生的学号,查找该生的姓名、成绩以及选课的课号* /
create function Student_information1
(@ sno char(9))
returns table
as
return(select  student.sname, sc.cno, sc.grade  from  student, sc  where
student.sno =@ sno and student.sno = sc.sno)
go
select *  from Student_information1('070811102')
```

执行结果如图 6－10 所示。

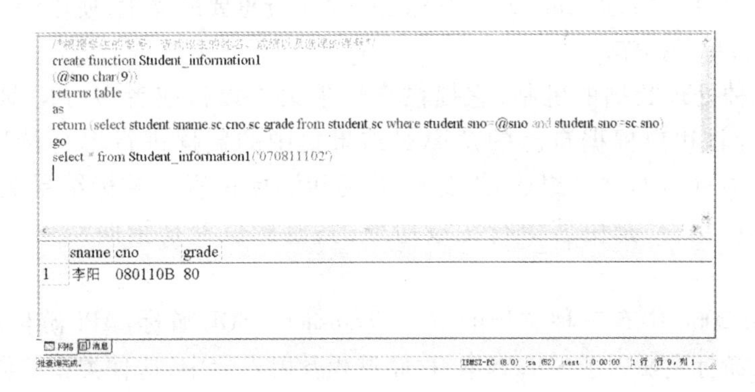

图 6－10　执行结果

(3) 多声明表值型函数。多声明表值型函数的返回值是一个表，但是它有 BEGIN－END 语句中的函数体，返回的表中的数据是由函数体中的语句插入的。多声明表值型函数应用比较少，不再介绍。

利用企业管理器来定义函数。首先选中要定义函数的数据库，单击右键，在弹出的菜单中选择“新建”→“用户定义的函数”出现如图 6－11 所示的对话框。

在上述窗口中，编辑完成后，点击“确定”按钮就自动生成了一个函数。

此外，可以用 ALTER FUNCTION 命令修改用户自定义函数，函数使用完毕后可以

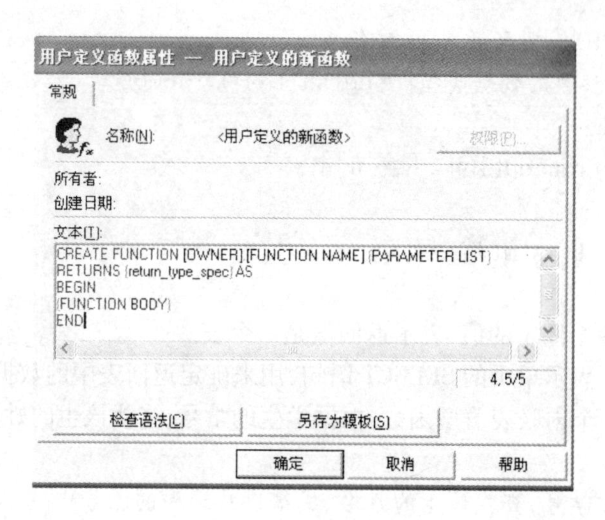

图 6-11 定义新函数

DROP FUNCTION 命令删除用户自定义函数，同样也可以在企业管理器中手动修改和删除函数。

6.2 游 标

1. 游标的定义

SQL 语句查询的结果往往是多行记录的集合，但是有时需要对结果集中的单行记录进行操作，这就用到了游标(Cursor)。游标是一个十分重要的概念，使用游标可以对结果集中的记录进行单条操作。

游标是一种处理数据的机制，它提供在结果集中以行或者多行向前或向后浏览数据的能力，允许用户根据自己的意愿对结果集中的数据进行单行读取、删除以及更新的操作。游标由两部分组成：游标结果集和游标位置。游标结果集是按指定要求取出的数据的集合，是由若干行记录组成的；游标位置是指向结果集中某一行的指针。

SQL Server 2000 中有三种类型的游标：Transact-SQL 游标、API 游标和客户游标。Transact-SQL 游标主要用于 SQL 脚本、存储过程及触发器中，这种类型的游标在服务器处理由客户端发送的 Transact-SQL 语句；API 游标在 OLE DB，ODBC 以及 DB_library 中使用，当客户端应用程序通过 OLE DB 提供者、ODBC 驱动器或 DB_library DLL 对数据进行操作时，就会调用 API 游标函数；客户游标主要在客户机上缓存结果集时使用，客户游标仅支持静态游标。本小节只讲述 Transact-SQL 游标。

2. 游标的使用

游标的生命周期分为 5 个阶段：声明游标、打开游标、读取游标数据、关闭游标、删除游标。

(1) 声明游标。游标在使用之前必须进行声明。声明游标的目的是为了指定进行单行记录操作的结果集。声明游标的语法如下：

```
DECLARE 游标名称 CURSOR 参数
[LOCAL |GLOBAL]
[FORWARD_ONLY |SCROLL]
[STATIC |KEYSET |DYNAMIC]
[READ_ONLY |SCROLL_LOCKS |OPTIMISTIC]
FOR select - stmt
[FOR READ ONLY |UPDATE][OF COLUMN_NAME[,…n]]
```

说明:select - stmt 表示游标结果集的 SELECT 语句。

声明游标中的参数有以下几类:

① LOCAL 表示该游标是局部的,只能在它所声明的存储过程、触发器及批处理中使用,使用完毕后自动删除;GLOBAL 表示该游标是全局的,连接中的任何存储过程、批处理都可以使用它,在连接断开时隐性释放。默认值是 GLOBAL。

② SCROLL 表示游标可以向(first、last、next、relative、absolute)任意方向上滚动,如果忽略或者选择关键字 FORWARD_ONLY 游标只能从第一行滚动到最后一行。

③ STATIC 为游标结果集设置一个临时复制,原有表中的数据所发生的变化不会反应在临时复制中;KEYSET 将为结果集建立一个固定的临时关键字集,游标读取数据后,非关键字列的更新对游标可见,但关键字列的更新或插入是不可见的;DYNAMIC 表示原基本表中的数据所作更新将会及时动态地反映到游标结果集中。

④ READ ONLY 表示结果集中的数据不能被修改;SCROLL_LOCKS 表示对结果集加锁,当对游标中的行记录进行删除或者修改时,将锁定行记录;OPTIMISTIC 表示如果结果集中的数据被游标读取后发生了变化,那么游标对其所进行的操作将被取消。

⑤ OF COLUMN_NAME 表示游标可以更新的结果集的字段名,默认情况下(使用 UPDATE),所有的列都允许被更新。

另外,SQL Server 2000 中有 CURSOR 数据类型,可以将游标与 CURSOR 数据类型的变量进行关联,如:

```
DECLARE @ MyVariable CURSOR
DECLARE MyCursor CURSOR FOR
SELECT * FROM student
SET @ MyVariable = MyCursor
GO
```

游标 MyCursor 与 CURSOR 变量相关联后,在以后的批处理或存储过程中 MyCursor 与 MyVariable 的作用是相同的。

(2) 打开游标。使用游标的第一步是打开游标,打开游标的目的是执行一段 SQL 语句,创建结果集,其语法如下:

```
OPEN[GLOBAL]游标名称 |游标变量名称
```

游标被打开时,游标位置是第一行之前,并不是指向第一行记录,如果要读取游标结果集中的第一行记录,必须移动指针将游标位置定位在第一行。

```
DECLARE @ MyVariable CURSOR
```

```
DECLARE MyCursor7 CURSOR LOCAL
FOR
SELECT *  FROM student
SET @ MyVariable = MyCursor7
OPEN @ MyVariable
```

上述语句执行结果如图 6-12 所示。

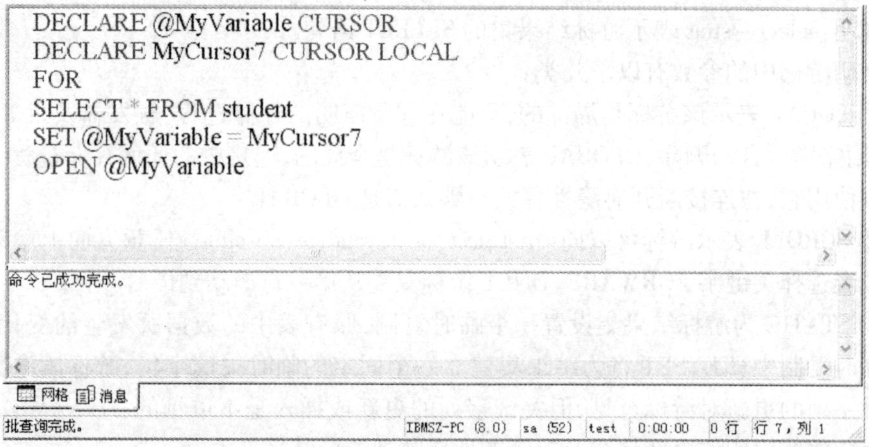

```
DECLARE @MyVariable CURSOR
DECLARE MyCursor7 CURSOR LOCAL
FOR
SELECT * FROM student
SET @MyVariable = MyCursor7
OPEN @MyVariable
```

命令已成功完成。

网格 消息

批查询完成。 IBMSZ-PC (8.0) sa (52) test 0:00:00 0 行 行 7，列 1

图 6-12　执行结果

(3) 读取游标数据。打开游标后，如果要对游标结果集中的数据进行单行操作，就要逐行读取游标结果集。读取游标数据的格式如下：

```
FETCH[NEXT|PRIOR|FIRST|LAST]
FROM 游标名  |@ 游标变量名
[INTO @ 变量名[,…]]
```

说明：

① NEXT 为指向游标位置的指针向下移动一行后，取该行的数据。NEXT 为默认选项。

② INTO @变量名[,…]为用来把提取到的行记录中数据以字段的形式存放到局部变量中，各个变量分别与游标结果集中相应的列相关联，注意数据类型、数量的一致性。

读取数据时，需要注意两个变量：

@@CURSOR_ROWS 是最后一次游标结果集的数据行数。

@@FETCH_STATUS 表示连接当前打开的任何游标最后一次 FETCH 语句的状态，0 表示 FETCH 语句成功；-1 表示 FETCH 语句失败或行不在结果集中；-2 表示提取的行不存在。

(4) 关闭游标。CLOSE 语句用来关闭游标并释放结果集，注意 CLOSE 语句只是结束游标的使用，并非删除该游标，可以用 Open 命令打开游标继续使用。语法如下：

```
CLOSE[GLOBAL]游标名 |@ 游标变量名
```

(5) 删除游标。DEALLOCATE 语句用于删除游标,可以释放数据结构和加在游标上的锁。语法如下:

DEALLOCATE[GLOBAL]游标名 |@ 游标变量名

下面通过一个例子来介绍游标的使用。

[例 6-8]数据库中有两张表,分别是 teacher 和 teacher_pirze。teacher 表包含教师号,姓名,工资以及年龄,teacher_prize 表记录的是每个老师的奖金情况。现在利用游标,将 teacher 表中 tsalary 的值加上 teacher_prize 表中的 tprize 字段的值更新到 teacher 表中。teacher_pirze、teacher 表中的数据如图 6-13、图 6-14 所示。

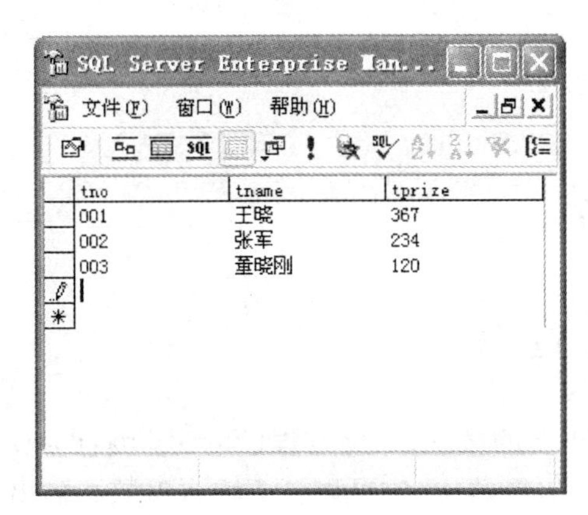

tno	tname	tprize
001	王晓	367
002	张军	234
003	董晓刚	120

图 6-13 teacher_prize 表

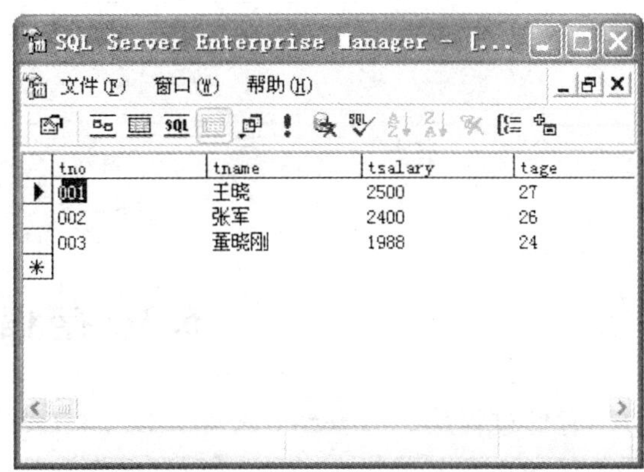

tno	tname	tsalary	tage
001	王晓	2500	27
002	张军	2400	26
003	董晓刚	1988	24

图 6-14 teacher 表

```
declare @ sal_prize  int                    --定义变量来保存 tprize 的值
declare mycursor cursor                     --声明游标
for select tno,tprize from teacher_prize
open mycursor                               --打开游标
fetch next from mycursor  into @ id,@ sal_prize
                                            --读取游标的第一条记录并保存
                                              到两个变量中
while(@ @ fetch_status =0)                  --如果读取游标数据成功
begin
 update teacher set tsalary=tsalary+@ sal_prize where teacher.tno=@ id
                                            --对游标结果集中的数据进行处理
 fetch next from mycursor into @ id,@ sal_prize
                                            --跳到下一条数据
end
close mycursor                              --关闭游标
deallocate mycursor                         --删除游标
go
select *  from teacher
```

执行结果如图 6-15 所示。

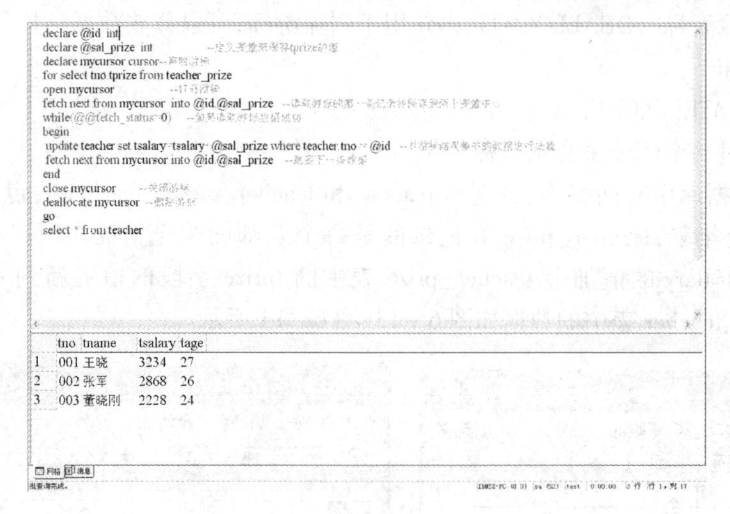
declare @id int
declare @sal_prize int
declare mycursor cursor
for select tno tprize from teacher_prize
open mycursor
fetch next from mycursor into @id @sal_prize
while(@@fetch_status=0)
begin
update teacher set tsalary=tsalary+@sal_prize where teacher.tno=@id
fetch next from mycursor into @id @sal_prize
end
close mycursor
deallocate mycursor
go
select * from teacher
tno tname tsalary tage
1 001 王晓 3234 27
2 002 张军 2868 26
3 003 董晓刚 2228 24
网格
消息

图 6-15 执行结果

6.3 存储过程

存储过程是 SQL Server 数据库中一个非常重要的概念,存储过程(Stored Procedure)是一组 SQL 语句的集合,经编译后存储在数据库服务器中,它可以含有输入参数和输出参数以及返回值。当数据库应用程序要实现与已有存储过程相同的功能时,可以通过调用存储过程来实现。

数据库应用程序对数据库中的数据进行操作可以通过两种方式:①在应用程序中调用 SQL 语句;②在应用程序中调用存储过程。当对数据库中数据进行重复操作时,比如对各个表进行删除、更新操作时,可将重复的操作定义为存储过程。

存储过程的优点表现在以下几个方面:

(1) 当数据库发生变化时,不需要修改数据库应用程序,只需要修改应用程序所调用的存储过程,降低了项目的维护成本。

(2) 一个存储过程由多条 SQL 语句组成,因此使用存储过程减少了应用程序的代码行数,降低了 T-SQL 语句的代码流量。

(3) 普通的 SQL 语句是每执行一次就编译一次,而存储过程可以设定只在创建时进行编译,改善了系统的性能。

(4) 可以给存储过程设定权限,一定程度上增强了系统的安全性。

SQL Server 中的存储过程分为三种:系统存储过程(以 sp_开头)、扩展存储过程(以 xp_开头)和用户自定义的存储过程。本小节只讲述用户自定义的存储过程。

6.3.1 创建存储过程

与变量一样,使用存储过程之前必须进行定义。创建存储过程的语法如下:

```
CREATE PROC[EDURE]存储过程名[;下标]
[{@ 参数  数据类型}
[VARING][=默认值][OUTPUT]][,…n]
```

```
[WITH{RECOMPILE |ENCRYPTION |RECOMPILE,ENCRYPTION}]
AS SQL_STMT[,…n]
```

说明：

（1）;下标：用来对同名的存储过程分组。例如，一个数据库应用程序中调用的存储过程分别命名为 studentproc;1、studentproc;2 等，这样 studentproc;1、studentproc;2 就属于同一个分组，组名为 studentproc，当不想使用这组存储过程时，用一条 DROP PROCEDURE studentproc 就可删除整组存储过程；如果存储过程的名称中包含“;”，则存储过程的名称中不能包括数字。

（2）参数包括输入参数和输出参数，如果所调用的存储过程包含参数，则数据库应用程序在调用该存储过程时必须提供参数的值（除非创建存储过程时定义了该参数的默认值）；每个存储过程的参数的作用范围只在该存储过程中，所以不同存储过程可以存在同名的参数。

（3）CURSOR 数据类型在存储过程中只能用于输出参数，如果指定 CURSOR 数据类型时，则必须同时指定 VARING 和 OUTPUT，VARING 指定输出参数的结果集，OUTPUT 表示该参数是输出参数，使用输出参数可以将信息返回给 EXEC[UTE]。

（4）如果为参数设置了默认值，则在执行存储过程时可以不指定参数值，默认值必须是常量或 NULL。如果存储过程的 SQL 语句中用到了 LIKE 关键字，那么默认值可以包含通配符。

（5）RECOMPILE 表示该存储过程将在运行时重新编译；ENCRYPTION 则表示对所创建的存储过程的内容进行加密。

（6）SQL_STMT 表示存储过程的 SQL 语句，可以有若干条。

（7）存储过程可以有返回值，用 RETURN 语句实现，只能返回整型数据，如果未指定值，则默认返回 0。

在企业管理器中创建存储过程方法如下：启动企业管理器，选中要创建存储过程的数据库，单击右键选择“新建”，在弹出的下拉菜单中选择“存储过程”，出现图 6－16，输入数据存储过程的内容后，单击“检查语法”可以进行语法检查，最后单击“确定”就成功创建了一个存储过程。

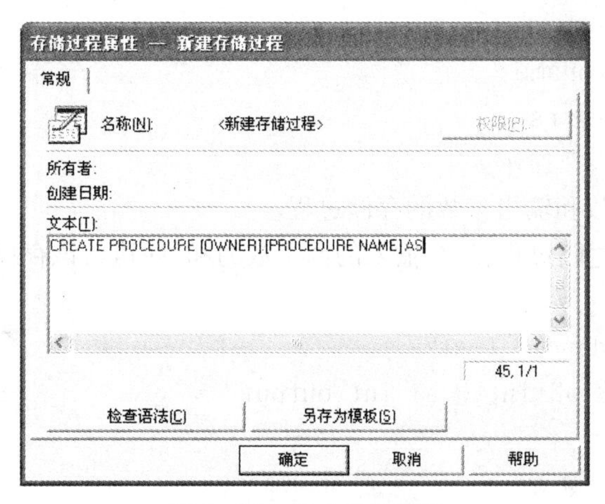

图 6－16　新建存储过程

存储过程创建后,就可以执行该存储过程。执行存储过程的语法如下:

```
EXEC[UTE]]    [@ 返回状态变量 =]
{存储过程名[;下标]|@ 存储过程名称的变量}
[[@ 参数 =]{输入参数的值|@ 存储参数值的变量[OUTPUT]|[DEFAULT]}
[,…n]
```

说明:

(1) 返回状态变量的类型必须是整型或者能自动转换成整型的数据类型,因为存储过程中的 RETURN 语句返回的是一个整型数据。

(2) @存储参数值的变量,如果是输入参数必须给该变量赋值,如果该输入参数在创建时有默认值,应该写成 DEFAULT,DEFAULT 不能省略。

(3) 当@存储参数值的变量是输出参数时,后面必须有 OUTPUT 关键字。

举例:

(1) 简单存储过程。

[例 6-9]创建一个基本的存储过程设置其返回值为 2 并执行该存储过程。

```
/* 创建一个存储过程* /
CREATE PROCEDURE  test
AS
RETURN  2
GO
/* 执行上述存储过程* /
DECLARE @ rs int                --定义一个存储返回值的整型变量
EXEC @ rs = test
SELECT '返回值'=@ rs
GO
/* 执行上述存储过程* /
DECLARE @ rs int
DECLARE @ proname char(4)    --定义一个存储过程名称的变量
SET @ proname ='test'
EXEC @ rs =@ proname
SELECT '返回值'=@ rs
```

执行结果如图 6-17 所示。

(2) 含有输入参数和输出参数的存储过程。

[例 6-10]创建一个存储过程,计算输入的两个数的和,并执行该存储过程。

```
/* 创建存储过程* /
CREATE   procedure   test2
  @ a1 int =3,@ a2 int,@ a3 int output
  as
set @ a3 =@ a1 +@ a2
GO
```

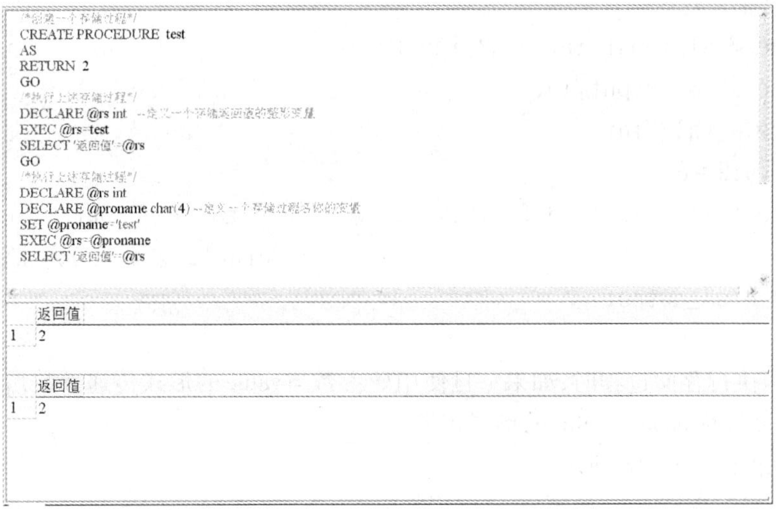

```
/*创建一个存储过程*/
CREATE PROCEDURE test
AS
RETURN 2
GO
/*执行上述存储过程*/
DECLARE @rs int --定义一个存储返回值的整形变量
EXEC @rs=test
SELECT '返回值'=@rs
GO
/*执行上述存储过程*/
DECLARE @rs int
DECLARE @proname char(4) --定义一个存储过程名称的变量
SET @proname='test'
EXEC @rs=@proname
SELECT '返回值'=@rs
```

	返回值
1	2

	返回值
1	2

图6-17 执行结果

```
/* 执行存储过程* /
declare @ a1_input int,@ a2_input int
declare @ a3_output int                    --存储输出参数值的变量
execute test2 4,5,@ a3_output output       --直接给出两个输入参数的值
select @ a3_output                         --输出参数的值
go
/* 执行存储过程* /
declare @ a1_input int,@ a2_input int
declare @ a3_output int
declare @ val1 int,@ val2 int
set @ val1 =4                              --定义存储输入参数@ a1 的值变量
set @ val2 =7                              --定义存储输入参数@ a2 的值变量
execute test2  @ val1,@ val2,@ a3_output output
select @ a3_output
go
/* 执行存储过程* /
declare @ a1_input int,@ a2_input int
declare @ a3_output int
declare @ val2 int
set @ val2 =8
execute test2  default,@ a2 =@ val2,@ a3 =@ a3_output output
                                           --执行存储过程时,输入参数@ a1 的
                                             值是默认的
select @ a3_output
go
```

```
/* 执行存储过程* /
declare @ a1_input int,@ a2_input int
declare @ a3_output int
declare @ val2 int
set @ val2 =8
execute test2  @ a1 =default,@ a2 =@ val2,@ a3 =@ a3_output output
                                         - -default 前面也可加上@ a1
select @ a3_output
go
```

注意:当执行存储过程时,如果一旦使用'@ 参数 = value'的形式传递参数后,所有后续的参数就必须以'@ name = value'的形式传递。

执行结果如图 6 - 18 所示。

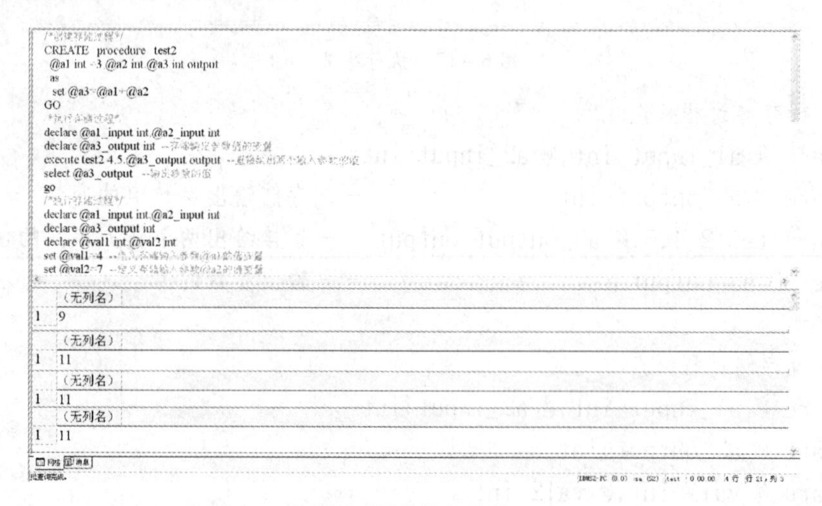

图 6 - 18 执行结果

6.3.2 查看、删除和修改存储过程

1. 查看存储过程

使用系统存储过程 sp_stored_procedures 可以查看一个数据库中所有的存储过程。

[**例 6 - 11**]查看数据库 test 中的存储过程。

```
sp_stored_procedures
```

在查询分析器中的执行结果如图 6 - 19 所示。

用系统存储过程 sp_helptext 可以查看未加密存储过程的定义信息,语法如下:

```
sp_helptext[@ objname = ][‘]name[’]
```

说明:

(1) 参数 name 表示存储过程的名称,不能省略,没有默认值。

(2) 该系统存储过程有返回值,0 表示执行成功,1 表示执行失败。

[**例 6 - 12**]查看用户自定义存储过程 test 的定义信息。

```
exec sp_helptext  @ objname ='test'
```

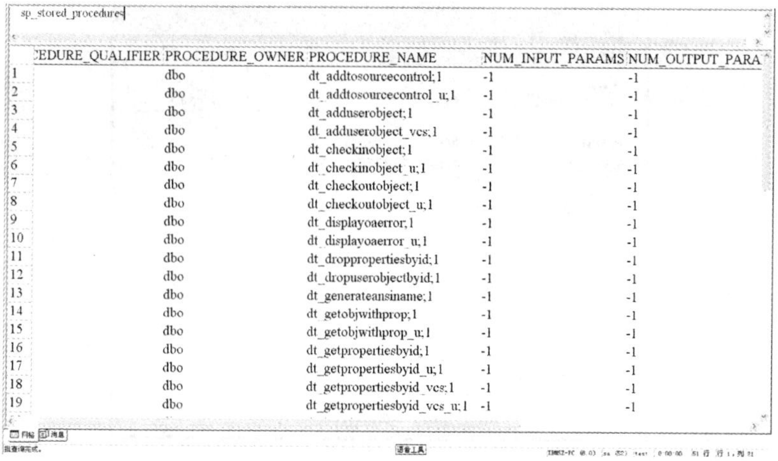

sp_stored_procedures

	EDURE_QUALIFIER	PROCEDURE_OWNER	PROCEDURE_NAME	NUM_INPUT_PARAMS	NUM_OUTPUT_PARA
1		dbo	dt_addtosourcecontrol;1	-1	-1
2		dbo	dt_addtosourcecontrol_u;1	-1	-1
3		dbo	dt_adduserobject;1	-1	-1
4		dbo	dt_adduserobject_vcs;1	-1	-1
5		dbo	dt_checkinobject;1	-1	-1
6		dbo	dt_checkinobject_u;1	-1	-1
7		dbo	dt_checkoutobject;1	-1	-1
8		dbo	dt_checkoutobject_u;1	-1	-1
9		dbo	dt_displayoaerror;1	-1	-1
10		dbo	dt_displayoaerror_u;1	-1	-1
11		dbo	dt_droppropertiesbyid;1	-1	-1
12		dbo	dt_dropuserobjectbyid;1	-1	-1
13		dbo	dt_generateansiname;1	-1	-1
14		dbo	dt_getobjwithprop;1	-1	-1
15		dbo	dt_getobjwithprop_u;1	-1	-1
16		dbo	dt_getpropertiesbyid;1	-1	-1
17		dbo	dt_getpropertiesbyid_u;1	-1	-1
18		dbo	dt_getpropertiesbyid_vcs;1	-1	-1
19		dbo	dt_getpropertiesbyid_vcs_u;1	-1	-1

图 6 - 19　查看存储过程

执行结果如图 6 - 20 所示。

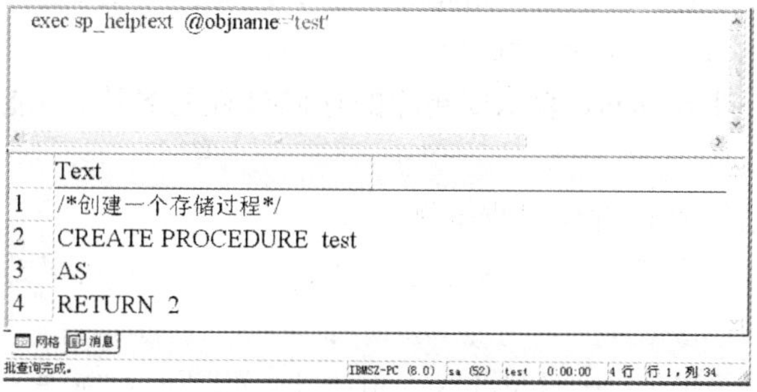

exec sp_helptext @objname='test'

	Text
1	/*创建一个存储过程*/
2	CREATE PROCEDURE test
3	AS
4	RETURN 2

图 6 - 20　执行结果

sp_help 系统存储过程用来显示存储过程的名称及其创建时间。使用 sp_help 的语法如下:

sp_help[[@ objname =][‘]name[’]]

说明:当参数 name 省略时,默认值为 NULL,则显示当前环境下 sysobjects 中所有对象的名称及类型,当参数为存储过程时,则显示该存储过程的名称和创建时间。

除上述方法外,也可以在企业管理器中查看存储过程的信息,选中数据库中的“存储过程”选项,选中要查看的存储过程,点击右键,在弹出的菜单中选择“属性”选项,就会弹出如图 6 - 21 所示的存储过程属性框。

2. 修改存储过程

对已定义的存储过程进行修改,语法如下:

```
ALTER PROC[EDURE]存储过程名称[;下标]
[{@ 参数 数据类型}
[VAR ING][ = 默认值][OUTPUT]
][,…n]
[WITH{RECOMPILE |ENCRYPTION |RECOMPILE,ENCRYPTION}]
```

说明:各参数的含义与创建存储过程的含义一致。

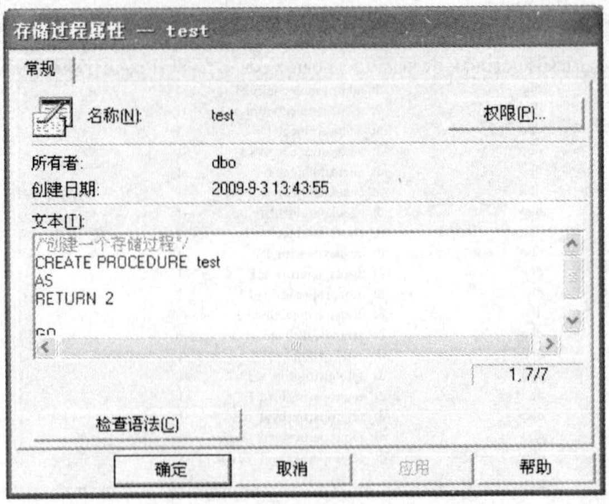

图 6-21　存储过程属性

3. 删除存储过程

可以使用 DROP PROCEDURE 删除已定义的存储过程,语法如下:

```
DROP PROC[EDURE]{procedure_name}[,…n]
```

说明:参数 procedure_name 表示要删除的存储过程的名称,不能使用引号,可同时删除多个存储过程。

[例 6-13]创建、删除、修改存储过程举例。

```
/* 先定义查询所有学生信息的存储过程,然后进行修改只进行男同学信息的查询* /
IF EXISTS(SELECT name  FROM sysobjects WHERE name='student_proc' AND type='P')
DROP  PROCEDURE  student_proc    /* 若该存储过程已存在,则先删除* /
GO
/* 创建存储过程* /
CREATE  PROCEDURE  student_proc
AS
SELECT  *   FROM  student
GO
EXEC student_proc
GO
/* 修改存储过程 student_proc * /
ALTER  PROCEDURE  student_proc
WITH  ENCRYPTION
AS
SELECT *   FROM  student
    WHERE ssex='男'
  GO
```

```
EXEC student_proc
```

执行结果如图 6－22 所示。

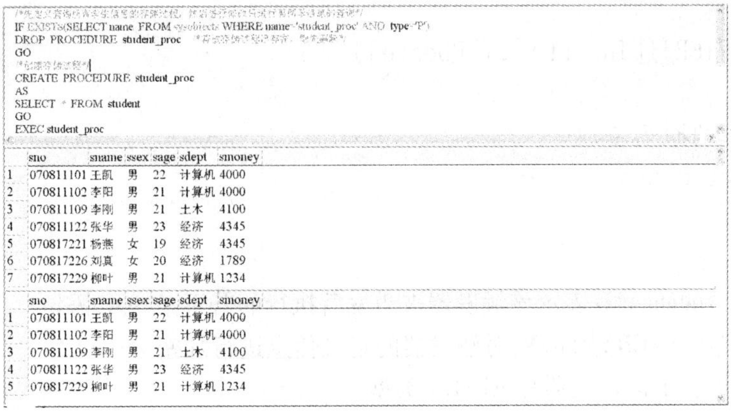

```
IF EXISTS(SELECT name FROM sysobjects WHERE name='student_proc' AND type='P')
DROP PROCEDURE student_proc
GO
CREATE PROCEDURE student_proc
AS
SELECT * FROM student
GO
EXEC student_proc
```

	sno	sname	ssex	sage	sdept	smoney
1	070811101	王凯	男	22	计算机	4000
2	070811102	李阳	男	21	计算机	4000
3	070811109	李刚	男	21	土木	4100
4	070811122	张华	男	23	经济	4345
5	070817221	杨燕	女	19	经济	4345
6	070817226	刘真	女	20	经济	1789
7	070817229	柳叶	男	21	计算机	1234

	sno	sname	ssex	sage	sdept	smoney
1	070811101	王凯	男	22	计算机	4000
2	070811102	李阳	男	21	计算机	4000
3	070811109	李刚	男	21	土木	4100
4	070811122	张华	男	23	经济	4345
5	070817229	柳叶	男	21	计算机	1234

图 6－22 执行结果

*6.4 触发器

6.4.1 触发器简介

触发器是一种特殊的存储过程，当对一个表进行 INSERT、UPDATE、DELETE 操作时，SQL Server 就会自动执行相应触发器中的语句。触发器的主要作用是用来保证级联所不能达到的数据的一致性。

SQL Server 2000 支持两种类型的触发器：AFTER 和 INSTEAD OF。AFTER 触发器是 SQL Server 2000 版本以前就有的，该类型触发器只能在表上定义，要求只有执行某一操作(INSERT、DELETE、UPDATE)后，触发器才被触发，可以为表中的同一操作定义多个 AFTER 类型的触发器，使用系统过程 sp_settriggerorder 来确定同一操作的多个触发器的执行顺序。INSTEAD OF 触发器表示当对表或视图进行某一操作(INSERT、UPDATE、DELETE)时，并不执行该操作，而是执行相应触发器中所定义的 SQL 语句，例如，试图删除一条记录时，将执行触发器定义的语句，不再执行删除语句。对同一操作只能定义一个 INSTEAD OF 触发器。

在触发器的应用中，经常用到 inserted、deleted 两个虚拟表，它们的表结构与触发器所在的表结构完全相同，保存在高速缓存中。inserted 保存的是 insert 或 update 操作之后所影响的记录构成的表，deleted 保存的是 delete 或 update 操作之前所影响的记录构成的表。

触发器允许嵌套，分为直接嵌套和间接嵌套两种，直接嵌套是指触发器本身包含了激发该触发器的操作；间接嵌套是指第一个触发器执行激发另一个触发器的操作，而另一个触发器又激发第一个触发器。触发器最多嵌套 32 层。本小节只讲述应用较多的 AFTER 触发器。

6.4.2 创建触发器

触发器在使用之前必须进行定义，定义触发器的语句如下：

```
CREATE TRIGGER 触发器名称
```

```
ON{表名|视图名}
[WITH ENCRYPTION]
{
{FOR|AFTER}{[Insert][,][Update]}
AS
[IF UPDATE(列名)]
Sql_statements
}
```

说明：

（1）Sql_statements：表示该触发器被激发后执行的若干条 SQL 语句。

（2）WITH ENCRYPTION：对触发器的定义信息进行加密。

（3）FOR 表示该触发器是 AFTER 类型。

（4）IF UPDATE(列名)用来检查是否更新了某一列，只能用于 insert 或 update 操作。

在企业管理器中创建触发器，首先选中要创建触发器的表，点击右键，选择“所有任务”，然后选择“管理触发器”，进行编辑即可。

[**例 6-14**]为 student 表创建一个触发器，当删除表中的一行记录时，进行提示。

```
CREATE TRIGGER stud_tigger
ON student
FOR DELETE
AS
    PRINT '删除一行'
RETURN
```

执行结果如图 6-23 所示。

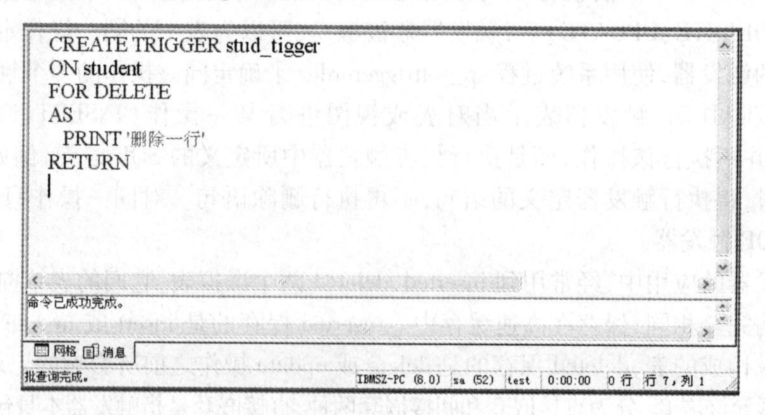

图 6-23　执行结果

6.4.3　查看、删除和修改触发器

1. 查看触发器

查看当前环境下所有的触发器可以使用命令：

```
select *  from sysobjects where xtype='TR'
```

说明：sysobjects 保存着数据库中所有对象包括函数、存储过程以及触发器、表等。xtype 表示操作对象的类型，'TR'表示触发器。

执行该命令后，可以看到触发器的名称、创建时间、拥有者等信息。

如果要查看某一个触发器的内容，使用 sp_helptext 这个系统过程，关于 sp_helptext 的详细使用见 6.3.2 节内容。

[**例 6－15**]显示数据库 test 中的触发器及触发器的内容。

```
select *  from sysobjects where xtype = 'TR'
go
sp_helptext 'stud_tigger'
go
sp_helptext stud_tigger1
```

执行结果如图 6－24 所示。

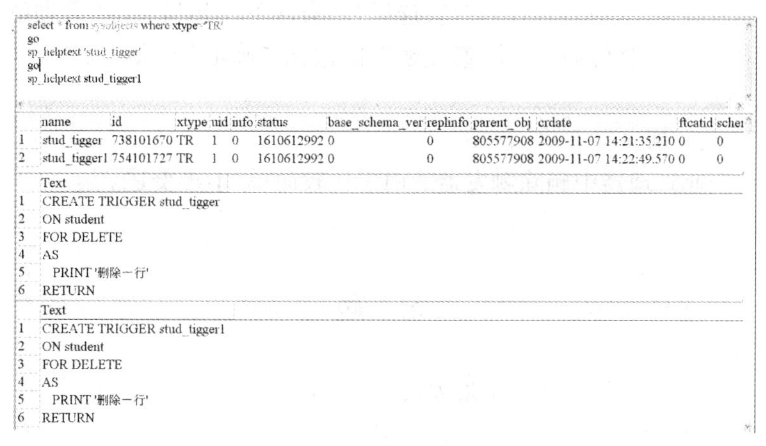

图 6－24　执行结果

使用企业管理器查看触发器的内容，选中表，点击右键，选择"所有任务"，点击"管理触发器"，弹出如图 6－25 所示的触发器属性框，在下拉菜单中就可以看到该表已建好的触发器，选中其中一个，就可以查看该触发器的内容。

图 6－25　触发器属性

如果要查看一个表中某种操作的触发器的信息,可以使用如下语句:

sp_helptrigger[@ tabname =][‘]table[’][,[@ triggertype =][’]type[’]]

说明:

(1) @tabname 表示要查询该表中的触发器的表名。

(2) @triggertype 表示触发器的类型,默认值为 NULL,或为 DELETE、INSERT、UPDATE。

(3) 返回值 0 表示成功,1 表示失败。

[**例 6-16**]显示表 student 中的触发器。

```
sp_helptrigger 'student','delete'
go
sp_helptrigger 'student'
```

2. 修改触发器

在企业管理器中,选中表,点击右键,选择“所有任务”,然后点击“管理触发器”,在下拉菜单中选中该表已建好的触发器,修改触发器,点击“确定”即可。

3. 删除触发器

drop trigger 触发器名称[,…n]

也可以在企业管理器中删除触发器。由于比较简单,不再赘述。

习 题

1. 举例说明自定义函数的特点及使用方法。
2. 简述游标的作用。
3. 举例说明游标的操作过程。
4. 简述存储过程的特点及作用。
5. 举例说明存储过程的定义及使用。
6. 简述触发器的作用及特点、分类。
7. 试举例说明触发器的使用。

第7章　关系数据库设计规范化

本章要求：

(1) 了解关系数据库规范化要解决的问题。

(2) 理解函数依赖的概念及判断方法，这是本章的难点。

(3) 理解范式的概念，掌握范式的判断方法，这是本章的重点和难点。

(4) 掌握数据依赖的公理系统，掌握求属性集关于函数依赖集的闭包的算法。

(5) 掌握最小函数依赖集的求法，掌握根据最小函数依赖集判断候选码的方法。

(6) 理解关系模式分解的等价性的两个标准，掌握无损分解的判断方法，掌握保持函数依赖的判断方法。

(7) 掌握模式分解的几种算法。

7.1　问题的提出

一个具体应用，往往涉及到多方面的复杂的数据，那么这些数据在数据库中应该如何组织？怎样组织才是合理的？如何对数据库设计进行评价？对关系数据库来说，实际上就是关系模式的评价问题，本章将给出关系数据理论，分析关系模式存在的问题及原因，对关系模式的级别进行判定，并且给出关系模式的规范化方法，使其达到更高的级别。下面先看一个例子。

有一个描述学生的关系模式：学生(学号，姓名，课程号，课程名，成绩)，对这个关系模式说明如下：

(1) 一个学生可以选修多门课程，每门课程有多个学生选修。

(2) 每个学生选修每门课程都有一个成绩。

分析这个关系模式，可以得出该关系模式的主码为(学号，课程号)，根据关系的实体完整性和参照完整性要求，学号和课程号不允许为空。图7-1是这个关系模式的一个实例。

这个关系模式存在下列问题：

(1) 插入异常。如果存在某个学生因为某些原因没有选课，课程号为空，因此该学生的信息无法插入，叫做插入异常。

(2) 删除异常。如果学生毕业，删除学生信息的同时将课程的相关信息也删除了，叫做删除异常。

(3) 数据冗余。课程的信息重复出现，如某门课程有100个学生选修，课程号和课程名也要存储100次，既浪费存储空间，且会导致更新异常。

(4) 更新异常。假设数据库原理与应用的课程号为080110B，如果课程号要更改为080110L，假设有100个学生选修这门课，那么就要修改100个元组，导致更新异常。如果

学 号	姓 名	课 程 号	课 程 名	成 绩
070811101	王刚	080110B	数据库原理与应用	80
070811102	张娜	080110B	数据库原理与应用	70
070811103	李莉	080110B	数据库原理与应用	88
070811101	王刚	080602A	软件工程	77
070811102	张娜	080602A	软件工程	89
070811103	李莉	080602A	软件工程	91
…	…	…	…	…

图 7-1 学生关系实例

只修改了 99 个元组,漏掉了其中的一个元组,就会导致数据库中数据的不一致,产生问题。

由于这个关系模式存在以上问题,所以需要对该关系模式进行分析,找出问题产生的原因,对关系模式进行规范化,解决上述问题。在对关系模式进行分析及规范化的过程中,首先需要了解数据依赖的概念。规范化理论通过对数据依赖的分析,通过分解关系模式消除不合适的数据依赖,进而解决关系模式存在的插入异常、删除异常、更新异常和数据冗余的问题。

7.2 规 范 化

7.2.1 函数依赖

关系的各个属性之间不是孤立的,现实世界的语义可以体现在属性间的相互关系中,这种关系叫做数据依赖。现在有多种类型的数据依赖,本节中主要介绍函数依赖。

定义 设 R(U)是属性集 U 上的关系模式,X 和 Y 是 U 的子集。若对于 R 的任意一个可能的关系 r,r 中不可能存在两个元组在 X 上的属性值相等,而在 Y 上的属性值不等,则称“X 函数确定 Y”或“Y 函数依赖于 X”,记作 X→Y。X 称为这个函数依赖的决定属性集。

函数依赖是关系模式的各个属性之间的关系,即给定某个属性或属性组的值,可以得到其他属性或属性组的值。考虑关系模式:

学生(学号,姓名,性别,年龄)

在这个关系模式中,存在着函数依赖:学号→姓名,也就是给定一个学号值,就确定唯一的姓名值。同理,在该关系模式中还存在着以下的函数依赖:

学号→性别

学号→年龄

对函数依赖需要说明几点:

（1）函数依赖是指关系模式 R 的所有关系实例均要满足的约束条件。

（2）函数依赖要根据数据的语义来确定。例如，在关系模式学生中，姓名→性别、姓名→年龄这两个函数依赖只有在没有同名的学生的情况下才成立，所以设计者可以根据现实世界的语义作出规定：如果不存在同名学生，那么姓名→性别、姓名→年龄就成立，系统可以对这个约束进行检查。如果存在同名学生，那么这两个函数依赖就不再成立。

（3）函数依赖的判定方法：可以根据属性间联系的类型来判定。

① 属性间是一对多联系。考虑关系模式：学生（学号，姓名，所在系）中学号和所在系的函数依赖关系，由于一个系有多名学生，因此学号和所在系是多对一的联系，此时存在函数依赖：学号→所在系，多方为决定因素。不存在函数依赖：所在系→学号，所在系不是函数依赖的决定因素。

② 属性间是一对一联系。如果属性间是一对一联系，如学号和姓名，此时假设不存在同名学生，那么存在函数依赖：学号→姓名和姓名→学号，此时记作学号←→姓名。

③ 属性间是多对多联系。考虑关系模式：选修（学号，课程号，成绩），由于一个学生选修多门课程，每门课程有多个学生选修，因此学号和课程号之间存在多对多联系，此时学号和课程号之间没有函数依赖关系。

函数依赖可以分为以下几类。

（1）平凡函数依赖和非平凡函数依赖。关系模式 R（U），U 是 R 的属性集合，X 和 Y 是 U 的子集。如果 X→Y，但 Y 不包含于 X，则称 X→Y 是非平凡函数依赖。如果 Y 是 X 的子集，则称 X→Y 是平凡函数依赖。

通过定义可以看出，对任一关系模式，平凡函数依赖是必然成立的。所以在后面的讨论中，如果不特别说明，总是讨论非平凡函数依赖。

[例 7-1] 对关系模式：选修（学号，课程号，成绩）来说，存在下面的函数依赖：

① （学号，课程号）→学号

② （学号，课程号）→课程号

③ （学号，课程号）→成绩

可以判断，前两个函数依赖是平凡函数依赖，必然成立。而第三个函数依赖是非平凡函数依赖。

（2）完全函数依赖和部分函数依赖。在关系模式 R（U）中，如果 X→Y，并且对于 X 的任何一个真子集 Z，Z→Y 都不成立，则称 Y 完全函数依赖于 X。如果 X→Y，但 Y 不完全函数依赖于 X，则称 Y 部分函数依赖于 X。

完全函数依赖实际上要求在函数依赖的决定因素中没有多余属性，如果存在多余属性，就成为部分函数依赖，而部分函数依赖容易产生问题。

[例 7-2] 对关系模式：选修（学号，姓名，课程号，成绩）来说，存在下面的函数依赖：

① （学号，课程号）→成绩

② 学号→姓名

可以得出：该关系模式的码为（学号，课程号），而（学号，课程号）→姓名是部分函数依赖，因为在决定因素中有多余属性：课程号，这个多余属性的存在会使得这个关系模式存在问题，需要改进。

函数依赖图如图 7-2 所示。

(3) 传递函数依赖和直接函数依赖。关系模式 R(U),X、Y 和 Z 是属性集 U 的子集,如果 X→Y,Y→Z,Y 不是 X 的子集,Y→X 不成立,则称 Z 传递函数依赖于 X。如果 X→Y,Y→Z,Y→X,Y 不是 X 的子集,则称 Z 直接函数依赖于 X。

[**例 7-3**]关系模式:学生(学号,所在系,系主任姓名)中存在下列函数依赖:

① 学号→所在系

② 所在系→系主任姓名

根据传递函数依赖的定义,系主任姓名传递函数依赖于学号。函数依赖图如图 7-3 所示。

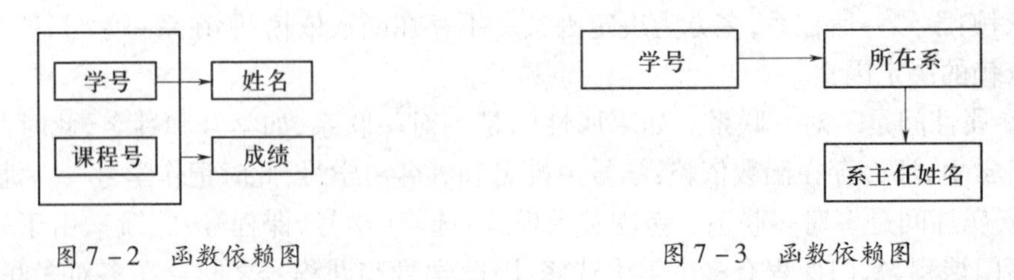

图 7-2　函数依赖图　　　　图 7-3　函数依赖图

7.2.2　码

通过函数依赖可以严格定义关系模式的候选码(简称码)。

在关系模式 R(U)中,K 是 U 的子集,如果 U 完全函数依赖于 K,则称 K 为 R 的一个候选码。这是候选码的严格定义,可以得出:

(1) 一个关系模式可以有多个候选码,可以选定其中的一个作为主码。

(2) 候选码可以有一个属性,也可以有多个属性。当候选码包含关系模式的所有属性时,称为全码。

(3) 候选码中的属性称为主属性,不在任何候选码中的属性称为非主属性。

在后面的章节中,将讨论根据关系模式的函数依赖集判断候选码的过程。

7.2.3　范式

范式(Normal Form)是对关系模式的规范形式的简称。关系模式的范式主要有 4 种:第一范式(1NF)、第二范式(2NF)、第三范式(3NF)和 BC 范式(BCNF)。其中第一范式是最低要求,四种范式的关系如图 7-4 所示。

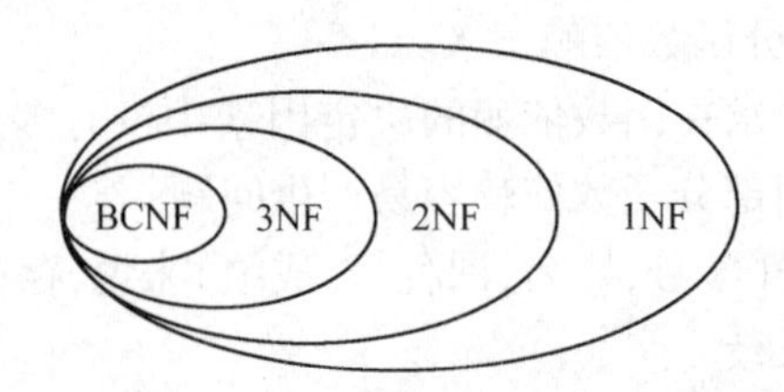

图 7-4　各级范式关系图

关系模式的规范化过程就是将关系模式转化为某种范式的过程。2NF、3NF 和 BCNF 都可以在不同程度上解决关系模式存在的插入异常、删除异常、更新异常和数据冗余的问题。下面将介绍各级范式的概念。

1. 第一范式(1NF)

如果一个关系模式 R 的所有属性都是不可分的基本数据项,则称这个关系模式为第一范式,记为 1NF。第一范式是对关系模式的最基本要求,不满足第一范式的数据库模式不能称为关系数据库。这一点在第 2 章已经论述过。

但是满足第一范式的关系模式也存在问题。例如 7.1 节的例子。

2. 第二范式(2NF)

如果关系模式 R 是 1NF,并且每一个非主属性都完全函数依赖于 R 的码,则称 R 为第二范式,记为 2NF。

[**例 7-4**]关系模式:选修(学号,姓名,课程号,成绩),存在下面的函数依赖:

① (学号,课程号)→成绩

② 学号→姓名

分析这个关系模式可以得出:该关系模式的码为(学号,课程号),因此学号和课程号为主属性,姓名和成绩为非主属性。这个关系模式存在下列问题:

(1) 插入异常。如果学生没有选课,课程号为空,那么该学生的信息无法插入。

(2) 删除异常。如果删除学生选课的信息,那么将学生的信息也一起删除。

(3) 数据冗余。学号和姓名重复出现,导致数据冗余。

(4) 更新异常。如果某个学生改名,那么这个学生选了多少门课,就要修改多少个元组,造成更新异常。

产生这些问题的原因是什么呢?分析第一个函数依赖,这是非主属性对码的完全函数依赖,不会产生问题。分析第二个函数依赖,可将其化为

(学号,课程号)→姓名

这是非主属性对码的部分函数依赖,因为在决定因素中存在多余属性:课程号,所以才会导致这个关系模式存在这些问题。解决的方法就是将这个关系模式分解为两个关系模式:

学生(学号,姓名)

选修(学号,课程号,成绩)

这两个关系模式的函数依赖图如图 7-5 所示。

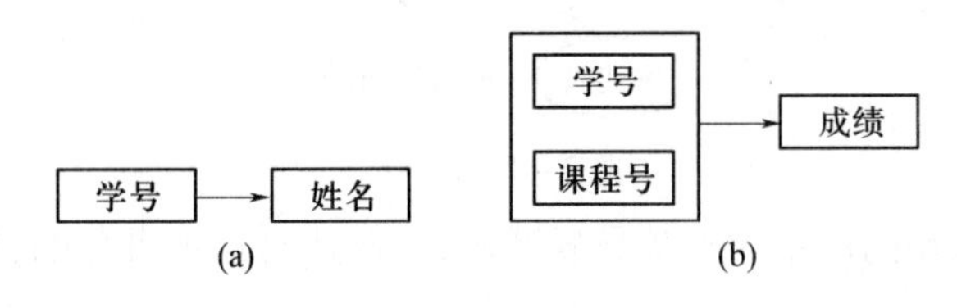

图 7-5　函数依赖图

通过分解关系模式,消除了部分函数依赖,解决了上述问题,分解后的两个关系模式均达到第二范式的要求。

3. 第三范式(3NF)

如果关系模式 R 是第二范式,并且每一个非主属性都不传递函数依赖于 R 的码,则称 R 为第三范式,记为 3NF。

[**例7-5**]考虑关系模式:学生(学号,所在系,系主任姓名)中存在下列函数依赖:

① 学号→所在系

② 所在系→系主任姓名

关系模式的码为学号,由于码中只有一个属性,所以不存在非主属性对码的部分函数依赖,因此这个关系模式为第二范式。分析这个关系模式存在的问题:

(1) 插入异常。如果某个系为新建系,还没有学生,由于学号不能为空,导致系和系主任的信息无法插入。

(2) 删除异常。如果该系的学生都毕业,删除学生信息的同时将系和系主任的信息一并删除。

(3) 数据冗余。系里有多少名学生,系和系主任的信息就要重复存储多少次,导致数据冗余。

(4) 更新异常。如果某个系系主任发生了变更,那么需要修改所有的元组,导致更新异常。

这些问题的存在是由于非主属性对码的传递函数依赖引起的,解决方法就是对关系模式进行分解,得到下面两个关系模式:

学生(学号,所在系)

系(系名,系主任姓名)

这两个关系模式的函数依赖图如图7-6所示。

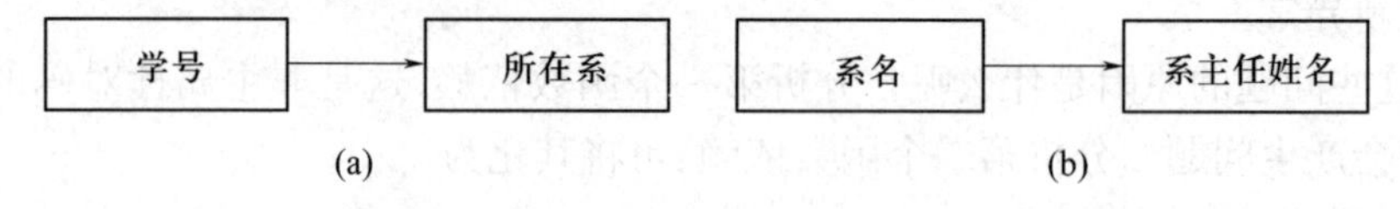

图7-6 函数依赖图

通过分解,消除了非主属性对码的传递函数依赖,解决了上述问题,使得分解后的两个关系模式均达到第三范式的要求。

4. BC范式(BCNF)

设关系模式R为第一范式,如果对于R的每个非平凡函数依赖X→Y,X必为候选码,则称关系模式R为BC范式,记为BCNF。

根据BC范式的定义,可以得到图7-7。

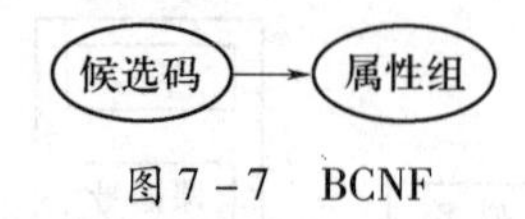

图7-7 BCNF

由于每个函数依赖的决定因素都是候选码,而候选码是不可分的,因此对达到BC范式的关系模式来说:

(1) 所有非主属性都完全函数依赖于每个候选码。

(2) 所有主属性都完全函数依赖于每个不包含它的候选码。

(3) 没有任何属性完全函数依赖于非码的任何一组属性。

由上面三条结论可以得出,BC范式中不存在部分函数依赖,所有属性(主属性和非主属性)对码都是完全函数依赖,如果一个关系模式达到BC范式,那么它肯定是第二范式。还可以证明达到BC范式的关系模式肯定是第三范式(用反证法),证明留给读者来完成。因此 BC 范式是在第三范式的基础上,消除了主属性对码的部分函数依赖和传递函数依赖,从而使得关系模式达到了更高的规范化程度。

[例 7-6] 考虑关系模式:教学(学号,教师号,课程号)中,根据语义:每位教师只讲授一门课,每门课由多个老师讲授,某个学生选定某门课,就确定了一个固定的教师。在该关系模式中存在下列函数依赖:

① (学号,课程号)→教师号

② 教师号→课程号

③ (学号,教师号)→课程号

可以得出,该关系模式的候选码为(学号,课程号)和(学号,教师号),学号、课程号和教师号都是主属性,由于该关系模式中没有非主属性,所以该关系模式肯定是第三范式。由于第二个函数依赖:教师号→课程号的决定因素不是候选码,所以该关系模式不能达到 BC 范式。它存在的问题有:

(1) 插入异常。如果某门课程本学期不开,自然就没有学生选修,但是学号不能为空,所以教师授课的信息就无法插入。同样原因,如果学生因为某种原因没有选课,该学生的信息也无法插入。

(2) 删除异常。如果选修某门课程的学生全部毕业,在删除学生选课信息的同时,也将教师授课信息删除,导致删除异常。

(3) 数据冗余。虽然每个教师只讲授一门课,但是每个选修这门课的学生元组都要记录这一信息,导致数据冗余。

(4) 更新异常。如果某门课的名称发生了改变,那么选修这门课的每个学生元组都要进行修改,如果漏掉某个元组,则会影响数据库的一致性。

通过上面这些分析可以看出,第三范式可以在一定程度上消除关系模式存在的插入异常、删除异常、数据冗余和更新异常的问题,但是由于可能存在主属性对候选码的部分函数依赖和传递函数依赖,所以可以将该关系模式分解为:

讲授(教师号,课程号)

学习(学号,教师号)

这两个关系模式的函数依赖图如图 7-8 所示。

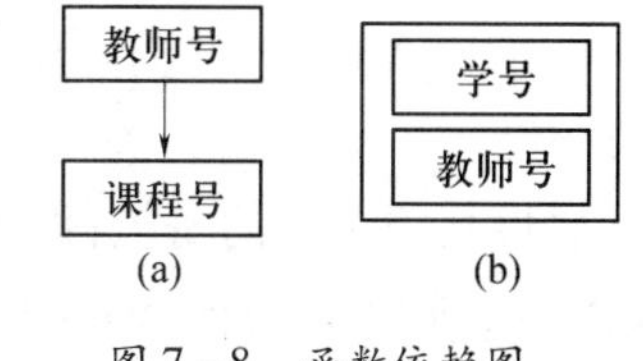

图 7-8 函数依赖图

第一个关系模式的函数依赖为:教师号→课程号,教师号为候选码,满足 BC 范式的要求,达到 BC 范式。第二个关系模式的候选码是(学号,教师号),不存在函数依赖关系,满足 BC 范式的要求,也可以达到 BC 范式。

BC 范式在函数依赖的范畴内,已经实现了模式的彻底分解,消除了产生插入异常、删除异常的根源,数据冗余也减少到极小程度。在数据库设计中,一般要求关系模式达到第三范式就可以满足要求了。

7.3 数据依赖的公理系统

对于关系模式 R(U)和给定的一个函数依赖集,需要根据函数依赖集判断关系模式的码,还需要能够根据已知的函数依赖推导出其他的函数依赖,这就需要一套推理规则,这套推理规则称为 Armstrong 公理系统。它是一个有效而完备的公理系统,是关系模式规范化的理论基础。首先需要了解逻辑蕴含的概念。

1. 逻辑蕴含

定义 对于一组满足函数依赖 F 的关系模式 R(U),其任何一个关系 r,若函数依赖 $X \to Y$ 都成立,则称 F 逻辑蕴含 $X \to Y$。

根据逻辑蕴含的定义可以得出,给定一个关系模式 R(U)的函数依赖集 F,不仅要研究 F 本身包含的函数依赖,还要研究根据 F 可以推导出来的函数依赖,这就需要 Armstrong 公理系统来完成。

2. Armstrong 公理系统

Armstrong 公理系统包含以下三条推理规则:

(1) 自反律(平凡函数依赖):若 $Y \subseteq X \subseteq U$,则 $X \to Y$ 为 F 所蕴含。

(2) 增广律:若 $X \to Y$ 为 F 所蕴含,且 $Z \subseteq U$,则 $XZ \to YZ$ 为 F 所蕴含。

(3) 传递律:若 $X \to Y$ 及 $Y \to Z$ 为 F 所蕴含,则 $X \to Z$ 为 F 所蕴含。

说明:此处 XZ 代表 $X \cup Z$,其余类推。

根据这三条推理规则还可以得到三条导出规则:

(1) 合并规则:由 $X \to Y$,$X \to Z$,有 $X \to YZ$。

(2) 伪传递规则:由 $X \to Y$,$WY \to Z$,有 $XW \to Z$。

(3) 分解规则:由 $X \to Y$,$Z \subseteq Y$,有 $X \to Z$。

3. 求属性集关于 F 的闭包

对于一个关系模式 R(U)及给定的函数依赖集 F,如何由已知的函数依赖根据 Armstrong 公理系统找出 F 所蕴含的所有的函数依赖呢?这就是 F 的闭包的概念。

在关系模式 R(U)中,为函数依赖集 F 逻辑蕴含的所有函数依赖的集合称为 F 的闭包,记为 F^+。

由于计算 F^+ 是 NPC 问题,所以当 F 中函数依赖达到一定的个数以后,计算时间会很长,所以需要对问题进行转换。首先看下面的引理。

$X \to A_1 A_2 \cdots A_k$ 成立的充分必要条件是 $X \to A_i$ 成立($i=1,2,\cdots,k$)。

这个引理可由合并规则和分解规则导出。

由于计算 F^+ 是不可解的,所以将问题转换为求某个属性集关于 F 的闭包,下面给出定义。

属性集关于 F 的闭包:设 F 为属性集 U 上的一组函数依赖,X 是 U 的子集,$X_F^+ = \{A \mid X \to A$ 能由 F 根据 Armstrong 公理导出$\}$,称 X_F^+ 为属性集 X 关于函数依赖集 F 的闭包。

[**例 7-7**]如果关系模式 R 的函数依赖集为$\{A \to B, B \to C\}$,那么

$A_F^+ = ABC$

$B_F^+ = BC$

$C_F^+ = C$

这个例子非常简单,后面将给出求属性集关于 F 的闭包的具体算法。先看下面的引理。

设 F 为属性集 U 上的一组函数依赖,X 和 Y 是 U 的子集,$X \to Y$ 能由 F 根据 Armstrong 公理导出的充分必要条件是 $Y \subseteq X_F^+$。

根据这个引理,可以得出,判断 $X \to Y$ 能否由 F 根据 Armstrong 公理导出的方法就是:首先求出 X_F^+,判断 Y 是否为 X_F^+ 的子集。

算法:求属性集 $X(X \subseteq U)$ 关于 U 上的函数依赖集 F 的闭包 X_F^+。

步骤:

(1) 令 $X^{(0)} = X, i = 0$

(2) 求 B,这里 $B = \{A \mid V \to W \in F, V \subseteq X^{(i)}, A \in W\}$

(3) $X^{(i+1)} = X^{(i)} \cup B$

(4) 判断 $X^{(i+1)} = X^{(i)}$ 吗? 若相等或 $X^{(i)} = U$,则 $X^{(i)}$ 就是 X_F^+。算法终止。若否,则 $i = i + 1$,返回第二步。

[**例 7-8**]已知关系模式 R(U),其中

$U = \{A, B, C, D, E\}$,

$F = \{AB \to C, B \to D, C \to E, EC \to B, AC \to B\}$,求 $(AB)_F^+$。

解:

设 $X^{(0)} = AB$

(1) 计算 $X^{(1)}$:

逐一的扫描 F 集合中各个函数依赖,找左部为 A,B 或 AB 的函数依赖。得到两个:$AB \to C, B \to D$。

于是 $X^{(1)} = AB \cup CD = ABCD$。

(2) 因为 $X^{(0)} \neq X^{(1)}$,所以再找出左部为 ABCD 子集的那些函数依赖,得到:

$AB \to C, B \to D, C \to E, AC \to B$。

于是 $X^{(2)} = X^{(1)} \cup BCDE = ABCDE$。

(3) 因为 $X^{(2)} = U$,算法终止。

结果:$(AB)_F^+ = ABCDE$。

根据这个算法,可以求得任何属性集关于 F 的闭包,在这些属性集中,可以得到关系模式 R 的候选码,进而判断关系模式能够达到的级别。

4. 判断关系模式的规范化级别

[**例 7-9**]设已知关系模式 R(U),其中

$U = \{A, B, C, D, E\}$,

$F = \{AB \to CE, E \to AB, C \to D\}$,问 R 最高属于第几范式。

解:(1) 求候选码。

首先求函数依赖集 F 的决定属性集关于 F 的闭包,即求 $(AB)_F^+$、E_F^+ 和 C_F^+。

结果为 $(AB)_F^+ = U, E_F^+ = U$。

根据候选码的定义,E 肯定为候选码。AB 是否为候选码,要判断 $AB \to U$ 是否为完全函数依赖,判断的方法就是求 A_F^+ 和 B_F^+。

结果中 $A_F^+ \neq U$ 和 $B_F^+ \neq U$。

因此候选码为 AB 和 E。

(2) 判断主属性和非主属性。

候选码中的各个属性为主属性,因此在关系模式 R 中,A、B 和 E 为主属性,C 和 D 为

非主属性。

(3) 判断关系模式 R 能否达到第二范式,即判断非主属性对候选码有没有部分函数依赖。

由于候选码 E 中只有一个属性,所以不必判断。

判断候选码 AB,由于在函数依赖的决定因素中没有 A 和 B,因此不存在非主属性 C 和 D 对候选码的部分函数依赖,所以关系模式能够达到第二范式的要求。

(4) 判断关系模式 R 能否达到第三范式,即判断非主属性对候选码有没有传递函数依赖。

分析函数依赖集 F,可以得到:

存在这样的函数依赖关系:$AB \to CE$,$C \to D$,利用前面的引理,可以得到:

$AB \to C$,$C \to D$,所以存在非主属性 D 对候选码 AB 的传递函数依赖,关系模式 R 只能达到第二范式的要求。

总结上面的步骤可以得出,判断关系模式的规范化级别主要分为以下几个步骤:

(1) 判断候选码。

(2) 找出主属性、非主属性。

(3) 判断是否存在非主属性对候选码的部分函数依赖,进而判断关系模式能否达到第二范式的要求。如果关系模式能够达到第二范式的要求,进行下一步判断,否则结束。

(4) 判断是否存在非主属性对候选码的传递函数依赖,进而判断关系模式能否达到第三范式的要求。如果关系模式能够达到第三范式的要求,进行下一步判断,否则结束。

(5) 判断函数依赖集中的决定因素是否都是候选码,如果是,关系模式就能达到 BC 范式的要求,否则结束。

在这些步骤中,关键是根据给定的函数依赖集判断关系模式的候选码。由前面的叙述可知,一个函数依赖集不仅包含自身的函数依赖,还可以推导出蕴含的函数依赖,因此在这些函数依赖中有的函数依赖是必不可少的,把这些必须的函数依赖组成的集合称为最小函数依赖集。后面将给出求最小函数依赖集的算法,根据最小函数依赖集可以作为候选码判断的一个根据。

5. 求最小函数依赖集

在求最小函数依赖集的过程中,要保证求解的每一步得到的函数依赖集都与原函数依赖集等价,因此首先要了解函数依赖集等价的定义。

定义 如果函数依赖集 G 和 F 满足 $G^+ = F^+$,称 F 与 G 等价。

引理:$G^+ = F^+$ 的充分必要条件是 $F \subseteq G^+$ 和 $G \subseteq F^+$。

根据引理,可以得到判断两个函数依赖集是否等价的算法,这可以保证求最小函数依赖集的每一步都是等价的转换。

最小函数依赖集的定义:如果函数依赖集 F 满足下列条件,则称 F 为一个最小函数依赖集。这些条件是:

(1) F 中任一函数依赖的右部仅含有一个属性。

转化方法:逐一检查 F 中各个函数依赖 $X \to Y$,如果 $Y = A_1A_2\cdots A_k$,则用

$\{X \to A_i \mid i = 1, 2, \cdots, k\}$ 来取代 $X \to Y$,即如果某个函数依赖右端有多个属性,则将该函数依赖分解为多个函数依赖,每个函数依赖右端只有一个属性。

(2) F 中不存在这样的函数依赖 $X \rightarrow A$,使得 F 与 $F - \{X \rightarrow A\}$ 等价。

转化方法:逐一检查 F 中各个函数依赖 $X \rightarrow A$,令 $G = F - \{X \rightarrow A\}$,若 $A \in X_G^+$,则从 F 中去掉此函数依赖。这一步是从 F 中去掉多余的函数依赖,条件是这个函数依赖能够由其他的函数依赖导出。

(3) F 中不存在这样的函数依赖 $X \rightarrow A$,X 有真子集 Z 使得 $F - \{X \rightarrow A\} \cup \{Z \rightarrow A\}$ 与 F 等价。

转化方法:逐一取出 F 中各个函数依赖 $X \rightarrow A$,设 $X = B_1B_2 \cdots B_m$,逐一考查 $B_i(i = 1, 2, \cdots, m)$,若 $A \in (X - B_i)_F^+$,则以 $X - B_i$ 取代 X。这一步是去掉函数依赖的决定因素中的多余属性。

经过这三个步骤,就得到了 F 的最小函数依赖集。每一个函数依赖集 F 均等价于一个最小函数依赖集。

[例 7-10] 关系模式 R(U) 中,属性集 $U = \{A, B, C, D, E\}$,

函数依赖集 $F = \{AB \rightarrow C, B \rightarrow D, C \rightarrow E, EC \rightarrow B, AC \rightarrow B\}$,求 F 的最小函数依赖集。

解:第一步:由于每个函数依赖的右端均只有一个属性,因此不必分解。

第二步:判断 F 中有没有多余的函数依赖。

① 去掉 $AB \rightarrow C$,得到 $G = \{B \rightarrow D, C \rightarrow E, EC \rightarrow B, AC \rightarrow B\}$。

求 $(AB)_G^+ = ABD$,不包含 C,因此 $AB \rightarrow C$ 不能去掉。

② 去掉 $B \rightarrow D$,得到 $G = \{AB \rightarrow C, C \rightarrow E, EC \rightarrow B, AC \rightarrow B\}$。

求 $B_G^+ = B$,不包含 D,因此 $B \rightarrow D$ 不能去掉。

③ 去掉 $C \rightarrow E$,得到 $G = \{AB \rightarrow C, B \rightarrow D, EC \rightarrow B, AC \rightarrow B\}$。

求 $C_G^+ = C$,不包含 E,因此 $C \rightarrow E$ 不能去掉。

④ 去掉 $EC \rightarrow B$,得到 $G = \{AB \rightarrow C, B \rightarrow D, C \rightarrow E, AC \rightarrow B\}$。

求 $(EC)_G^+ = CE$,不包含 B,因此 $EC \rightarrow B$ 不能去掉。

⑤ 去掉 $AC \rightarrow B$,得到 $G = \{AB \rightarrow C, B \rightarrow D, C \rightarrow E, EC \rightarrow B\}$。

求 $(AC)_G^+ = ABCDE$,包含 B,因此 $AC \rightarrow B$ 可以去掉。

经过第二步的分析,F 变为 $\{AB \rightarrow C, B \rightarrow D, C \rightarrow E, EC \rightarrow B\}$。

第三步:判断函数依赖的决定因素中有无多余属性,只需要分析 $AB \rightarrow C$ 和 $EC \rightarrow B$ 这两个函数依赖。

① 分析 $AB \rightarrow C$::

求 $A_F^+ = A$,不包含 C,因此不能去掉 B。

求 $B_F^+ = BD$,不包含 C,因此不能去掉 A。

② 分析 $EC \rightarrow B$:

求 $E_F^+ = E$,不包含 B,因此不能去掉 C。

求 $C_F^+ = BCDE$,包含 B,因此可以去掉 E。

该函数依赖变为 $C \rightarrow B$。

最后得到的最小函数依赖集 F 为 $\{AB \rightarrow C, B \rightarrow D, C \rightarrow E, C \rightarrow B\}$。

注意:F 的最小函数依赖集不一定是唯一的。它与对各个函数依赖及决定因素的各个属性的处理顺序有关。

在求得最小函数依赖集后,可以将关系模式 R 的属性集分为三类:

(1) 如果属性 A 只在 F 中各个函数依赖的左端出现,那么属性 A 肯定是候选码中的属性。

(2) 如果属性 A 没有在 F 的各个函数依赖中出现,那么属性 A 肯定是候选码中的属性。

(3) 如果属性 A 只在 F 中各个函数依赖的右端出现,那么属性 A 肯定不是候选码中的属性。

分析上例,最小函数依赖集为{AB→C,B→D,C→E,C→B},逐个分析各个属性:

① 属性 A 只在函数依赖的左端出现,A 肯定在候选码中。

② 属性 D 和 E 只在函数依赖的右端出现,肯定不在候选码中。

③ 属性 B 和 C 在函数依赖的左端和右端都出现,那么这两个属性可能在候选码中。将 BC 记为属性集 M。

④ 判断 A 是不是候选码,由于 A_F^+ 不是 U,所以 A 不是候选码。

⑤ 从 M 中选择属性加入 A 中,判断 AB 和 AC 是不是候选码。求 $(AB)_F^+$ 和 $(AC)_F^+$,得到结论,AB 和 AC 都是候选码。

7.4 模式的分解

7.4.1 模式分解的原则

关系模式规范化的主要方法就是对关系模式进行分解,通过分解消除不合适的函数依赖,使得关系模式达到更高的规范化级别。在分解过程中,要保证分解后的关系模式与原关系模式等价,分解方法才有意义。首先看一个例子。

[**例 7-11**]考虑关系模式:学生(学号,所在系,系主任姓名),这个关系模式存在下列函数依赖:

学号→所在系,所在系→系主任姓名。

函数依赖图如图 7-9 所示。

由于存在非主属性对候选码的传递函数依赖,所以该关系模式只能达到第二范式,通过对该关系模式进行分解可以使其达到更高的规范化程度。设该关系模式的一个实例如图 7-10 所示。

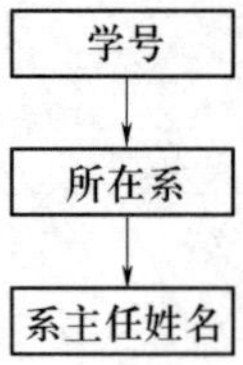

学号 → 所在系 → 系主任姓名

图 7-9 函数依赖图

学 号	所 在 系	系主任姓名
070811101	经济	张明
070817228	外语	刘方

图 7-10 关系实例

对该关系模式有 3 种分解方法:

(1) 将该关系模式分解为 3 个关系模式:

学生(学号)

系(所在系)

系主任(系主任姓名)

分解后各个关系模式的实例如图 7－11 所示。

学 号
070811101
070817228

所 在 系
经济
外语

系主任姓名
张明
刘方

图 7－11　分解后的各个关系实例

对分解后的三个关系执行自然连接，得到图 7－12 的结果。

学 号	所 在 系	系主任姓名	学 号	所 在 系	系主任姓名
070811101	经济	张明	070817228	经济	张明
070811101	经济	刘方	070817228	经济	刘方
070811101	外语	张明	070817228	外语	张明
070811101	外语	刘方	070817228	外语	刘方

图 7－12　自然连接的结果

与图 7－10 相比，可以看出，自然连接的结果比原来的关系多出了 6 个元组，虽然元组增加了，但是却丢失了学生、所在系和系主任姓名之间的对应关系，因此这种分解方法不是等价的分解，称这种连接不具有无损连接性。

(2) 将该关系模式分解为两个关系模式：

学生 1(学号，所在系)

学生 2(学号，系主任姓名)

分解后各个关系模式的实例如图 7－13 所示。

学 号	所 在 系
070811101	经济
070817228	外语

学 号	系主任姓名
070811101	张明
070817228	刘方

图 7－13　分解后的各个关系实例

对分解后的各个关系执行自然连接，得到如图 7－14 所示的关系。

学 号	所 在 系	系主任姓名
070811101	经济	张明
070817228	外语	刘方

图 7－14　自然连接的结果

可以看出，与图 7－10 所示的关系相比，没有增加或减少元组，称这种分解具有无损连接性。从这个角度来说，这种分解是等价的分解。

但是由于所在系和系主任姓名这两个属性分解到了两个关系模式中，所以丢掉了所在系→系主任姓名这个函数依赖，称这个分解没有保持函数依赖。从这个角度来说，这种分解不是等价的分解。

(3) 将该关系模式分解为两个关系模式：

学生(学号，所在系)

系(所在系，系主任姓名)

分解后各个关系模式的实例如图 7-15 所示。

学 号	所 在 系
070811101	经济
070817228	外语

所 在 系	系主任姓名
经济	张明
外语	刘方

图 7-15　分解后的各个关系实例

对分解后的各个关系执行自然连接，得到如图 7-16 所示的关系。

学 号	所 在 系	系主任姓名
070811101	经济	张明
070817228	外语	刘方

图 7-16　自然连接的结果

可以看出，与图 7-10 所示的关系相比，没有增加或减少元组，称这种分解具有无损连接性。从这个角度来说，这种分解是等价的分解。

分解后，原关系模式的两个函数依赖也分到了两个关系模式中，因此在分解过程中保持了函数依赖，从这个角度来说，这种分解是等价的分解。

把第三种分解方法称为保持无损连接和保持函数依赖的分解。

下面将给出分解的严格定义，并给出等价分解的判断算法。

(1) 分解的定义：关系模式 R(U)，R 的一个分解定义为

$\rho = \{R_1, R_2, \cdots, R_n\}$

每个 R_i 的属性集合是 U_i，$U = U_1 \cup U_2 \cup \cdots \cup U_n$。

关系模式 R 分解为 n 个子模式之后，R 的函数依赖集 F 也分解为 n 个子集合 F_i($i = 1, 2, \cdots, n$)，F_i 称为 F 在 U_i 上的投影。

(2) F 在 U_i 上的投影 $F_i = \{X \to Y \mid X \to Y \in F^+, X, Y \subseteq U_i\}$。

一个关系模式可以分解为多个关系模式，分解之后，存储在一个关系模式实例中的数据就要分解到多个关系实例中，要使得分解有意义，就必须保持分解是等价的。通过前面的分析可知，有三种分解的等价定义：

(1) 分解具有无损连接性。如果分解后的各个关系通过自然连接恢复为原来的关系，那么这种分解就称为具有无损连接性的分解。很显然，无损连接性使得分解过程中没有丢失信息。

（2）分解保持函数依赖。在分解过程中没有丢失属性间的函数依赖关系。

（3）分解既要具有无损连接性，又要保持函数依赖。

说明：分解具有无损连接性和分解保持函数依赖是两个独立的标准，具有无损连接性的分解不一定能保持函数依赖，保持函数依赖的分解也不一定具有无损连接性。因此对这两个标准有各自的判断方法。

7.4.2 分解的无损连接性和保持函数依赖性

直接判断一个分解的无损连接性是不好判断的，下面将给出无损连接性的判断算法。

算法：

（1）建立一张 k 行 n 列的表，每一列对应一个属性，每一行对应分解后的一个关系模式。如果属性 A_j 属于 U_i，则在 i 行 j 列处填 a_j，否则填 b_{ij}。

（2）逐个检查 F 中的各个函数依赖 X→Y，修改表中的元素。检查 X 属性对应的列，如果找到相等的多行，就把这些行与 Y 属性列的交叉位置上的符号改为一致，如果其中之一为 a_j，就全部改为 a_j，否则改为 b_{mj}，m 为最小行号。

（3）在某次更改之后，如果有一行成为 $a_1, a_2, \cdots, a_n$，则算法终止，该分解具有无损连接性。否则不具有无损连接性。

[**例 7－12**]关系模式 R(U)，U＝{A,B,C,D,E}，F＝{AB→C,C→D,D→E}，R 的一个分解为 $R_1(A,B,C)$，$R_2(C,D)$，$R_3(D,E)$，判断该分解是不是无损分解。

（1）构造初始表，由于 R 分解为 3 个关系模式，R 中有 5 个属性，所以该表为 3 行 5 列。根据算法可以得到表 7－1。

表 7－1 初始表

A	B	C	D	E
a_1	a_2	a_3	b_{14}	b_{15}
b_{21}	b_{22}	a_3	a_4	b_{25}
b_{31}	b_{32}	b_{33}	a_4	a_5

（2）逐个检查 F 中的每个函数依赖，修改表中的元素。

① 对 AB→C，检查表中在 AB 属性列上没有相等的行，表不变。

② 对 C→D，检查表中在 C 属性列上有两行相等，则修改 D 属性列对应的行，将 b_{14} 改为 a_4。表的内容变为表 7－2。

③ 对 D→E，检查表中在 D 属性列上的值均相等，则修改 E 属性列对应的行，将 b_{15} 和 b_{25} 改为 a_5。变为表 7－3。

表 7－2 修改后的表

A	B	C	D	E
a_1	a_2	a_3	a_4	b_{15}
b_{21}	b_{22}	a_3	a_4	b_{25}
b_{31}	b_{32}	b_{33}	a_4	a_5

表 7－3 修改后的表

A	B	C	D	E
a_1	a_2	a_3	a_4	a_5
b_{21}	b_{22}	a_3	a_4	a_5
b_{31}	b_{32}	b_{33}	a_4	a_5

（3）此时检查表中的数据，第一行变为 a_1, a_2, a_3, a_4, a_5，因此这个分解是无损分解。

当关系模式 R 被分解为两个子模式时，可以利用下面的定理进行判断。

定理　R(U)的一个分解为$\rho=\{R_1,R_2\}$,U_1和U_2分别是R_1和R_2的属性集合,这个分解具有无损连接性的充分必要条件是

$U_1\cap U_2\rightarrow U_1-U_2\in F^+$　或　$U_1\cap U_2\rightarrow U_2-U_1\in F^+$

[**例 7-13**]设有关系模式 R(U),U={A,B,C},函数依赖集 F={A→B,C→B}。

有两种对 R 的分解:

$\rho_1=\{R_1(A,B),R_2(B,C)\}$

$\rho_2=\{R_1(A,C),R_2(B,C)\}$

判断这两种分解是不是无损分解。

(1)对ρ_1的判断:

根据ρ_1,可以得到$U_1=AB$,$U_2=BC$,从而得出

$U_1\cap U_2=B$,$U_1-U_2=A$,$U_2-U_1=C$

根据定理,首先,判断 B→A 是否成立,即求B_F^+,由于$B_F^+=B$,不包含 A,因此 B→A 不成立。

其次,判断 B→C 是否成立,即求B_F^+,由于$B_F^+=B$,不包含 C,因此 B→C 不成立。

因为两个函数依赖都不成立,所以这个分解不是无损分解。

(2) 对ρ_2的判断:

根据ρ_2,可以得到$U_1=AC$,$U_2=BC$,从而得出

$U_1\cap U_2=C$,$U_1-U_2=A$,$U_2-U_1=B$

根据定理,首先,判断 C→A 是否成立,即求C_F^+,由于$C_F^+=BC$,不包含 A,因此 C→A 不成立。

其次,判断 C→B 是否成立,即求C_F^+,由于$C_F^+=BC$,包含 B,因此 C→B 成立。

所以这个分解是无损分解。

下面讨论分解的函数依赖保持性。

定理　设关系模式 R(U),$\rho=\{R_1,R_2,\cdots,R_n\}$是 R 的一个分解,每个$R_i$的属性集合是$U_i$,$F_i$是 F 在$U_i$上的投影,如果$F^+=(F_1\cup F_2\cup\cdots\cup F_n)^+$,则称这个分解保持了函数依赖。

函数依赖保持性的判断方法实际上就是判断分解前的函数依赖集和分解后的各个函数依赖集的并集是否等价,这就转化为判断两个函数依赖集是否等价的问题,仍然要依赖于属性集关于 F 的闭包来解决。

7.4.3　模式分解的算法

现在介绍几种主要的模式分解的算法。主要介绍有关 3NF 和 BCNF 的分解算法。

1. 达到 3NF 保持函数依赖的分解

算法:设关系模式 R(U),F 为函数依赖集,

(1) 将 F 化为最小函数依赖集。

(2) 如果 U 中某些属性不出现在 F 中,将这些属性组成一个关系模式,从 R 中分离出去。

(3) 对 F 中每一个$X_i\rightarrow A_i$都构成一个关系模式R_i,$U_i=X_iA_i$。如果 F 中有$X\rightarrow A_1,\cdots X\rightarrow A_n$(函数依赖的左端决定因素相同),则以$X,A_1,\cdots,A_n$构成一个关系模式输出。

先看一个简单的例子。

[**例 7-14**]考虑关系模式:学生(学号,所在系,系主任姓名),函数依赖集 F={学号→所在

系,所在系→系主任姓名},将该关系模式分解,要求此分解达到3NF并且保持函数依赖。

解:

(1) 对函数依赖:学号→所在系,将学号和所在系构成一个关系模式。

(2) 对函数依赖:所在系→系主任姓名,将所在系和系主任姓名构成一个关系模式。

因此将R分解为

学生(学号,所在系)

系(系名,系主任姓名)

这与前面的分析结果是一致的。

[例7-15]设关系模式R(U),U={A,B,C,D,E,G},最小函数依赖集F={B→G,CE→B,C→A,CE→G,B→D,C→D},请将R分解,要求此分解为3NF并且保持函数依赖。

解:在F中的函数依赖有

(1) B→G,B→D

得到R_1:U_1(BDG),F_1={B→G,B→D}

(2) CE→B,CE→G

得到R_2:U_2(BCEG),F_2={CE→B,CE→G}

(3) C→A,C→D

得到R_3:U_3(ACD),F_3={C→A,C→D}

因此,将R分解为{R_1,R_2,R_3},这是达到3NF并且保持函数依赖的分解。

2. 达到3NF保持函数依赖和无损连接性的分解

算法:

(1) 首先按照达到3NF保持函数依赖的分解算法将R分解为R_1,R_2,…,R_n。

(2) 选取R的主码,将主码与函数依赖相关的属性组成一个关系R_{n+1}。

(3) 如果R_{n+1}就是R_1,R_2,…,R_n中的一个,就将它们合并,否则加入分解后的关系模式。

通过这个算法可以看出,对关系模式:学生(学号,所在系,系主任姓名)的分解是达到3NF保持函数依赖和无损连接性的分解。

例如:将[例7-15]分解,并要求分解达到3NF并且保持函数依赖和无损连接性。

(1) 在[例7-15]中已经将R分解为R_1,R_2,R_3,这个分解达到3NF并且保持函数依赖。

(2) R的码是CE,与CE相关的函数依赖是CE→B,CE→G,形成R_4:U_4(BCEG),F_4={CE→B,CE→G},因为R_4和R_2相等,所以合并,R的分解为{R_1,R_2,R_3},这是达到3NF保持函数依赖和无损连接性的分解。

3. 达到BCNF保持无损连接性的分解

算法:设关系模式R(U),令ρ={R},如果ρ中所有关系模式都达到BCNF,则结束。

否则在ρ中选择不是BCNF的关系模式S,在S中必存在X→A,X不包含S的码,也不包含A,此时用S_1和S_2代替S,S_1的属性集为XA,S_2的属性集为S中的属性集-A。

[例7-16]考虑关系模式:教学(学号,教师号,课程号)的函数依赖集

{(学号,课程号)→教师号,教师号→课程号,(学号,教师号)→课程号},

请将该关系模式分解,要求分解后的关系模式达到BCNF保持无损连接性。

解:由于该关系模式的候选码为(学号,课程号)和(学号,教师号),因此函数依赖:教

师号→课程号的决定因素不是候选码,将关系模式分解为

讲授(教师号,课程号)

学习(学号,教师号)

这与前面的分析也是一致的。

[例 7-17] 关系模式 R(U),U={A,B,C,D,E},函数依赖集 F={AB→C,D→E,B→D},码是 AB,请将 R 分解,要求分解达到 BCNF 保持无损连接性。

解法一:分析 F 中的各个函数依赖。

(1) D→E 的决定因素不是 R 的码,将 R 分解为:

R_1:U_1(DE),F_1={D→E}

R_2:U_2(ABCD),F_2={AB→C,B→D}

(2) R_2中,B→D 的决定因素不是 R_2的码,将 R_2分解为:

R_2:U_2(BD),F_2={B→D}

R_3:U_3(ABC),F_3={AB→C}

R 最终分解为{R_1(DE),R_2(BD),R_3(ABC)},这个分解达到 BCNF 并且保持无损连接性。

解法二:分析 F 中的各个函数依赖。

(1) B→D 的决定因素不是 R 的码,将 R 分解为:

R_1:U_1(BD),F_1={B→D}

R_2:U_2(ABCE),F_2={AB→C,B→E}

(2) R_2中,B→E 的决定因素不是 R_2的码,将 R_2分解为:

R_2:U_2(BE),F_2={B→E}

R_3:U_3(ABC),F_3={AB→C}

R 最终分解为{R_1(BD),R_2(BE),R_3(ABC)},这个分解达到 BCNF 并且保持无损连接性。

由此可见,分解方式不是唯一的,这与对各个函数依赖的处理顺序有关。

在对关系模式规范化的过程中,要注意合理选择规范化的程度。数据库规范化程度越高,数据冗余度就越小,可以提高数据库物理空间的利用率,关系模式存在的问题就越少;但是高级范式表的数量会增加,这样在执行查询时连接运算就要增加,这必然要影响数据库执行的速度,进而影响数据库的性能。由于低级范式表的数量少,因此连接运算的代价小,对数据库执行速度的影响就越少。因此考虑到存取效率,要选择高级范式;考虑到查询效率,要选择低级范式。在设计数据库模式时,必须对现实世界的实际情况和用户需求作详细分析,确定一个合适的能够反映现实世界的数据库模式,一般要求达到第三范式就足够了。

习 题

1. 什么是关系模式的规范化?为什么要对关系模式进行规范化?
2. 什么是范式?范式有哪些级别?它们之间的关系是什么?

3. 证明：

   (1) 若 $R \in BCNF$，则 $R \in 3NF$。

   (2) 若 $R \in 3NF$，且 R 只有一个候选码，则 R 必属于 BCNF。

4. 根据 Armstrong 公理系统证明：

   (1) 由$\{X \to YZ, Z \to CW\}$推出 $X \to CWYZ$。

   (2) 由$\{X \to Y\}$推出 $WX \to Y$。

5. 设 $F = \{AB \to C, D \to EG, C \to A, BE \to C, BC \to D, CG \to BD, ACD \to B, CE \to AG\}$，求$(BD)_F^+$。

6. 设关系模式的属性集 $U = \{A, B, C, D\}$，函数依赖集 $F = \{AB \to CD, A \to D\}$，试问 R 最高属于第几范式？

7. 设关系模式的属性集 $U = \{A, B, C\}$，函数依赖集 $F = \{C \to B, B \to A\}$，试问 R 最高属于第几范式？

8. 函数依赖集 $F = \{A \to BC, B \to AC, C \to A\}$，求 F 的极小函数依赖集。

第 8 章　数据库设计

本章要求:

(1) 了解数据库设计的步骤及各个阶段的任务。

(2) 理解实体—联系模型的基本概念,掌握从需求得到实体—联系模型的方法。

(3) 掌握从实体—联系模型转换为关系模型的规则,难点是联系向关系模式的转化。

8.1　数据库设计概述

在前面的章节中,用到了学生数据库的实例,在这个数据库中有 student、course 和 sc 三个表,那么对学生数据库来说,为什么要用这三个表? 这三个表中有哪些数据? 对数据有哪些完整性要求? 这些都是数据库设计要解决的问题。

数据库设计要解决的问题是:对于一个给定的应用领域,设计最优的数据库结构,使之能够有效地存储数据,满足用户对数据的处理要求,有效地支持应用系统的开发和运行。数据库设计不仅要考虑对数据的设计,还要考虑对数据的处理,要把二者结合起来。良好的结构有利于对数据的处理,合理的处理又可以保持结构的稳定。

数据库设计可以分为如下四个步骤:

①需求分析;②概念设计;③逻辑设计;④物理设计。

数据库设计的这四个阶段不是一蹴而就的,它往往是这几个阶段的不断反复,直到满足需求为止。数据库设计完毕后,进入到数据库的实施和维护阶段。下面将分别阐述数据库设计的各个阶段。

8.2　需 求 分 析

需求分析的任务就是调查应用领域,了解应用领域中对数据和处理的要求,形成需求分析说明书。在需求分析的过程中,要了解用户的如下需求:

(1) 数据要求:数据库中需要存储哪些数据。

(2) 处理要求:用户对数据有哪些处理,要求是什么。

(3) 安全性与完整性要求。

了解用户的需求后,还需要进一步分析和表达用户需求。在众多分析和表达方法中,结构化分析方法(Structured Analysis,简称 SA)是一种简单实用的方法,在 SA 方法中采用数据流图(Data Flow Diagram,简称 DFD)和数据字典(Data Dictionary,简称 DD)描述系统。数据流图表达了数据和处理的关系,系统中的数据则借助数据字典来描述,数据流图和数据字典是下一步概念设计的基础。

数据流图是用于描绘信息在系统中流动和加工处理等情况的工具,是系统的一种逻辑抽象,独立于系统的实现。数据流图使用的符号如图 8-1 所示。

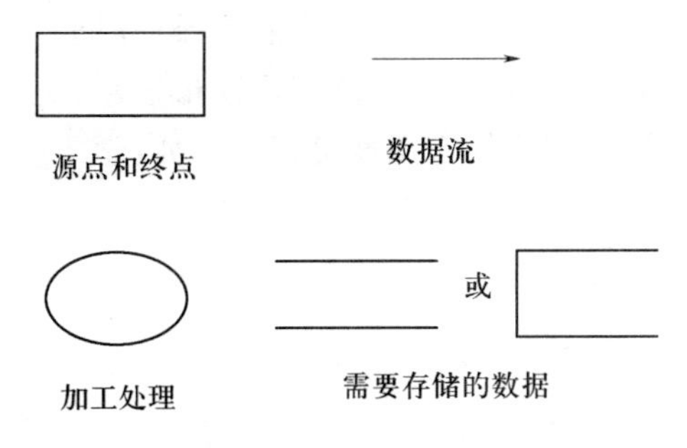

图 8-1 数据流图的符号

(1) 源点和终点:表示数据的发源地和归属地。如部门、人员、组织等。

(2) 数据流:动态的数据,包含输入数据和输出数据。

(3) 加工处理:对数据进行的处理逻辑,描述了从输入数据到输出数据的变换。

(4) 需要存储的数据:静态的数据。

数据字典是对数据流图所有数据元素的定义。数据字典包含的内容有:数据项名字、数据项完整性约束定义(数据类型、单位、是否允许为空)等。表 8-1 为学生数据元素的数据字典定义。

表 8-1 数据字典定义

数据项名称	学 号	姓 名	性 别	年 龄
属性名	sno	sname	ssex	sage
数据类型	字符串	字符串	字符串	数值
数据长度	9	8	2	4
描述	不能为空 不能重复	可以为空 可以重复	取值为男或女 可以为空	取值在 0 到 100 之间

8.3 概念结构设计

概念结构设计是将需求分析阶段得到的需求抽象为概念模型的过程,概念模型独立于任何数据库管理系统,常用的概念模型是实体—联系模型(即 E-R 模型)。

8.3.1 实体—联系模型

1. 基本概念

(1) 实体:现实世界中各种事物的抽象。实体可以是具体存在的各种事物,如学生、教师、仓库、图书等;也可以是抽象的概念,如课程、部门、学校等。

(2) 属性:描述实体的特征或性质。如学生实体的属性有:学号、姓名、性别、年龄等。课程实体的属性有:课程号、课程名、学分等。

(3) 码:唯一标识实体的属性集。如学生实体的码是学号,课程实体的码是课程号。

(4) 域:属性的取值范围。如性别的域为{男,女},学号的域为长度为 9 的字符串。

(5) 实体型:具有相同属性的实体集合,由实体名和一组属性来定义。如学生实体型为:学生(学号,姓名,性别,年龄)。课程实体型为:课程(课程号,课程名,学分)。

(6) 实体集:同型实体的集合。如全体学生、所有课程都是实体集。

实体型和属性可以用 E-R 图表示。实体型用矩形表示,矩形框内写明实体名。属性用椭圆形表示,并用无向边与相应的实体连接起来。如:学生实体和课程实体用 E-R 图表示如图 8-2 所示。

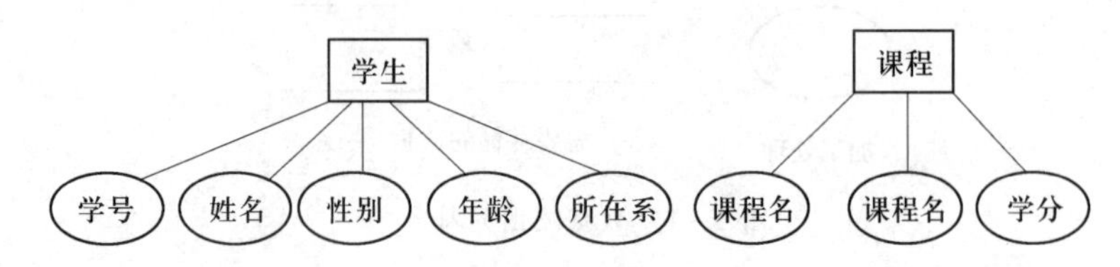

图 8-2 学生实体和课程实体

(7) 联系:两个实体集之间的联系。可以分为三类:

① 一对一联系(1:1)。

如果对于实体集 A 中的每一个实体,实体集 B 中最多有一个实体与之联系,反之亦然,则称实体集 A 和实体集 B 具有一对一联系,记作 1:1。

例如:学校和校长之间是一对一联系,一个学校只能有一个校长,而一个校长只在一个学校中任职。

② 一对多联系(1:n)。

如果对于实体集 A 中的每一个实体,实体集 B 中最多有 n(n≥0)个实体与之联系,对于实体集 B 中的每一个实体,实体集 A 中最多有一个实体与之联系,则称实体集 A 和实体集 B 具有一对多联系,记作 1:n。

例如:学校和系之间是一对多联系,一个学校有多个系,一个系只能在一个学校中。同理,系和班级、班级和学生之间都是一对多联系。

③ 多对多联系(m:n)。

如果对于实体集 A 中的每一个实体,实体集 B 中最多有 n(n≥0)个实体与之联系,对于实体集 B 中的每一个实体,实体集 A 中最多有 m(m≥0)个实体与之联系,则称实体集 A 和实体集 B 具有多对多联系,记作 m:n。

例如:学生和课程之间是多对多联系,一门课程有多个学生选修,一个学生选修多门课程。

可以用图形表示两个实体型之间的这三类联系,如图 8-3 所示。

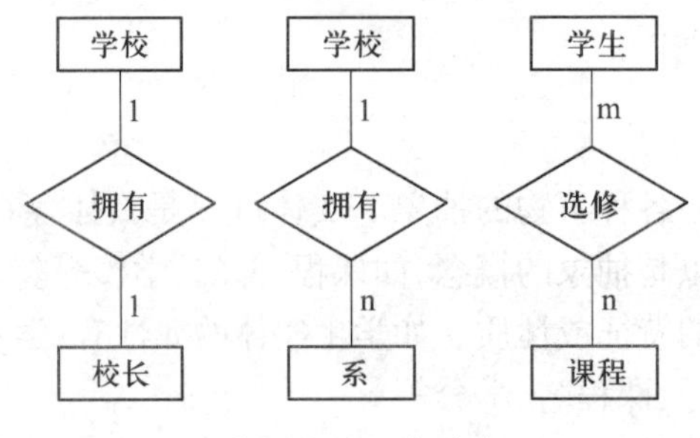

图 8-3 三类联系

对联系要做几点补充:

(1) 联系本身也可以有属性。例如,学生选修课程的成绩可以作为选修联系的属性。

如图 8 -4 所示。

(2) 两个实体型之间也可以存在多种联系。例如,职工和工程两个实体型之间可以存在多种联系,一个职工可以负责多个工程,一个工程由一个职工负责,这是职工和工程之间的一对多联系;一个职工可以参加多个工程,一个工程可以由多个职工参加,这是职工和工程之间的多对多联系。如图 8 -5 所示。

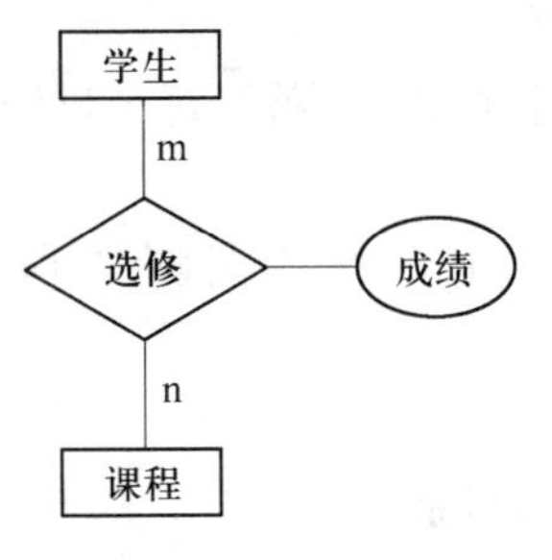

图 8 -4 联系的属性

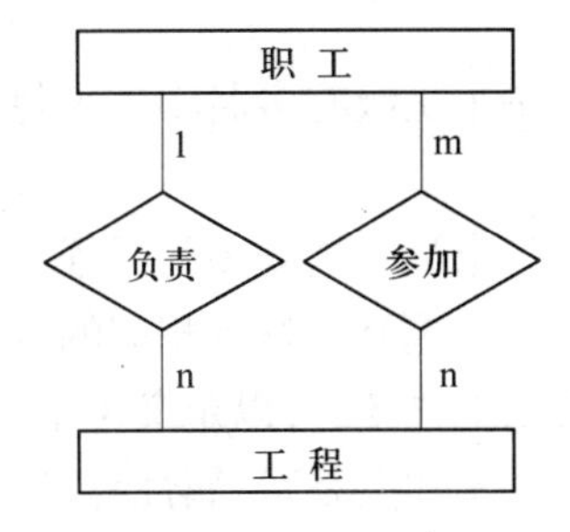

图 8 -5 两个实体间的多种联系

(3) 两个以上的实体型之间也存在 1:1,1:n,m:n 联系。设有三个实体集 A,B,C,对于实体集 B 和 C 中的给定实体,最多只和实体集 A 中的一个实体相联系,那么就称实体集 A 与 B、C 之间是一对多联系。

例如,对于教师、课程与参考书三个实体集,如果一门课由多个教师讲授,使用多本参考书,一个教师只讲授一门课程,一本参考书只供一门课程使用,则称课程与教师和参考书之间的联系是一对多的。如图 8 -6 所示。

三个实体集之间的一对一和多对多联系读者可自行分析。例如,商品、顾客和售货员之间是多对多联系,一种商品可以由多个售货员销售给多个顾客,一个售货员可以将多种商品销售给多个顾客,一个顾客可以从多个售货员那里购买多种商品,如图 8 -7 所示。

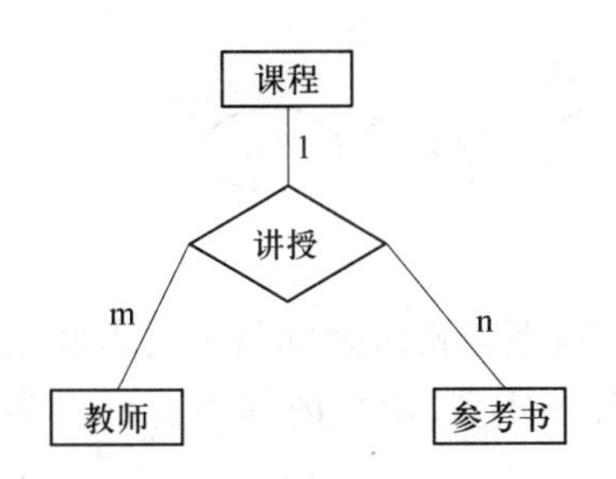

图 8 -6 三个实体间的联系

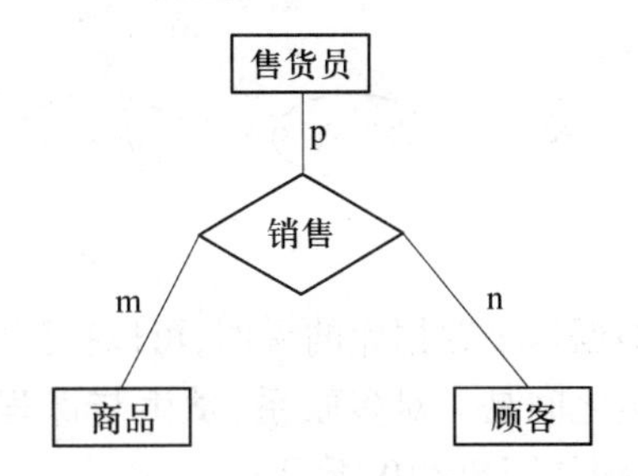

图 8 -7 三个实体间的联系

对于三个以上实体集之间的联系可以由此类推。

(4) 同一个实体集内部也可以存在 1:1,1:n,m:n 联系。例如,在学生这个实体集内部存在一对多联系,一个学生(如班长)可以管理其他多个学生,而每个学生仅被一个学生管理。其 E -R 图如图 8 -8 所示。

2. 一个实例

这个实例是一个简单的学生数据库,存储学生、课程等有关信息。以下是有关这个数据库的几点说明:

(1) 每个系有多个班级。每个系有编号、系名、系主任。每个班级有班级编号、班级名。

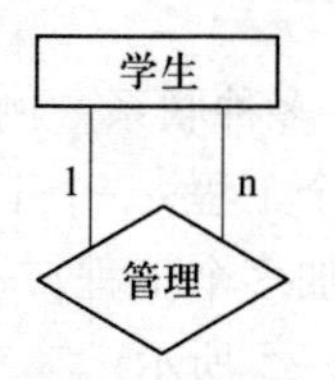

图 8-8 实体内部的联系

(2) 每个班级有多名学生。每个学生有学号、姓名、性别、年龄。每个班级由一名学生管理。

(3) 每个学生选修多门课程,每门课程由多个学生选修。每门课程有课程号、课程名和学分。学生选修课程有相应的成绩。

根据以上描述,可以定义 4 个实体型。

第一个实体型是系,属性有:编号、系名、系主任。编号是码。

第二个实体型是班级,属性有:班级编号、班级名。班级编号是码。

第三个实体型是学生,属性有:学号、姓名、性别、年龄。学号是码。

第四个实体型是课程,属性有:课程号、课程名和学分。课程号是码。

这四个实体型的 E-R 图如图 8-9 所示。

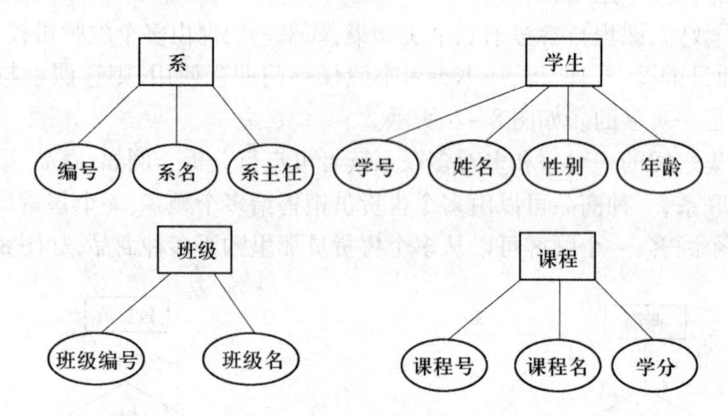

图 8-9 4 个实体的 E-R 图

根据这个数据库的说明,可以得到实体间的联系:系与班级之间是一对多联系,班级与学生之间是一对多联系,学生与课程之间是多对多联系,学生内部还有一对多联系。E-R 图如图 8-10 所示。

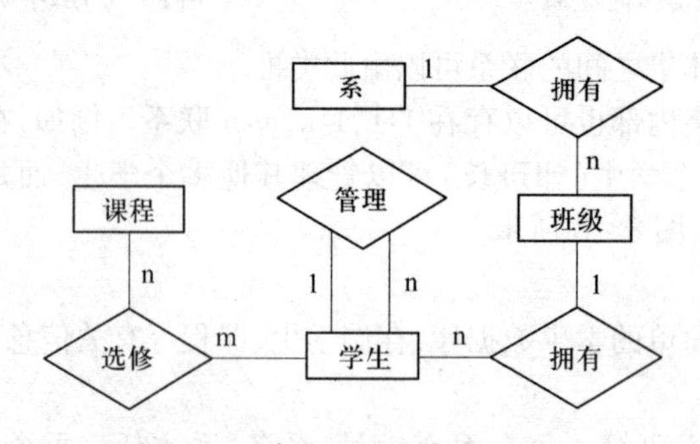

图 8-10 实体间的联系的 E-R 图

将各个实体的属性画出,可得到完整的E-R图。如图8-11所示。

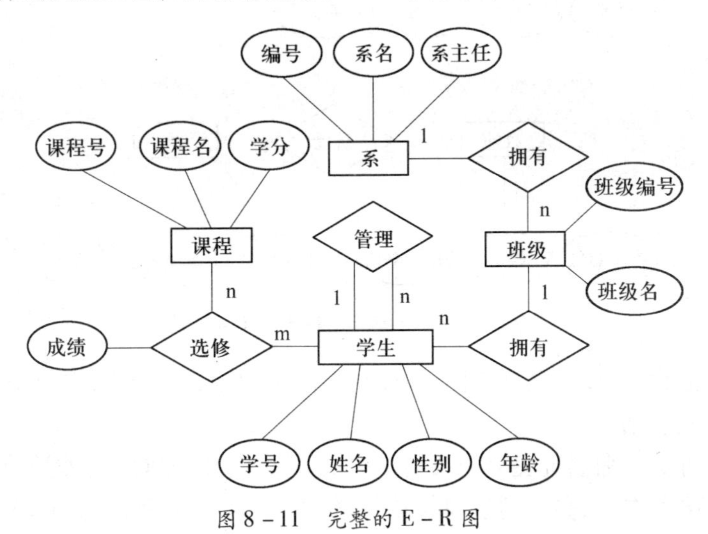

图8-11 完整的E-R图

8.3.2 设计过程

概念结构设计的任务是建立一个满足需求的概念模型,具体设计过程为根据需求分析的结果,将系统划分为多个子系统,对每个子系统设计局部E-R图,最后将多个局部E-R图集成,得到系统总体的E-R图。下面通过一个实例讲解设计过程。

设有一个学校数据库,分为学生管理、宿舍管理、教师管理等模块,其中学生管理如前例所示,宿舍管理模块的说明如下:入校时,每位同学会被分配到指定的宿舍,每个宿舍有宿舍编号,还有相应的电话号码,学生的入住时间即入校时间,每个宿舍有多位学生住宿。教师管理模块的说明如下:教师的信息包括教师编号、教师姓名、性别、职称、学历、联系电话等,一位教师可以讲授多门课程,一门课可以由多位教师讲授,需要记录教师的授课时间及地点。

首先,设计各个模块的局部E-R图。

(1) 学生管理模块的E-R图如图8-11所示。

(2) 宿舍管理模块的E-R图如图8-12所示。

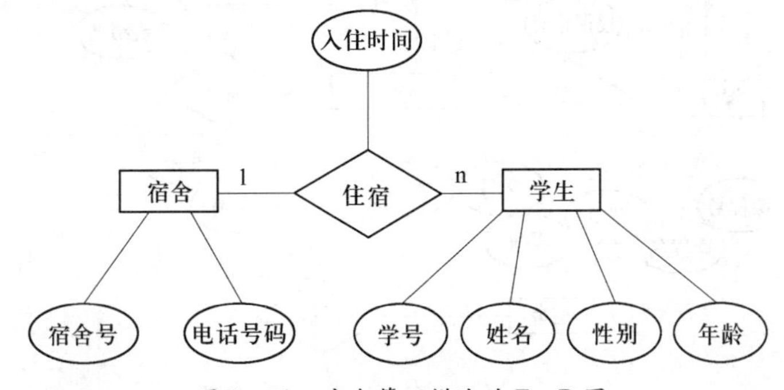

图8-12 宿舍管理模块的E-R图

(3) 教师管理模块的E-R图如图8-13所示。

第二步,将各个局部E-R图集成为总体E-R图。由于各个局部E-R图可能由不

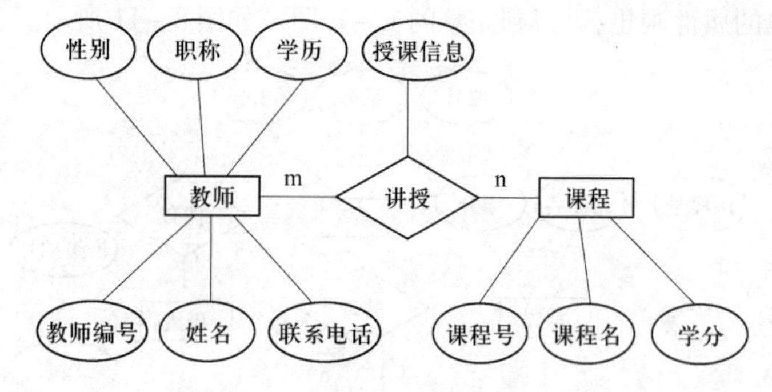

图 8-13　教师管理模块的 E-R 图

同的设计者独立设计,设计角度不同,因此在集成过程中,首先应该消除各个局部模式的冲突。这些冲突包括:

(1) 命名冲突。命名冲突分为两类,一类是异名同义,即同一个概念在不同的局部模式中使用了不同的名字;另一类是同名异义,即同一个名字在不同的局部模式中表示不同的含义。例如:教师的姓名和学生的姓名这两个属性虽然同名,但代表的含义不同。

(2) 属性冲突。指同一属性在不同的局部模式中具有不同的值域定义。例如,性别在一个模块中定义为{男,女},而在另一个模块中定义为{F,M}。

(3) 结构冲突。指相同的概念在不同的局部模式中使用不同的模式结构来表示。例如,对同一个实体,在不同的模块中的属性个数和顺序不同。

(4) 约束冲突。指两个局部模式在同一个概念上定义了不同的约束。例如,同一个实体的码不同。同一个联系在不同局部模式中的类型不同。

通过修改局部模式,解决集成过程中发现的冲突,合并局部模式建立全局模式,进而得到总体 E-R 图。如图 8-14 所示。

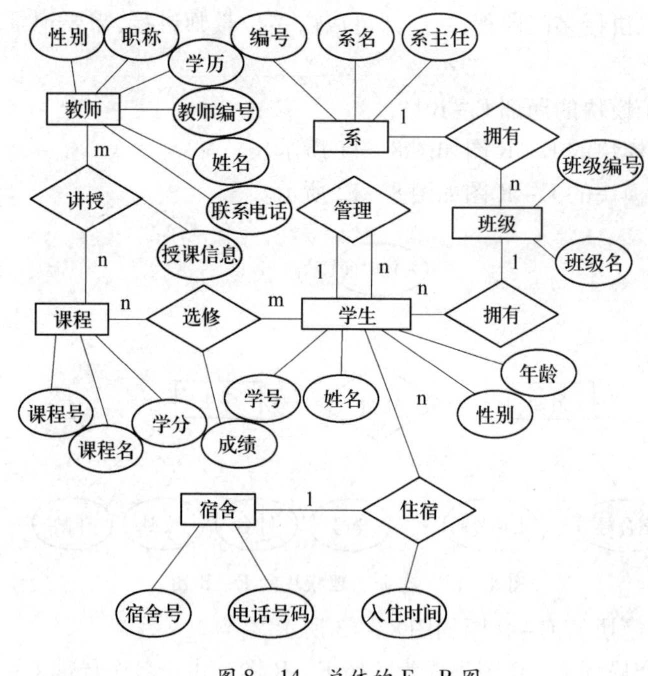

图 8-14　总体的 E-R 图

8.4 逻辑结构设计

逻辑结构设计的任务是把概念结构设计阶段产生的概念模型变换为逻辑数据库模式,逻辑数据库模式依赖于逻辑数据模型和数据库管理系统。本节主要介绍逻辑结构设计的三个主要步骤:一是由概念模型(即 E－R 模型)向关系模型的转换;二是数据模型的优化;三是设计用户子模式。

E－R 图是在概念结构设计阶段得到的概念模型,把 E－R 图转换为关系模型实际上就是将 E－R 图中的实体、属性和联系转换为关系模式。下面将介绍转换的规则。

1. 实体和属性的转换

对于概念模型中的每个实体,建立一个关系模式,实体的属性就是关系模式的属性,实体的码就是关系模式的码。例如,图 8－15 的各个实体可以转换为相应的关系模式。

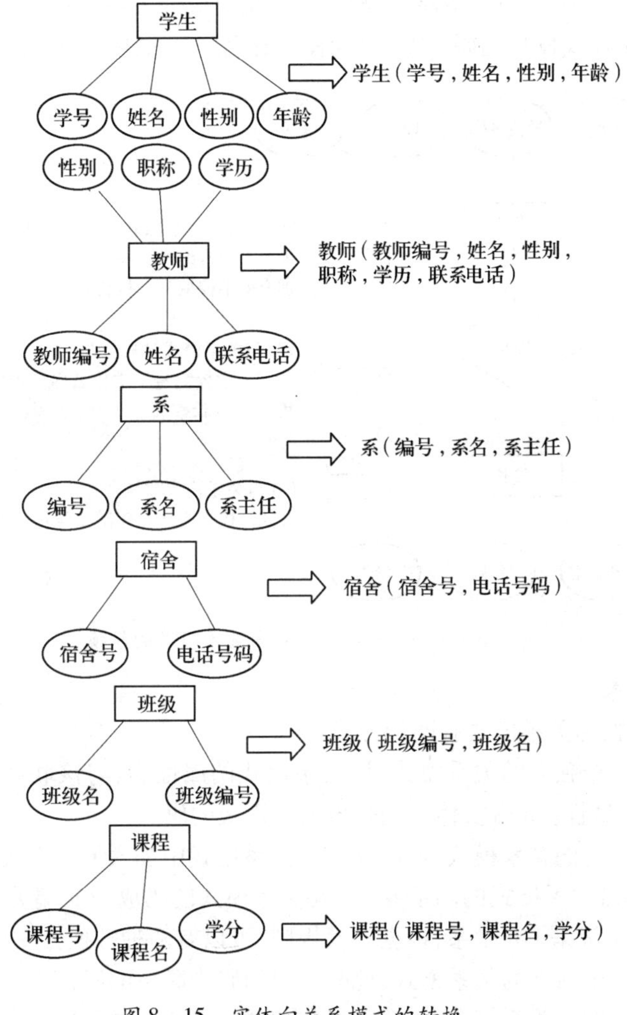

图 8－15 实体向关系模式的转换

2. 联系的转换

将联系转换为关系模式要根据不同的联系类型来转换,各种不同的联系类型向关系模式的转换方式有所不同。下面将分别加以讨论。

(1) 1:1 联系

1:1 联系转换为关系模式有两种方式:

① 转换为一个独立的关系模式,该关系模式的属性为:与该联系相连的各个实体的码及联系本身的属性。每个实体的码均是该关系模式的候选码。

② 与任意一端对应的关系模式合并,在该端关系模式中加入另一个关系模式的码及联系本身的属性。另一个关系模式的码为该关系模式的外码。

例如,学校和校长是 1:1 联系,根据转换规则,可以有三种转换方式(图 8-16):

① 转换为一个独立的关系模式,学校和校长的码都可以作为联系的码。

② 与学校实体对应的关系模式合并,在学校对应的关系模式中加入校长对应的关系模式的码。关系模式学校的码不变,仍为学校编号。校长姓名为关系模式学校的外码。

③ 与校长实体对应的关系模式合并,在校长对应的关系模式中加入学校对应的关系模式的码。关系模式校长的码不变,仍为校长姓名。学校编号为关系模式校长的外码。

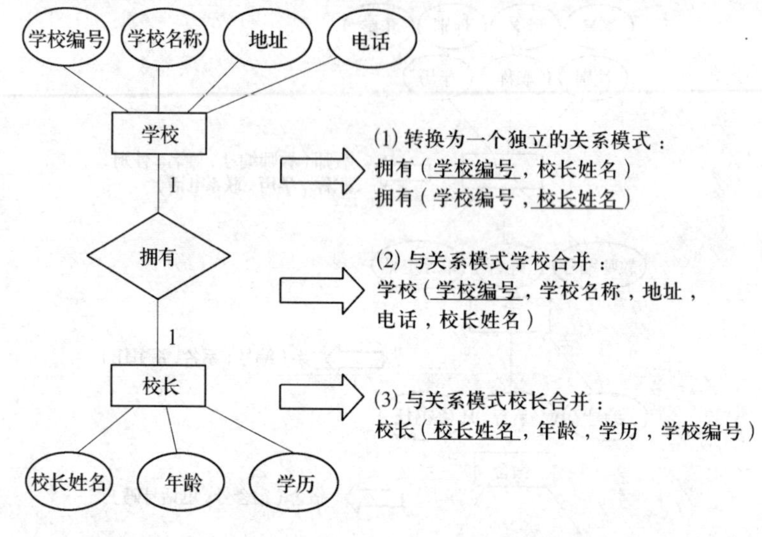

图 8-16 一对一联系向关系模式的转换

(2) 1:n 联系

1:n 联系转换为关系模式有两种方式:

① 转换为一个独立的关系模式,该关系模式的属性为:与该联系相连的各个实体的码及联系本身的属性。n 端实体的码是该关系模式的码。

② 与 n 端对应的关系模式合并,在该端关系模式中加入另一个关系模式的码及联系本身的属性。n 端关系模式的码不变。1 端关系模式的码成为 n 端关系模式的外码。

例如:系和班级是 1:n 联系,根据转换规则,可以有两种转换方式(图 8-17):

① 转换为一个独立的关系模式,此时班级的码为联系的码;

② 与班级对应的关系模式合并,此时班级的码不变,加入系的码。系编号为关系模式班级的外码。

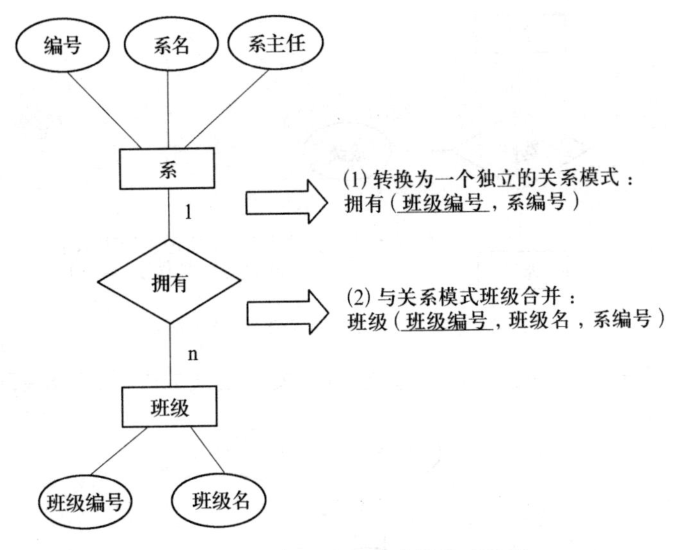

图 8-17　一对多联系向关系模式的转换

对同一个实体内部的联系来说，可将该联系与实体合并。例如，学生内部的管理联系，可将其与学生实体合并，并在学生实体中加入一个班长属性，将其与学号属性区分。此时班长属性为关系模式学生的外码（图 8-18）。

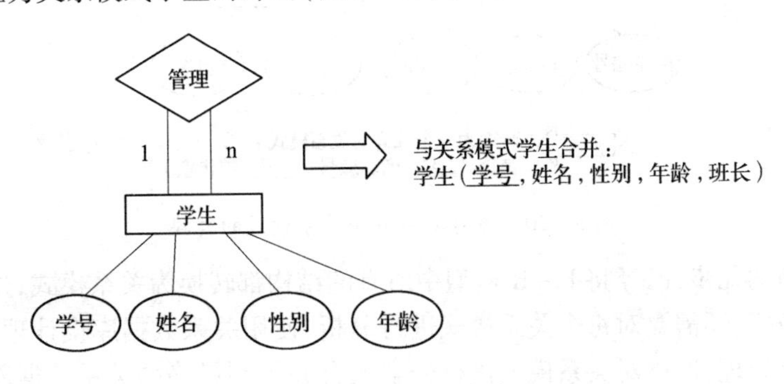

图 8-18　一对多联系向关系模式的转换

（3）m∶n 联系

m∶n 联系转换为一个独立的关系模式，该关系模式的属性为：与该联系相连的各个实体的码及联系本身的属性。各个实体码的组合是该关系模式的码。同时，各个实体的码成为该关系模式的外码。

例如：学生和课程是 m∶n 联系，将该联系转换为一个独立的关系模式：选修，该关系模式的码是学号和课程号的组合，学号和课程号分别是选修关系的外码（图 8-19），这一点与前面几章的内容是一致的。

（4）三个或三个以上实体间的一个多元联系可以转换为一个关系模式

该关系模式的属性为与该联系相连的各个实体的码及联系本身的属性，该关系模式的码为各个实体码的组合。同时，各个实体的码成为该关系模式的外码。

例如：售货员、商品和顾客三个实体间的多对多联系可以转换为一个独立的关系模式，该关系模式的属性为售货员、商品和顾客实体的码，该关系模式的码为工号、商品编号

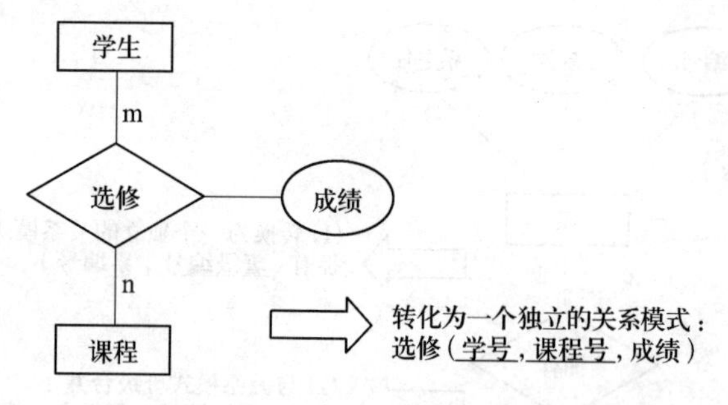

图 8－19　多对多联系向关系模式的转换

和卡号的组合,工号、商品编号和卡号分别是该关系模式的外码(图 8－20)。

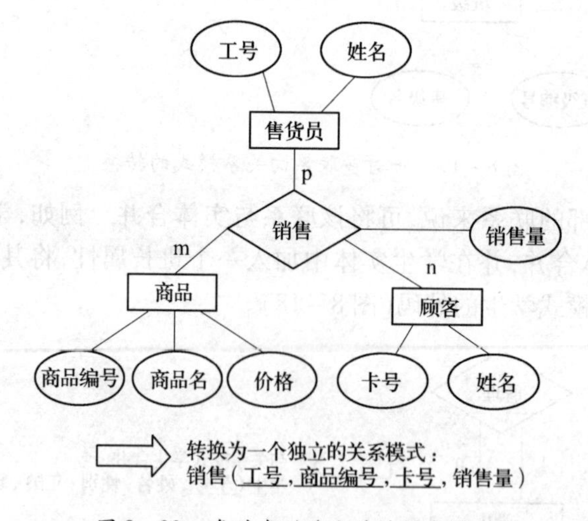

图 8－20　多对多联系向关系模式的转换

通过上面的几步,已经将 E－R 模型中所有的结构都转换为关系模式,这仍然不是最终的数据库模式,还需要对每个关系模式进行分析,使用关系数据库设计理论,对关系模式进行规范化处理,通过对关系模式进行分解或合并得到最终的关系数据库模式。这要用到第 7 章的关系数据库规范化理论来处理。

8.5　数据库物理设计

数据库物理设计的任务是在数据库逻辑设计的基础上,为每个关系模式选择合适的存储结构和存储方法。物理设计的主要内容有:

1. 合理定义数据库的存储结构

在 SQL Server 2000 中使用文件和文件组来存储数据库中的数据,设计人员可以将不同的数据库对象(如表、索引等)或某些类型(如 text、ntext 或 image)的数据存储在特定的文件组中,从而提高系统的性能。对数据库的文件还可以设计文件的各种属性,如文件的初始大小、文件增长的方式、所属的文件组等来提高系统的性能。

2. 选择索引

索引可以有效提高系统的查询效率,所以对数据库系统来说,要根据系统的特点建立适当的索引。比如,在经常查询的列上建立索引、在主键和外键上建立索引、在取值唯一的列上建立索引等。但是由于索引占用一定的物理空间,如果索引数量比较多,就会影响数据库的性能。所以不必为每个表都建立索引。这部分在第 4 章已经介绍过。

3. 配置系统存储参数

在 SQL Server 2000 中提供了很多配置选项,如服务器内存选项(min server memory 和 max server memory)、数据库的最大用户数(user connections)、可用锁的最大数量(locks)、同时打开的最大对象数(open objects)等,大部分配置选项由系统赋予了合理的初始值,不需要改变,在修改这些选项前应认真考虑这些选项对系统的影响。

8.6 数据库的实施和维护

数据库的实施是根据逻辑设计和物理设计的结果,运用 DBMS 建立数据库结构,编制与调试应用程序,组织数据入库,进行试运行。

在 SQL Server 2000 中,数据库的实施主要是创建数据库和各种对象(表、视图、索引等),利用 T-SQL 语言中的数据定义语言来完成。这部分在第 3 章和第 4 章已经介绍过。在数据库结构定义完毕后,需要将部分数据装入数据库,进入数据库的试运行阶段。在试运行阶段需要测试系统的各项性能是否满足要求,如果不满足,还需要重新进行前面的物理设计和逻辑设计,直到达到要求为止。

数据库试运行合格后,即可投入正式运行,在数据库运行阶段,还需要对数据库进行维护工作。数据库维护的主要内容包括:

1. 数据库的备份和恢复

备份是定期将数据库中的部分或全部数据复制到磁盘上。这样在数据库发生故障时,可以根据备份将数据库恢复到某一个已知的正确状态。对数据库管理员来说,数据库备份是最重要的维护工作之一。

2. 数据库的安全性和完整性控制

在数据库运行的过程中,随着应用环境的变化,数据库中的数据也在更新,数据的安全性和完整性要求也会发生变化,需要数据库管理员根据实际情况进行修改,以满足新的需求。

3. 数据库性能的监督和改进

在数据库运行过程中,数据库管理员需要对系统的性能进行监督,并加以改进。可以利用 SQL Server 提供的性能优化工具得到系统性能的相关信息,进而确定改进性能的方法。

4. 数据库的重组织和重构造

数据库运行一段时间后,由于数据不断更新,使得数据的物理存储情况变坏,降低了数据库的存取效率,导致数据库性能下降,此时需要对数据库进行重组织,重新安排存储位置,回收垃圾,提高系统性能。如果数据库应用环境发生变化,如增加了新的实体、实体间的联系发生变化等,原来数据库的设计不能满足要求时,就需要对数据库进行重构造,修改数据库的逻辑结构和物理结构。如果重构造也不能满足新的要求时,就需要对数据库进行重新设计了。

习 题

1. 数据库设计的基本步骤是什么？
2. 需求分析阶段的主要任务是什么？有哪些需求分析的方法和工具？请举例说明。
3. 有商店和顾客两个实体，商店的属性有：商店号、商店名、地址、电话，顾客的属性有：会员卡号、姓名、地址、联系电话。分析商店和顾客的关系，根据分析结果画出 E－R 图，并将 E－R 图转换成关系模式，要求主码用下划线表示。
4. 设每个工厂聘用多名职工，每名职工只能在一个工厂工作，工厂聘用职工有聘期和工资。每个工厂生产多种产品，每种产品可以在多个工厂生产，每个工厂按照固定的计划数量生产产品。工厂的属性有：工厂编号、厂名、地址，职工的属性有职工号、姓名，产品的属性有：产品编号、产品名、规格。
   (1) 根据上述语义画出 E－R 图。
   (2) 将 E－R 模型转换为关系模型。
   (3) 指出每个关系模式的主码和外码。
5. 数据库物理设计阶段的任务是什么？
6. 数据库的实施和维护阶段要完成哪些工作？

第9章 数据库安全性

本章要求:

(1) 理解数据库的安全性及其重要性。

(2) 理解 SQL Server 2000 对安全性的支持。

(3) 掌握 SQL Server 2000 的两种身份验证方式及其区别,掌握登录账户的创建方法,理解服务器角色的概念。

(4) 掌握用户的创建方法,注意两个特殊的用户 dbo 和 guest,理解数据库角色的概念。

(5) 掌握 GRANT 和 REVOKE 语句的作用及用法。

9.1 数据库安全性概述

数据库的安全性是指保护数据库以防止非法使用所造成的数据泄露、更改或破坏。影响数据库安全性的因素很多,本章主要讲述 SQL Server 数据库自身的安全机制。

SQL Server 2000 通过三个层次保证数据库的安全性,分别为:

(1) 在数据库服务器层,通过对登录账户(简称账户)进行身份验证,保证登录数据库服务器的账户为合法账户。

(2) 一个数据库服务器中有多个数据库,每个数据库有不同的用户,通过对用户进行身份验证,保证该用户为数据库的合法用户。

(3) 一个数据库中有多个对象,如表、视图、存储过程等,不同的用户对不同的对象的操作权限是不同的,在用户执行某个操作前,需要先检查该用户有无执行该操作的权限。

9.2 登录账户

当用户访问数据库系统时,首先要进行登录账户的验证,SQL Server 2000 支持两种身份验证方式:

1. Windows 身份验证

在这种方式下,数据库系统自动检测 Windows 用户账号,只要通过 Windows 身份验证,就可以登录到 SQL Server 2000,不必提供登录名和密码。

2. SQL Server 身份验证

这种身份验证方式要求:当某个账户连接到 SQL Server 时,必须提供登录名和密码,SQL Server 在系统注册表中检测输入的登录名和密码,对账户的有效性及密码的正确性进行验证。

可以对数据库服务器的认证模式进行修改,具体操作过程如下:

（1）打开企业管理器，在某个服务器上单击右键，在弹出的下拉菜单中选择“编辑 SQL Server 注册属性”选项，如图 9－1 所示，弹出“已注册的 SQL Server 属性”对话框。

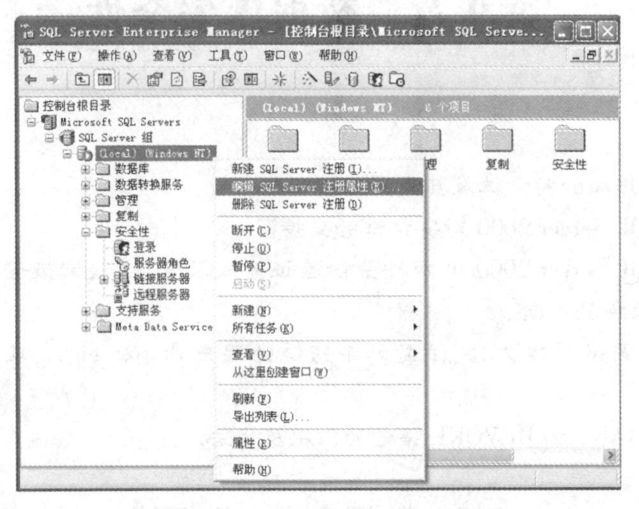

图 9－1　编辑注册属性

（2）在对话框中选择身份验证模式后，单击“确定”按钮。如图 9－2 所示。

在 SQL Server 2000 中 sa 是系统管理员账户，在数据库服务器级别具有最高的权限。

创建登录账户的方式有两种：一种是通过企业管理器，另一种是使用系统存储过程进行创建。

（1）使用企业管理器创建登录账户。启动企业管理器，单击数据库服务器左边的‘＋’标志。单击“安全性”左边的‘＋’标志，选中“登录”，点击右键，在下拉菜单中选择“新建登录”，弹出如图 9－3 所示的属性框。

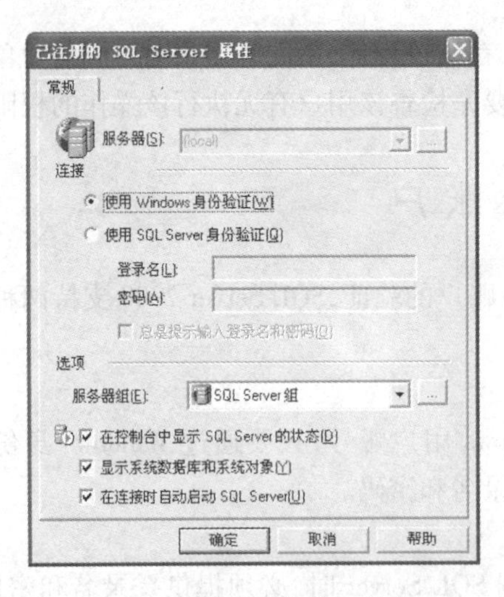

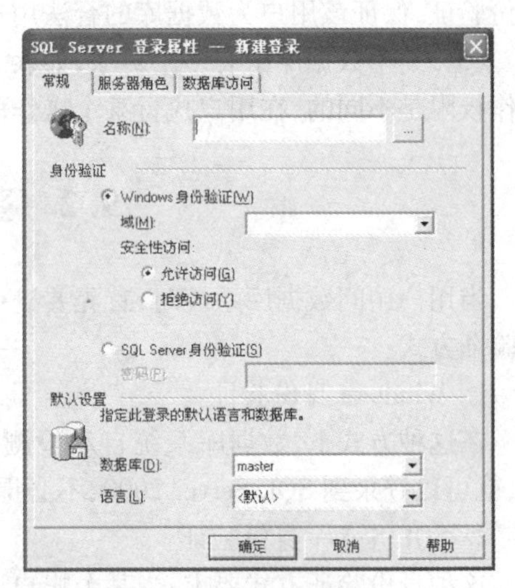

图 9－2　修改身份验证模式　　　　图 9－3　新建登录账户

在“名称”文本框中输入要创建的登录名，如果选择“Windows 身份验证”，在“域”下拉框中可以选择域名。在“身份验证”选项栏中选择身份验证方式，当选择“SQL Server 身份验证”时,需要输入登录名对应的密码。在“默认设置”选项中,可以指定登录账号默认的数据库及默认语言。缺省情况下,默认的数据库为系统数据库 master。

点击“服务器角色”页,得到图 9-4,可以指定该登录名所属的服务器角色(有关服务器角色在 9.4 节中介绍)。

点击“数据库访问”页,得到图 9-5,可以指定该登录名可以访问的数据库。如果选中某个数据库,系统将为该数据库自动创建一个与该登录名相同的数据库用户。

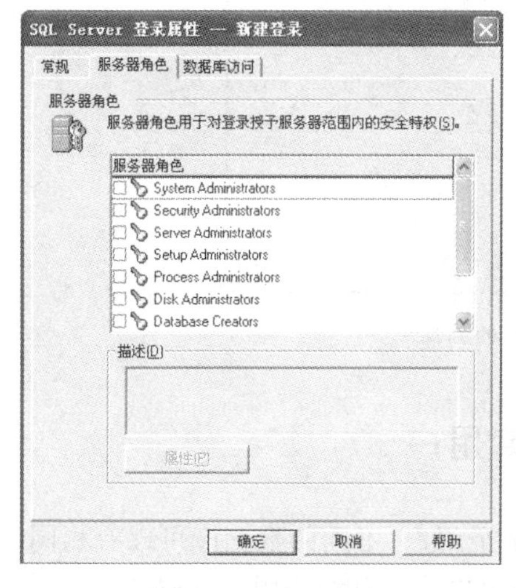

图 9-4 服务器角色

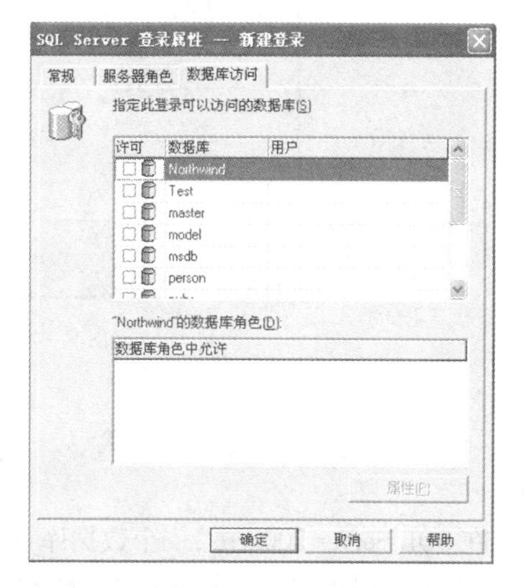

图 9-5 数据库访问

设置完毕后,单击“确定”按钮,就完成了登录账户的创建过程。

(2) 使用系统存储过程创建登录账户

SQL Server 2000 提供了创建登录账户的系统存储过程 sp_addlogin。语法如下:

```
sp_addlogin[@ loginame = ]'login'
    [,[@ passwd = ]'password']
    [,[@ defdb = ]'database']
    [,[@ deflanguage = ]'language']
```

说明:

① login:表示登录名,最大长度是 128 个字符,可以是英文字母、字符、数字,不能为空,不能包含‘\\’,不能使用数据库系统的保留名。

② password:表示密码。

③ database:表示登录账户访问的默认数据库。

④ language:表示默认的语言。

[**例 9-1**]创建一个 testlogin3 的登录账户

```
sp_addlogin 'testlogin3','abc','master','Greek'
```

使用 sp_droplogin 可以删除登录账户,其语法格式如下:

```
sp_droplogin[@ loginame = ]'login'
```

说明:不能删除 SQL Server 2000 的系统管理员 sa 和当前正在使用的登录账户。

在企业管理器中选中“安全性”下面的“登录”选项,右击某个登录账户,在下拉菜单中选择“属性”可以修改该登录账户的信息。如图9-6所示。

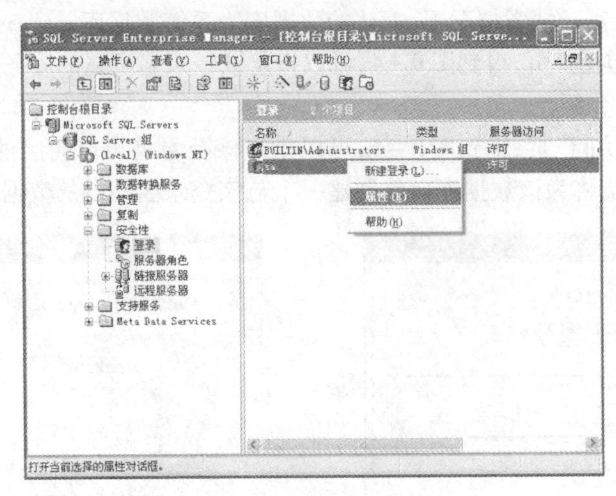

图9-6　修改sa的属性

9.3　数据库用户

在SQL Server 2000中,一个数据库可以有多个用户,不同的数据库可以有相同的用户。在一个数据库中,一个登录名只能对应一个用户。可以设置用户的权限来控制用户对数据库的访问。

SQL Server 2000中有两个特殊的用户,dbo和guest。每个数据库的拥有者都是dbo,所有数据库的dbo都对应于登陆账户sa,dbo不能被删除,dbo在数据库级别具有最高权限。

guest用户使所有连接到SQL Server的用户都可以访问数据库,现有的数据库除了model数据库以外,其他数据库都有guest用户。新建的数据库默认情况下没有guest用户,可以为其添加guest用户。不能删除master和tempdb中的guest用户,因为master数据库中记录了所有的系统信息,tempdb数据库是临时存储与数据服务器连接信息的,删除这两个数据库中的guest将导致无法访问这两个数据库。

创建用户时要在特定的数据库内创建,并和一个登录账户相关联,且只能关联一个登录账户。用户的信息存储在不同数据库的sysusers表中,数据库用户不用设置密码。

在SQL Server 2000中,可以利用企业管理器创建一个新的数据库用户,授予访问数据库中数据的权限。具体过程如下:

(1) 启动企业管理器,单击数据库服务器左边的‘+’标志。

(2) 在“数据库”选项卡中,点击要为其创建用户的数据库左边的‘+’。

(3) 选中“用户”选项卡,点击右键,在弹出的下拉菜单中,选择“新建数据库用户”。弹出如图9-7所示的数据库用户属性框。

(4) 在“登录名”的下拉列表中选择与该数据库用户关联的登陆账户名。

(5) 在“用户名”文本框中输入数据库用户名。

(6) 在“数据库角色成员”中指定该用户的数据库角色(在9.4节中详细介绍)。

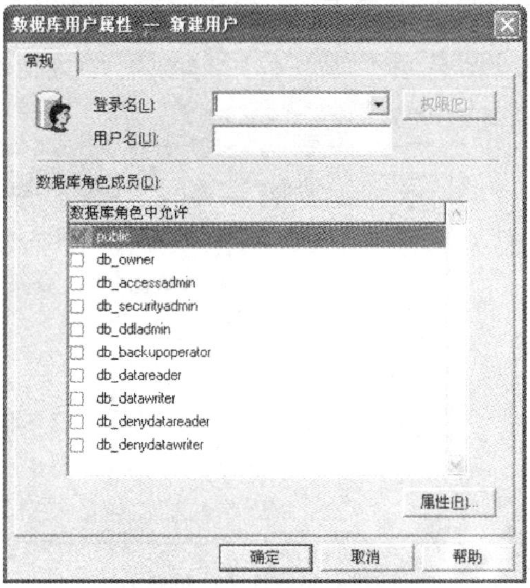

图 9-7　新建用户

可以使用系统存储过程 sp_adduser 和 sp_grantdbaccess 添加一个数据库用户，sp_adduser 的语法如下：

```
sp_adduser [@ loginame = ]'login'
           [,[@ name_in_db = ]'user']
           [,[@ grpname = ]'role']
```

说明：

（1）login 表示登录名，无默认值。

（2）user 表示要创建的数据库用户名，如果未指定 user，则新数据库用户名默认为 login 的名字。

（3）role 表示新用户的数据库角色。role 的数据类型为 sysname，role 必须是当前数据库中的有效数据库角色。

sp_grantdbaccess 的语法如下：

```
sp_grantdbaccess [@ loginame = ]'login'
                 [,[@ name_in_db = ]'name_in_db']
```

说明：

name_in_db：此参数表示要创建的数据库用户的名称，可以省略，当省略时，数据库用户的名称与登录名相同。

[**例 9-2**] 为登录账号 testlogin3 在数据库 test 中添加一个用户 testuser

```
sp_grantdbaccess 'testlogin3','testuser'
```

说明：

（1）执行该命令前，在查询分析器中，首先要选中 test 数据库为当前数据库。

（2）用户 testuser 的权限在默认情况下为 public 角色，其他角色在 9.4 节中详细介绍。

在企业管理器中，选中数据库的“用户”选项，右击用户，可以删除用户，也可以修改用户的属性。如图9-8和图9-9所示。

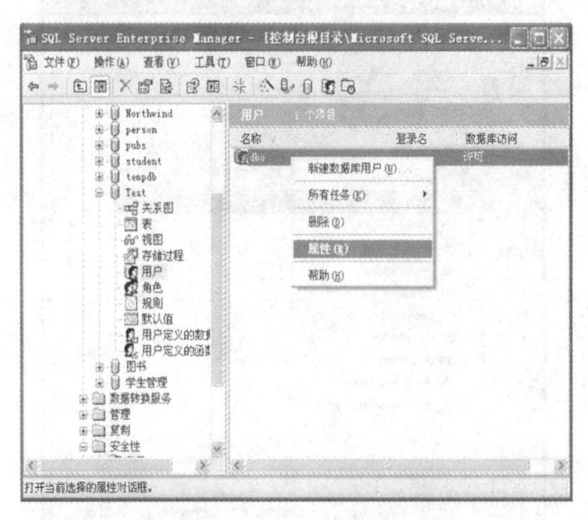

图9-8　删除或修改用户属性

图9-9　修改用户属性

9.4 角　色

为了方便对权限进行管理,SQL Server 2000引入了角色的概念。角色是一组权限的集合,将一组权限赋给一个角色,然后再将这个角色赋给数据库用户,数据库用户就具有了这组权限。在SQL Server 2000中角色分为服务器角色和数据库角色。下面分别进行介绍。

1. 服务器角色

服务器角色是用来管理与维护SQL Server的登录账户的,将登录账户分为不同的服务器角色,同时赋予了不同的权限,SQL Server有固定的服务器角色。具体权限如下:

(1) sysadmin:全称为 System Administrators,在安装 SQL Server 时可执行任何操作。

(2) serveradmin:全称为 Server Administrators,可以配置服务器范围的设置。

(3) setupadmin:全称为 Setup Administrators,可以管理扩展存储过程。

(4) securityadmin:全称为 Security Administrators,可以管理登录和创建数据库的权限,还可以读取错误日志和更改密码。

(5) processadmin:全称为 Process Administrators,可以管理 SQL Server 运行的进程。

(6) dbcreator:全称为 Database Creators,可创建和更改数据库。

(7) diskadmin:全称为 Disk Administrators,可管理磁盘文件。

(8) bulkadmin:全称为 Bulk Insert Administrators,可执行大容量插入操作。

其中,sysadmin 为服务器范围内最高的权限。

2. 数据库角色

数据库角色是在数据库范围内的权限,在 SQL Server 2000 中,数据库角色包括 10 个固定的标准数据库角色。

(1) public:最基本的数据库角色。当创建一个新用户时,系统会自动将此用户添加到 public 角色中。每个数据库用户必须属于 public 角色。public 角色不能被去掉。可以将某些权限加入到 public 角色中,则所有的数据库用户均拥有了该权限。因此 public 可以理解为所有用户的公共权限。

(2) db_owner:拥有数据库中的全部权限。

(3) db_accessadmin:拥有添加或删除用户 ID 的权限。

(4) db_securityadmin:拥有管理全部权限、对象所有权、角色和角色成员资格。

(5) db_ddladmin:拥有发出 ALL DDL 的权限,但不能发 GRANT(授权)、REVOKE 或 DENY 语句。

(6) db_backupoperator:拥有发出 DBCC、CHECKPOINT 和 BACKUP 语句的权限。

(7) db_datareader:拥有选择数据库内所有用户表中数据的权限。

(8) db_datawriter:拥有更改数据库内所有用户表中数据的权限。

(9) db_denydatareader:不能选择数据库内用户表中的数据。

(10) db_denydatawriter:不能更改数据库内用户表中的数据。

在 SQL Server 2000 中,用户可以自定义数据库角色。假设有一组数据库用户'testlogin','testlogin1','testlogin2'具有对数据库 test 查询、插入、删除以及修改的权利,那么可以对数据库 test 定义一个角色 role1,其成员由'testlogin','testlogin1','testlogin2'组成,给 role1 赋予查询、删除及修改数据的权利。

创建角色有两种方式:使用企业管理器创建角色和使用系统存储过程创建角色。

(1) 使用企业管理器创建角色

① 选中要创建角色的数据库,右击"角色"选项,在弹出的菜单中选择"新建数据库角色"。

② 弹出如图 9-10 所示的"数据库角色属性—新建角色"对话框。

③ 输入角色的名称"role1",在"数据库角色类型"中选择标准角色。

设置完毕后,单击"确定"按钮。

定义完角色后,可以向这个角色中添加用户,并且指定这个角色的权限。角色的权限

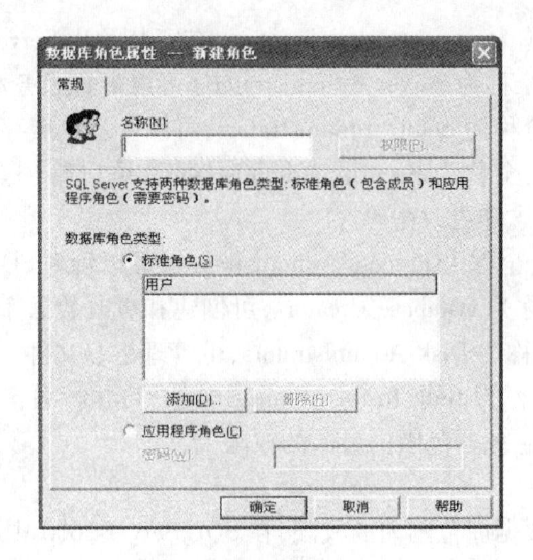

图 9－10　新建角色

分为两种类型：对数据库对象的操作权限和对表的操作权限。设置数据库对象的操作权限的具体过程如下：

右击数据库，在弹出的菜单中选择“属性”，弹出如图 9－11 所示的对话框，根据需要设置角色的权限。

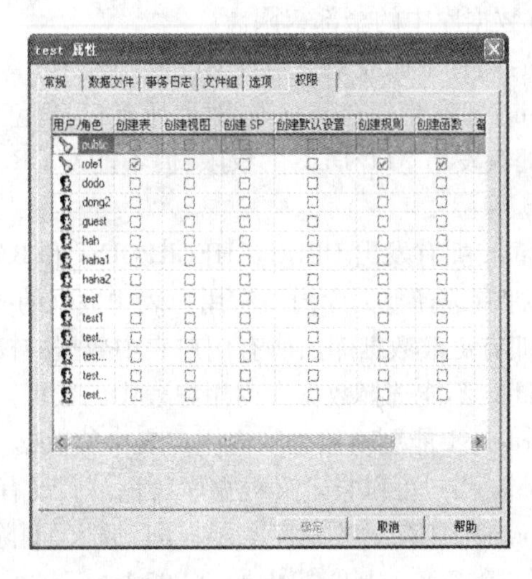

图 9－11　test 属性

对表的操作权限的设置过程如下：

（1）单击数据库下面的“角色”选项，选中角色 role1，点击右键，选择“属性”，弹出如图 9－12 所示的属性对话框。

（2）点击“权限”按钮，弹出如图 9－13 所示的对话框，给角色 role1 赋予对表 student 进行查询的权限，没有对表进行删除、更新、插入以及 DRI 权限，DRI（Declarative Referential Integrity）表示可对表的外键加上限制。

（3）如果要设置对表或视图的某一字段的操作权限，单击“列”按钮，打开如图 9－14 所示的对话框。

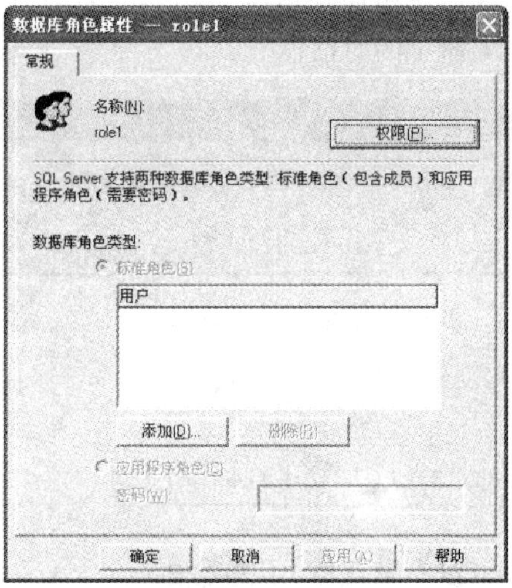

数据库角色属性 — role1

常规

名称(N):
role1

权限(P)...

SQL Server 支持两种数据库角色类型：标准角色（包含成员）和应用程序角色（需要密码）。

数据库角色类型：

标准角色(S)

用户

添加(D)...　删除(R)

应用程序角色(O)

密码(W)

确定　取消　应用(A)　帮助

图 9－12　角色属性

数据库角色属性 — test

权限

数据库角色：role1

列出全部对象(O)

仅列出该角色具有权限的对象(L)。

对象	所有者	SELECT	INSERT	UPDATE	DELETE	EXEC	DRI
sc22	dbo	☐	☐	☐	☐		☐
sc23	dbo	☐	☐	☐	☐		☐
ss	dbo	☐	☐	☐	☐		☐
student	dbo	☑	☐	☐	☐		☐
student1	dbo	☐	☐	☐	☐		☐
student11	dbo	☐	☐	☐	☐		☐
student111	dbo	☐	☐	☐	☐		☐
student_award	dbo	☐	☐	☐	☐		☐

列(C)...

确定　取消　应用(A)　帮助

图 9－13　角色属性

列权限

常规

用户名：　role1

对象名：　dbo.student

列出全部列(C)

仅列出此用户具有权限的列(L)

列	SELECT	UPDATE
sage		
sdept	☐	☐
smoney	☐	☐
sname	☐	☐
sno	☐	☐
ssex	☐	☐

确定　取消　帮助

图 9－14　列权限

在图 9-13 中,将数据库用户添加到角色 role1,当该用户试图向数据库 student 中插入记录时,将弹出如图 9-15 所示的对话框。

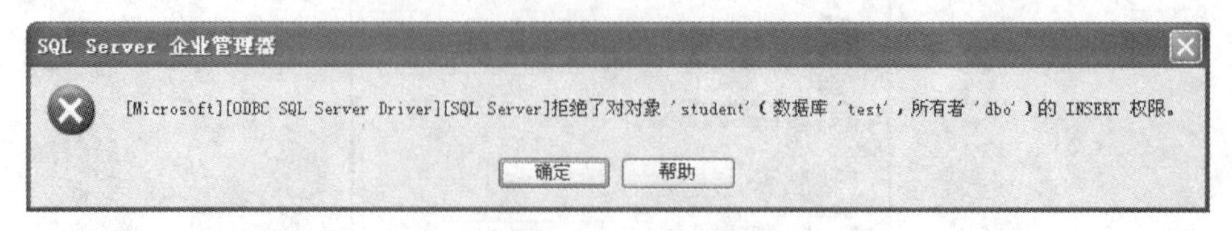

图 9-15　错误提示

(2) 使用系统存储过程创建角色

语法格式如下:

sp_addrole[@ rolename =]'role'[,[@ ownername =]'owner']

说明:

① role 表示角色的名称,没有默认值,不能重复。

② owner 表示新角色的所有者,默认值为当前正在使用的数据库用户。

在添加角色之后,可以使用 sp_addrolemember 添加数据库用户,使其成为该角色的成员。

sp_addrolemember[@ rolename =]'role',[@ membername =]'account'

说明:account:是用户,不是登录账户。

[例 9-3] 创建一个登录账户、数据库用户及角色、向角色添加数据库用户。

```
sp_addlogin 'stulogin1','aaa','test' --新建登录账户
go
sp_adduser 'stulogin1','zhangyue'--新加数据库用户 zhangyue,与登录账户关联
go
sp_addrole 'loginrole1'
go
sp_addrolemember 'loginrole1','zhangyue'--将用户添加到角色中
Go
```

注意:查询分析器必须选定 test 数据库。

添加新的角色后,该用户 zhangyue 只能访问数据库,但是不能对数据库中的数据进行查询、插入等操作,否则会弹出如图 9-16 所示的对话框。

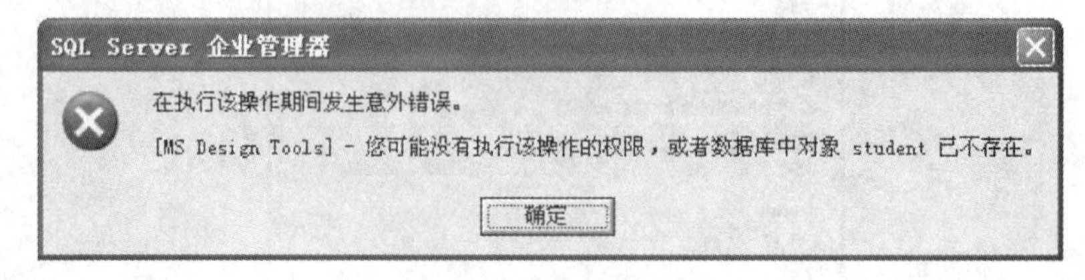

图 9-16　错误提示

给角色赋予权限的语句有 GRANT、DENY 或 REVOKE,具体语法如下:

(1) 使用 GRANT 语句授予权限,语法如下:

GRANT{ALL |statement[,…n]}

TO account[,…n]

说明:accout 既可以是角色也可以是数据库用户。

[**例 9-4**]在 test 数据库中,由 sa 账号授予 loginrole1 角色对 student 表的 select 权限。

Grant select on student to loginrole1 --必须在 test 数据库中执行该语句

执行完上述命令后,用户 zhangyue 就可以查看数据库 test 中的数据,但是当用户 zhangyue 试图对数据进行修改时,就弹出如图 9-17 所示的对话框。

图 9-17 错误提示

(2) 使用 REVOKE 语句收回权限,语法如下:

REVOKE{ALL|statement[,…n]}

FROM account[,…n]

[**例 9-5**]在 test 数据中,由 sa 账号撤销 loginrole1 角色对 student 表的 select 权限。

Revoke select on student from loginrole1

(3) 使用 DENY 语句拒绝权限,语法如下:

DENY{ALL|statement[,…n]}

TO account[,…n]

[**例 9-6**]在 test 数据中,由 sa 账号拒绝 zhangyue 对 student 表拥有 select 权限。

Deny select on student to zhangyue

说明:通过 deny 语句,明确拒绝了用户 zhangyue 对 student 表的 select 权限。Zhangyue 虽然仍是 loginrole1 角色的成员,但已没有 select 权限。

习 题

1. 使用企业管理器查看 model 数据库有没有 guest 用户。
2. 使用企业管理器管理登录账号和数据库用户(完成添加、删除登录账号和数据库用户)。
3. 使用 sa 账号登录,在 pubs 数据库中创建一个新的角色 teacher。
4. 将 stu 用户添加为 teacher 角色的一个成员。
5. 授予 teacher 角色 create table 的权限和对 titles 表的 select 和 update 权限。

第 10 章 数据库应用

本章要求：

（1）了解各种数据库访问技术及其特点。

（2）掌握 Visual C ++ 连接 SQL Server 的方法。

（3）掌握 Java 连接 SQL Server 的方法。

10.1 数据库访问技术

随着数据库技术的不断发展，数据库访问技术也在不断发展。下面将逐一加以介绍。

1. 开放数据库互连 ODBC(Open DataBase Connectivity)

ODBC 是微软公司提出的用于访问数据库的统一界面标准，是应用程序和数据库系统的中间件。它建立了一组规范，并提供了一组访问数据库的标准 API(应用程序编程接口)。图 10－1 是 ODBC 的体系结构。

ODBC 应用程序使用 ODBC 数据源来连接各种不同的数据库，每个数据源都有一个唯一的名称。下面将创建一个连接 SQL Server 2000 的一个实例数据源。

打开“控制面板”，选择“管理工具”，双击“数据源(ODBC)”，得到如图 10－2 所示的窗口。

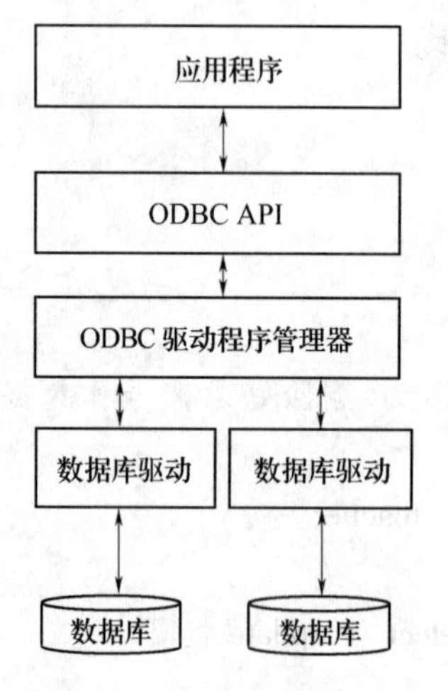

图 10－1 ODBC 的体系结构

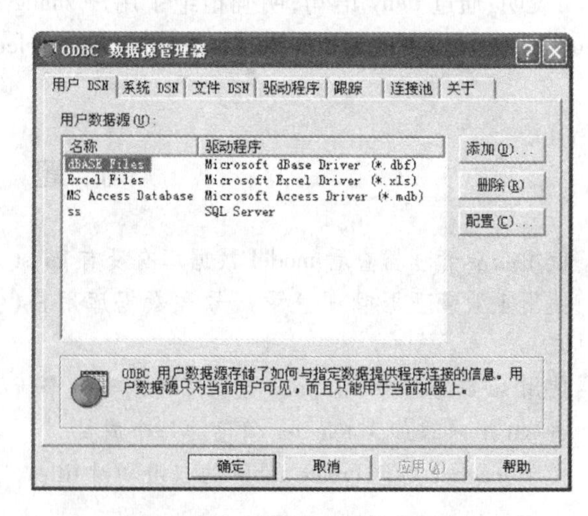

图 10－2 ODBC 数据源管理器

单击“添加”按钮，选择“SQL Server”，如图 10－3 所示。

单击“完成”按钮，在对话框中输入数据源的名称及 SQL Server 服务器的名称。如图 10－4 所示。

点击“下一步”按钮，在对话框中可以修改登录 SQL Server 的方式。如图 10－5 所示。

图 10-3 选择驱动程序

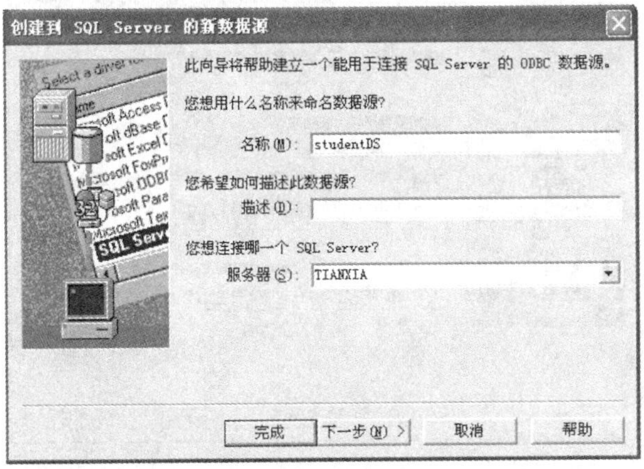

图 10-4 设置数据源

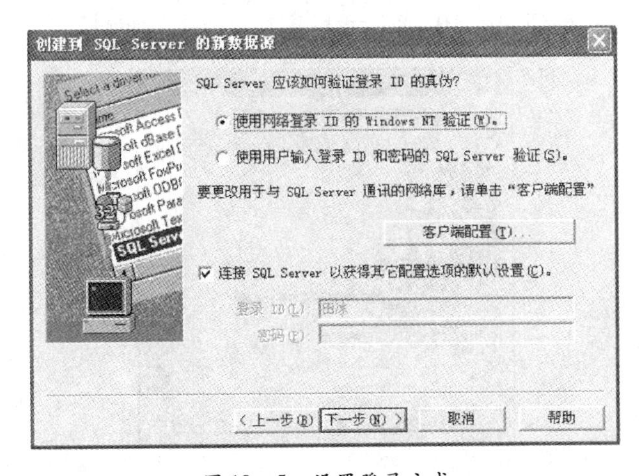

图 10-5 设置登录方式

点击“下一步”,修改默认的数据库为“student”。如图 10-6 所示。

点击“下一步”,可以修改数据源的各项设置。如图 10-7 所示。

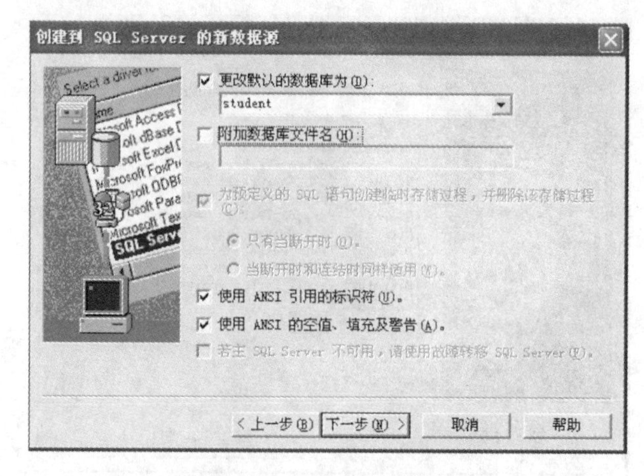

图 10－6　设置默认的数据库

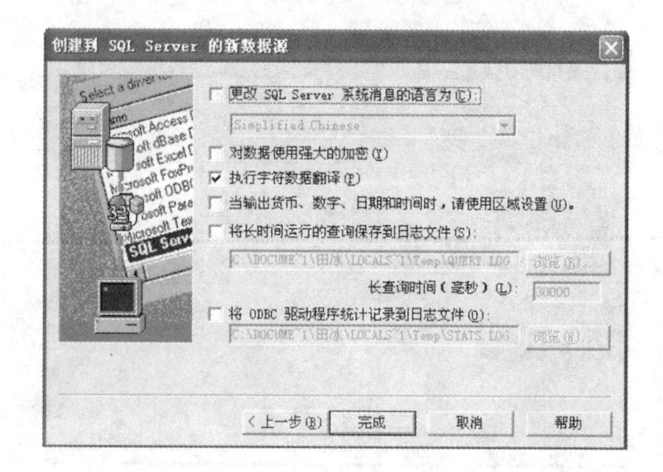

图 10－7　数据源的各项设置

单击“完成”按钮,得到如图 10－8 所示的窗口。

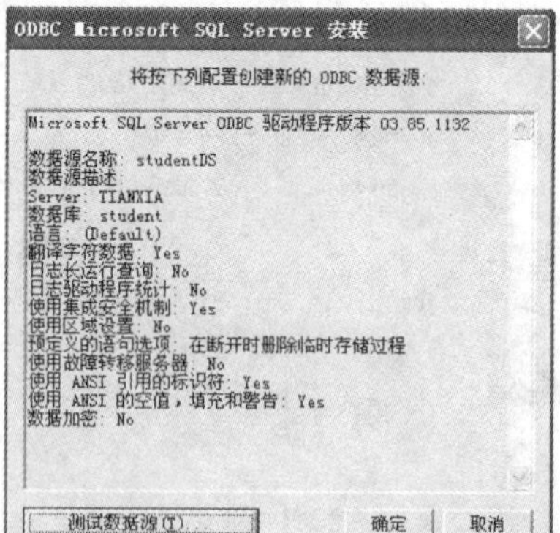

ODBC Microsoft SQL Server 安装

将按下列配置创建新的 ODBC 数据源:

Microsoft SQL Server ODBC 驱动程序版本 03.85.1132

数据源名称: studentDS
数据源描述:
Server: TIANXIA
数据库: student
语言: (Default)
翻译字符数据: Yes
日志长运行查询: No
日志驱动程序统计: No
使用集成安全机制: Yes
使用区域设置: No
预定义的语句选项: 在断开时删除临时存储过程
使用故障转移服务器: No
使用 ANSI 引用的标识符: Yes
使用 ANSI 的空值，填充和警告: Yes
数据加密: No

测试数据源(T)... 确定 取消

图 10－8　数据源的各项信息

单击“测试数据源”,可以验证数据源设置成功。单击“确定”按钮,则回到“ODBC 数据源管理器”,单击“确定”按钮,则数据源创建完毕。在应用程序中可以直接通过名字访问这个数据源。后面将用具体的实例讲解。

2. ActiveX 数据对象 ADO(ActiveX Data Objects)

ADO 是微软公司提出的应用程序接口(API),用来访问数据库中的数据。ADO 具有应用简单、灵活的对象模型,主要包括以下几类:

(1) Connection 对象:用于创建一个到某个数据源的连接。通过此连接,可以对数据库进行访问和操作。

(2) Command 对象:用来执行 SQL 语句或存储过程的对象。由于 RecordSet 对象已经足够强大,因此 Command 对象用得很少。

(3) RecordSet 对象:RecordSet 对象可以对数据库查询结果进行操作。这是 ADO 中最常用的对数据库进行操作的对象。

(4) Error 对象:ADO 每次错误会产生一个 Error 对象,包含错误的详细信息,Error 对象被存储在 Errors 集合中。

(5) Field 对象:包含 RecordSet 对象中某一列的信息,RecordSet 中的每一列对应一个 Field 对象。

(6) Parameter 对象:提供存储过程或查询中的单个参数的信息,Parameter 对象在创建时被添加到 Parameters 集合,该集合与一个具体的 Command 对象关联,用来传递参数。

与 ODBC 相比,ADO 技术不需要注册数据源,减少了很多繁琐的步骤;ADO 不仅可以访问关系数据库、Excel 或规定格式的文本,而且可以访问电子邮件等非关系数据库,具有更好的通用性和高度的灵活性。

3. ADO. NET

ADO. NET 与 ADO 是两种数据访问方式,ADO. NET 基于微软的 . NET 体系架构,利用 ADO. NET 编写的数据库程序必须在 . NET 框架支持下才能运行。ADO. NET 技术的核心对象是数据集(DataSet)对象,与 ADO 的 RecordSet 对象相比,二者的不同主要有:

(1) RecordSet 对象只能记录单表的数据,如果记录多个表的数据,必须创建多个 RecordSet 对象;而 Dataset 可以是多个表的集合。

(2) ADO. NET 支持断开连接机制,此时 DataSet 对象就将相关的数据提取出来按照数据库的形式在内存中进行组织,这适合于数据量大、系统节点多、网络结构复杂的情况。ADO 技术要求客户机和服务器一直保持连接状态,不支持断开连接机制。

ADO. NET 支持断开连接,因此连接数据库的性能要优于 ADO,节省了系统资源;ADO. NET 可以利用 XML 的灵活性和广泛接受性,提高了互操作性;ADO. NET 的数据组件封装了数据的访问功能,因此提高了编程的效率,减少了出错的概率。

10.2 Visual C ++ 连接 SQL Server 2000

利用 Visual C ++ 连接 SQL Server 2000 有两种方式:

(1) 应用 Visual C ++6.0 的 MFC AppWizard 向导可以自动生成一个访问某个数据源的应用程序框架,步骤如下:

启动 Visual C ++6.0,单击菜单中的“文件”,选择“新建”,得到“新建”对话框,选择“工程”选项卡,得到如图 10 -9 所示的窗口。

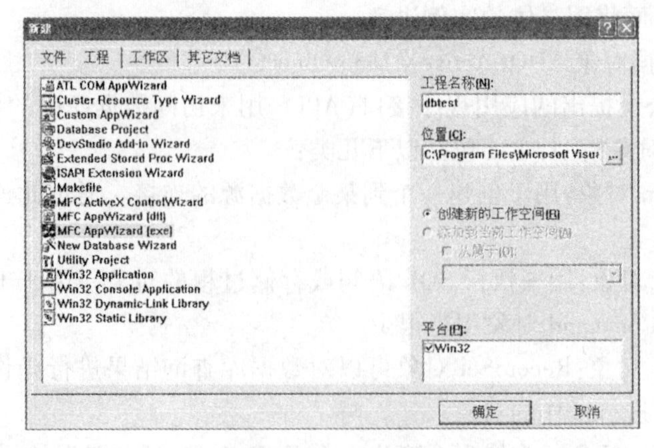

图 10-9 工程选项卡

填入工程名称,选择“MFC AppWizard(exe)”,单击“确定”,得到如图 10-10 所示的窗口。

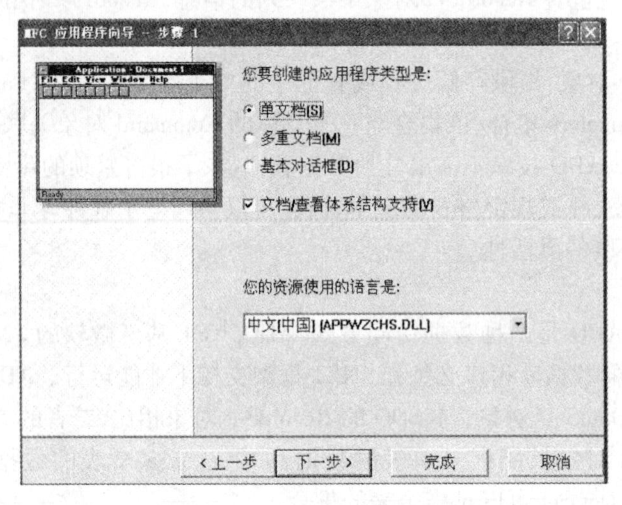

图 10-10 MFC 应用程序向导

创建的应用程序类型选择“单文档”,单击“下一步”得到如图 10-11 所示的窗口。

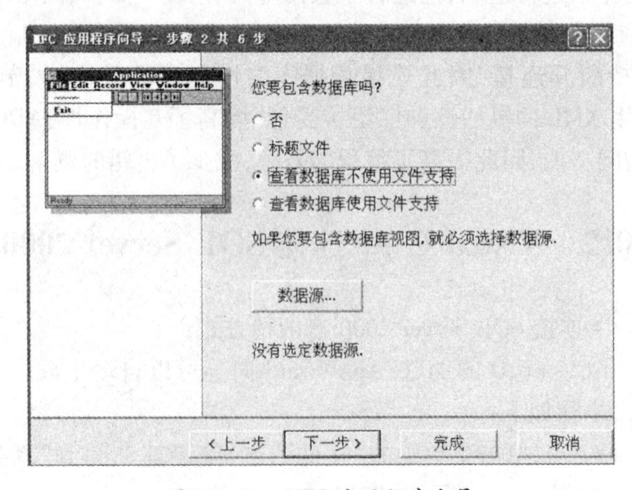

图 10-11 MFC 应用程序向导

选择“查看数据库不使用文件支持”，此时“数据源”按钮会被激活，单击此按钮，得到如图 10－12 所示的窗口。

Database Options
Datasource
ODBC:
DAO:
OLE DB:
Select OLE DB Datasource
Recordset type
Snapshot
Dynaset
Table
Advanced
Detect dirty columns
OK
Cancel

图 10－12　数据库选项窗口

在 ODBC 后的下拉列表中选择数据源“studentDS”，记录集类型选择“Dynaset”，单击“OK”按钮。如图 10－13 所示。

Database Options
Datasource
ODBC: studentDS
DAO:
OLE DB:
Select OLE DB Datasource
Recordset type
Snapshot
Dynaset
Table
Advanced
Detect dirty columns
OK
Cancel

图 10－13　数据库选项窗口

选择表，比如选择 dbo. student，单击“OK”按钮，如图 10－14 所示。

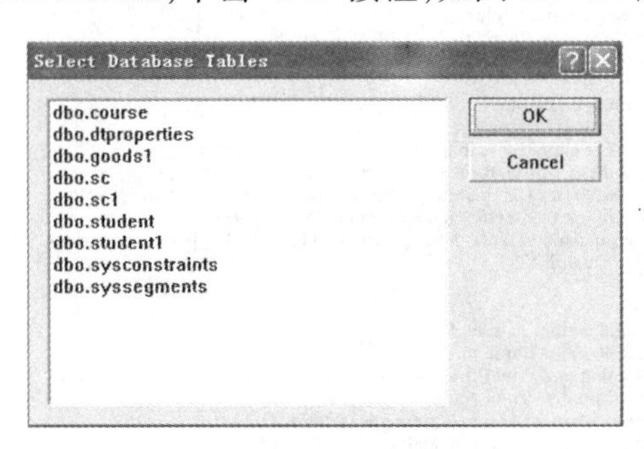

图 10－14　选择表

此时回到 MFC 应用程序向导窗口，如图 10－15 所示。

单击“下一步”，按照向导完成各个步骤(图略)，得到最后一步的窗口，如图 10－16 所示。

单击“完成”按钮，得到新建工程信息，如图 10－17 所示。

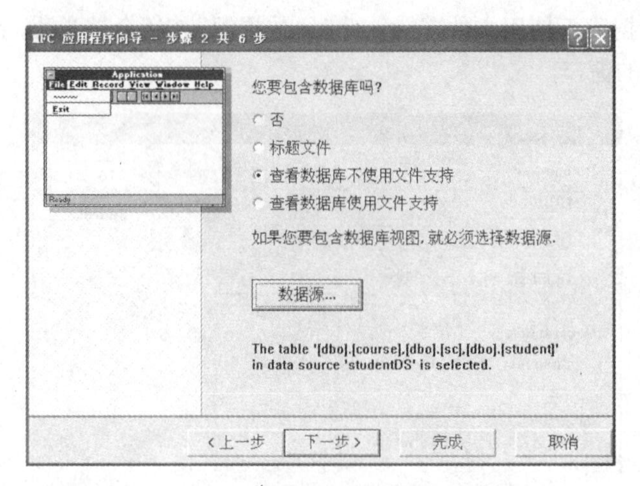

图 10-15　MFC 应用程序向导

图 10-16　MFC 应用程序向导

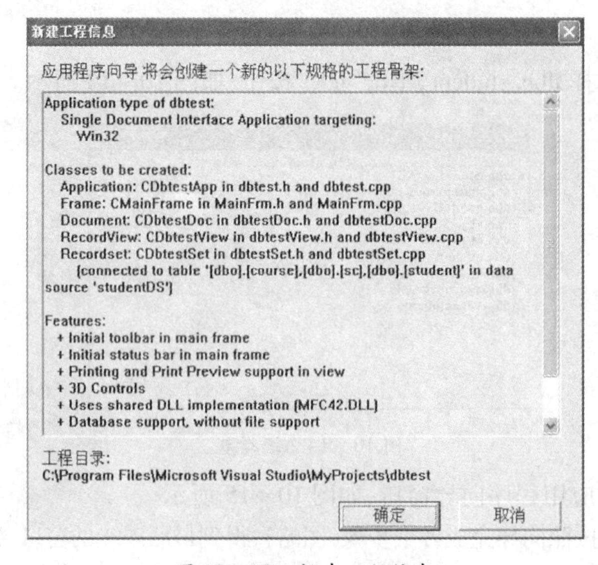

图 10-17　新建工程信息

此时在 ResourceView 中选择 MFC 应用程序向导提供的对话框模板，添加静态文本控件和编辑框控件，如图 10－18 所示。

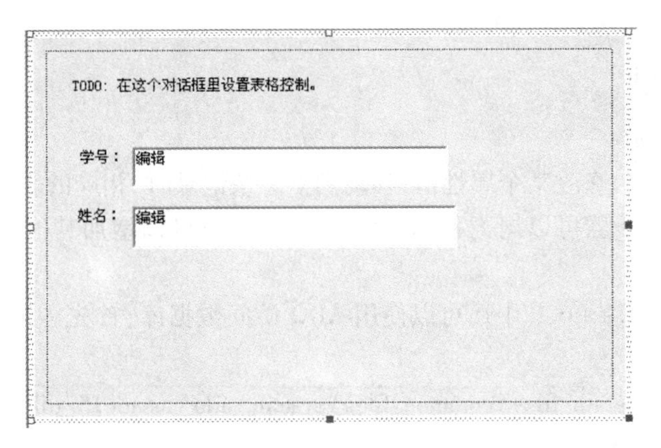

图 10－18　对话框

按住 Ctrl 键双击编辑框，得到如图 10－19 所示的窗口，将编辑框的内容与 student 表的某个属性列建立关联。重复这一步骤，为每个编辑框设置成员变量。

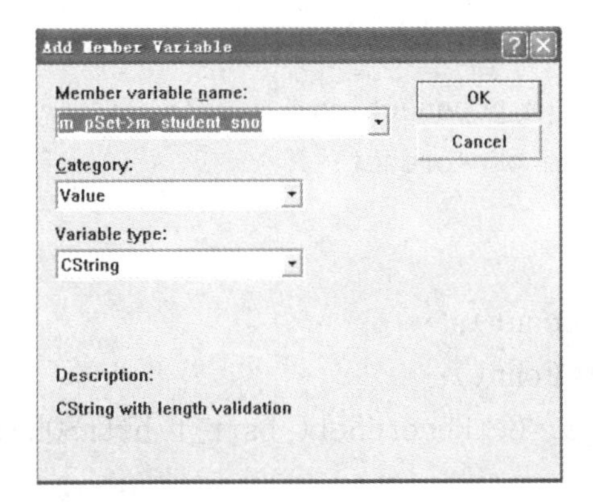

图 10－19　设置成员变量

编译并运行这个程序，得到如图 10－20 所示的窗口。

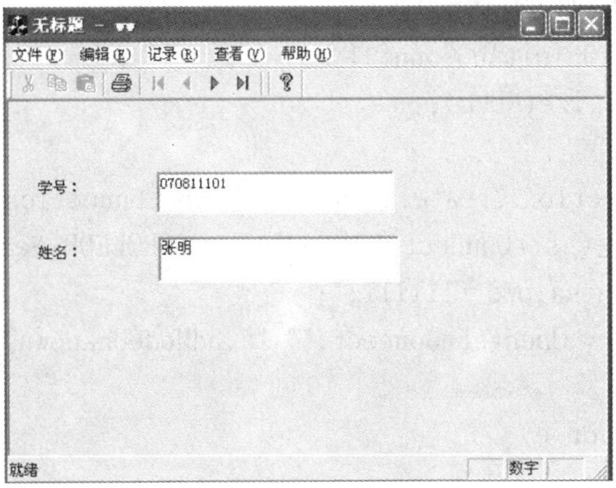

图 10－20　程序运行窗口

此时编辑框中显示的是 student 表的第一个元组的内容，各按钮功能如下：

▸ 得到下一条记录。

⏭ 最后一条记录。

◂ 上一条记录。

⏮ 第一条记录。

如果在编辑框中修改某个属性值，移动到下一条记录时，相应的表中的数据也会发生修改。通过上面的步骤可以浏览和修改表中的数据，还可以增加其他的功能实现对数据库的操作。

(2) 在 Visual C++6.0 中还可以使用 ADO 访问数据库，首先需要导入 ADO 类型库文件：

```
#import"c:\program files\common files\system\ado\msado15.dll" no_namespace rename("EOF","adoEOF")
```

创建一个 ADOConn 类用来实现对数据库的操作，该类的定义如下：

```
class ADOConn
{
public:
    _ConnectionPtr m_pConnection;
    _RecordsetPtr m_pRecordset;
public:
    ADOConn();
    virtual ~ADOConn();
    void OnInitADOConn();
    _RecordsetPtr& GetRecordSet(_bstr_t bstrSQL);
    …
};
```

_ConnectionPtr 用来创建一个数据库连接，_RecordsetPtr 是一个记录集对象。

OnInitADOConn()的方法体如下：

```
void ADOConn::OnInitADOConn(){
    ::CoInitialize(NULL);
    try{
      m_pConnection.CreateInstance("ADODB.Connection");
        _bstr_t strConnect = "Provider = SQLOLEDB;Server = * * * ;Database = student;uid = sa;pwd = 111111;";
    m_pConnection->Open(strConnect,"","",adModeUnknown);
    }
    catch(_com_error e)
    {
    …
```

```
    }
}
```

::CoInitialize(NULL);初始化 OLE/COM 库环境。

m_pConnection. CreateInstance("ADODB. Connection");创建连接对象。

strConnect 是连接字符串,Server 是 SQL Server 2000 数据库服务器的名称,Database 是数据库的名称,uid 是用户名,pwd 是密码。

Open 方法是连接数据库。

GetRecordSet()的方法体如下:

```
_RecordsetPtr&  ADOConn::GetRecordSet(_bstr_t bstrSQL)
{
    try{
      if(m_pConnection = =NULL)
        OnInitADOConn();
      m_pRecordset.CreateInstance(__uuidof(Recordset));
      m_pRecordset -> Open(bstrSQL,m_pConnection.GetInterfacePtr(),
      adOpenDynamic,adLockOptimistic,adCmdText);
    }
    catch(_com_error e)
    {
      …
    }
    return m_pRecordset;
}
```

m_pConnection = = NULL 判断连接对象是否为空,如果为空,则调用 OnInitADOConn()方法重新连接数据库。否则利用

m_pRecordset. CreateInstance(__uuidof(Recordset));

创建记录集对象。

Open 方法根据 bstrSQL 语句得到表中的记录。

可以编写一个简单的 main()方法:

```
#include "iostream.h"
#include "ADOConn.h"
void main()
{
  ADOConn m_AdoConn;
  m_AdoConn.OnInitADOConn();
  _bstr_t vSQL = "select *  from student where sno = '070811101'";
  _RecordsetPtr m_pRecordset = m_AdoConn.GetRecordSet(vSQL);
  long  sage = (long)(m_pRecordset -> Fields -> GetItem(_variant_t("
            sage")) -> Value);
```

```
    cout << sage << endl;
}
```

vSQL 是 SQL 的查询语句,查询学号为 070811101 学生的信息,m_pRecordSet 是查询结果,可利用

m_pRecordset -> Fields -> GetItem(_variant_t("sage")) -> Value

得到学生的年龄,从而通过 cout 在控制台输出。

这个例子演示了利用 ADO 连接数据库的简单流程,可以扩展这个例子,比如,加入图形界面,对数据库进行更复杂的查询和更新操作等。

10.3 Java 连接 SQL Server 2000

1. JDBC(Java DataBase Connectivity)介绍

JDBC 是基于 Java 语言访问数据库的技术,对各个数据库厂商来说,要提供针对 JDBC 的实现,如微软需要提供 SQL Server 2000 Driver for JDBC,这样,才能实现 Java 程序连接到 SQL Server 2000。

JDBC 的类型:

(1) JDBC - ODBC 桥。使用 JDBC - ODBC 桥可以实现 JDBC 到 ODBC 的转化,然后使用 ODBC 驱动程序与某个数据库相连,因此这种方式要求客户端必须安装 ODBC 驱动。由于 JDBC - ODBC 先调用 ODBC 然后由 ODBC 调用数据库接口访问数据库,因此执行效率也比较低,不适合存取数据量大的应用。由于需要客户端的 ODBC 驱动的支持,这种方式也不适合于基于 Internet 的应用。体系结构如图 10 - 21 所示。

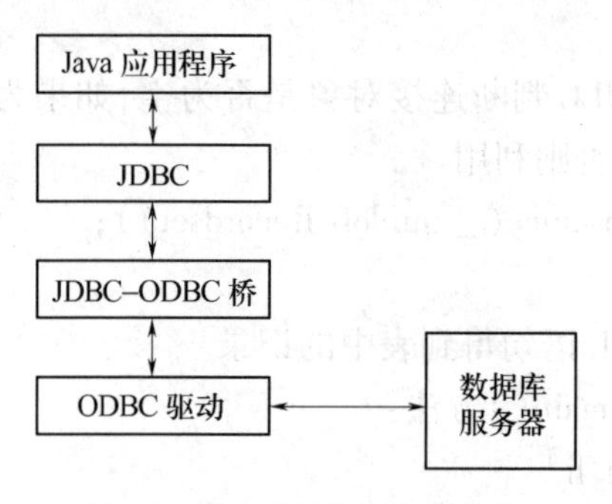

图 10 - 21 JDBC 体系结构 1

(2) 本地 API 驱动。本地 API 驱动直接把 JDBC 调用转变为数据库的标准调用再访问数据库,这种方式需要在客户端加载数据库厂商提供的代码库。与第一种方式相比,这种方式的效率有所提高,但是由于需要客户端安装数据库厂商的代码库,它仍然不适合基于 Internet 的应用。体系结构如图 10 - 22 所示。

(3) 网络协议驱动。这种驱动方式把 JDBC 访问数据库的请求传递给网络上的中间件服务器,由中间件服务器将请求进行转换,再对数据库进行访问。这种方式由于不需要在客户端加载所需的驱动,因此效率和可扩展性方面比前两种方式要好。但是在中间件服务器仍需配置数据库驱动程序。体系结构如图 10 - 23 所示。

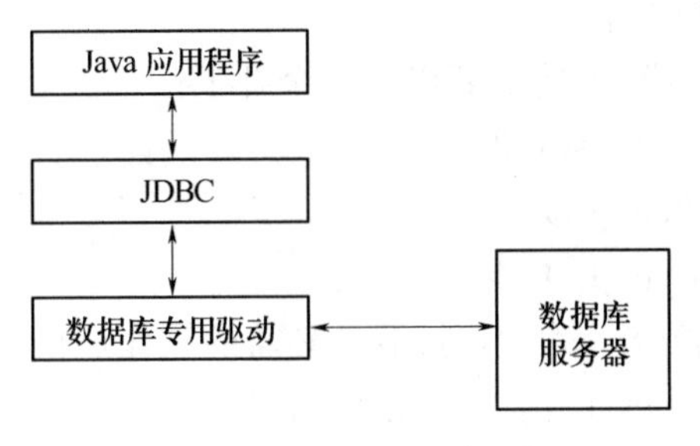

图 10－22　JDBC 体系结构 2

（4）本地协议驱动。这种驱动完全由 Java 实现，可以直接和数据库服务器通信，因此执行效率非常高，但是对于不同的数据库需要下载不同的驱动程序。体系结构如图 10－24 所示。

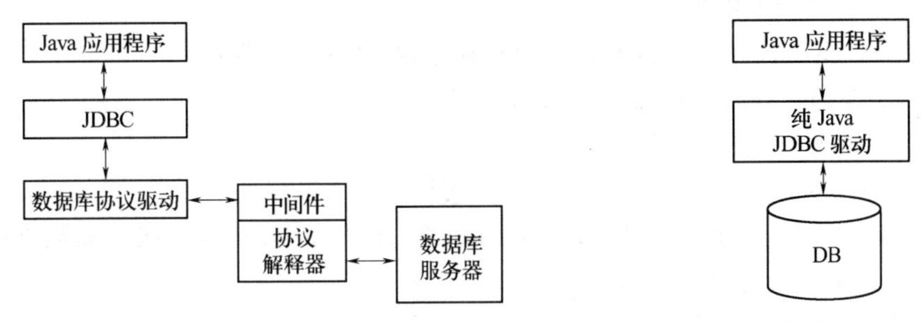

图 10－23　JDBC 体系结构 3

图 10－24　JDBC 体系结构 4

分析这四种 JDBC 的类型，第一种适合初学者了解 JDBC 编程，第二种适合 Intranet 的应用，第三种适合需要同时连接不同种类的数据库，并且对并发要求比较高的应用，第四种适合连接单一数据库的应用。下面将以第一种和第四种为例来介绍 Java 连接 SQL Server 的方法。

2. JDBC 的下载及安装

SQL Server 2000 Driver for JDBC 可以从网上下载，下载地址为：

http://download.microsoft.com/download/3/0/f/30ff65d3-a84b-4b8a-a570-27366b2271d8/setup.exe

下载后单击 setup.exe 安装。

在 JDBC 的安装目录的 lib 文件夹中有三个 jar 文件，分别是：

msbase.jar

mssqlserver.jar

msutil.jar

需要将这三个 jar 文件加到 classpath 中去，这样 classpath 的值为：

C:\Program Files\Microsoft SQL Server 2000 Driver for JDBC\lib\msutil.jar;C:\Program Files\Microsoft SQL Server 2000 Driver for JDBC\lib\mssqlserver.jar;C:\Program Files\Microsoft SQL Server 2000 Driver for JDBC\lib\msbase.jar;.

其中，C:\Program Files\Microsoft SQL Server 2000 Driver for JDBC 是 JDBC 的安装目录。注意在 classpath 中要有 . 代表当前目录。

3. 为 SQL Server 2000 打补丁

对 SQL Server 2000 来说,需要下载以下三个补丁:

SQL Server 2000 service pack 2

SQL Server 2000 service pack 3

SQL Server 2000 service pack 4

并安装。这一步根据操作系统不同,不是必需的操作。但是如果在连接数据库过程中出现"error establishing socket"错误,就是没有打补丁导致的。

4. 开发 JDBC 应用的步骤:

程序开头需要导入 java. sql 包,在这个包中提供了访问数据库的基本类。因此程序开头应该为:

import java. sql. * ;

下面就是开发 JDBC 应用的步骤:

(1) 注册 JDBC 驱动程序。对 JDBC - ODBC 桥来说,注册方法为:

Class. forName(" sun. jdbc. odbc. JdbcOdbcDriver") ;

对本地协议驱动来说,注册方法为:

Class. forName(" com. microsoft. jdbc. sqlserver. SQLServerDriver") ;

(2) 创建数据库连接。通过调用 DriverManager 的 getConnection( ) 方法获取数据库驱动程序,创建 Connection 对象。

对 JDBC - ODBC 桥来说,创建方法为:

Connection dbConn = DriverManager. getConnection (" jdbc : odbc : 数据源名"," 用户名"," 密码") ;

对本地协议驱动来说,创建方法为:

Connection dbConn = DriverManager. getConnection (" jdbc : microsoft : sqlserver ://数据库所在的机器名:1433;DatabaseName = 数据库名"," 用户名"," 密码") ;

例如:

Connection

dbConn = DriverManager. getConnection(" jdbc : odbc : test" , " sa" , " 111111") ;

数据源名为 test,访问数据库的用户名为 sa,密码为 111111。

例如:

Connection dbConn = DriverManager. getConnection (" jdbc : microsoft : sqlserver ://localhost : 1433 ; DatabaseName = student" , " sa" , " 111111") ;

localhost 代表本机,也可写为 127. 0. 0. 1,数据库名为 student。用户名和密码同上。

(3) 创建 Statement 对象。Statement 对象是通过 Connection 对象的 createStatement( ) 方法创建的,格式如下:

Statement stmt = dbConn. createStatement( ) ;

Statement 对象的 executeQuery( ) 方法可以执行 SQL 查询语句,executeUpdate( ) 方法可以执行 SQL 更新语句。例如:

ResultSet rs = stmt. executeQuery(" SELECT * FROM student") ;

执行查询语句时,返回结果集 ResultSet 的对象。

int rows = stmt.executeUpdate("UPDATE student SET sage = sage + 1");

执行更新语句时,返回受影响的行数。

(4) 处理结果集。通过 index 获得属性列的值。如查询 student 表的语句如下:

SELECT sno,sname,sdept

FROM student

那么 sno 的 index 就是 1,sname 的 index 就是 2,sdept 的 index 就是 3。index 实际上就是该属性列在 SELECT 后的索引位置。

比如:通过下面的语句可以得到学号的值,将其赋给字符串 s1。

String s1 = rs.getString(1);

也可以通过属性名获得属性列的值。如:

String s1 = rs.getString("sno");

(5) 关闭 JDBC 资源。首先关闭 ResultSet 对象,然后关闭 Statement 对象,最后关闭 Connection 对象,均通过 close()方法来实现。

下面将给出完整的例子。

JDBC - ODBC 桥:

```
import java.sql.* ;
class testdb{
    String classforname = "sun.jdbc.odbc.JdbcOdbcDriver";
    Connection dbConn;
    String url = "jdbc:odbc:xbbtest";
    String uid = "sa";
    String pwd = "111111";
    Statement stmt;
    ResultSet rs;
public void dbConnection(){
    try{
        Class.forName(classforname);
        dbConn = DriverManager.getConnection(url,uid,pwd);
    }
    catch(Exception e){
        e.printStackTrace();
    }
}
public void dbquery(String dbsql){
    if(dbConn! =null){
      try{
          stmt = dbConn.createStatement();
          rs = stmt.executeQuery(dbsql);
          while(rs.next()){
```

```
                String s1 = rs.getString(1);
                String s2 = rs.getString(2);
                String s3 = rs.getString(3);
                String s4 = rs.getString(4);
                String s5 = rs.getString(5);
                System.out.println(s1);
                System.out.println(s2);
                System.out.println(s3);
                System.out.println(s4);
                System.out.println(s5);

            }
        }
            catch(Exception e){
                e.printStackTrace();
            }
        }
    }
    public void dbclose(){
            if(rs! = null){
                try{
                    rs.close();
                }
                catch(SQLException e){e.printStackTrace();}
            }
            if(stmt! = null){
                try{
                    stmt.close();
                }catch(SQLException e){e.printStackTrace();}
            }
            if(dbConn! = null){
                try{
                    dbConn.close();
                }catch(SQLException e){e.printStackTrace();}
            }
    }
    public static void main(String args[]){
            testdb x1 = new testdb();
            x1.dbConnection();
```

```
        x1.dbquery("select *  from student");
        x1.dbclose();
}
}
```

本地协议驱动:

```
import java.sql.* ;
class testdb{
    String classforname = "com.microsoft.jdbc.sqlserver.SQLServerDriver";
    Connection dbConn;
    String url = "jdbc:microsoft:sqlserver://localhost:1433;DatabaseName =
student";
    String uid = "sa";
    String pwd = "111111";
    Statement stmt;
    ResultSet rs;
    public void dbConnection(){
        //代码此处略,与 JDBC - ODBC 桥完全相同
}
public void dbquery(String dbsql){
        //代码此处略,与 JDBC - ODBC 桥完全相同
}
public void dbclose(){
        //代码此处略,与 JDBC - ODBC 桥完全相同
}
public static void main(String args[ ]){
    testdb x1 = new testdb();
    x1.dbConnection();
    x1.dbquery("select *  from student");
    x1.dbclose();
}
}
```

对这个例子可以进行扩充,比如执行 SQL 更新语句,加入图形界面等。请读者自行完成。

习 题

1. 如何配置 ODBC 数据源?
2. 简述 ODBC 与 JDBC 的功能和特点。

3. JDBC 操作数据库的步骤是什么？
4. 写出你在操作数据库过程中遇到的问题及解决办法。
5. 利用 SQL Server 创建一个学生数据库，利用 Visual C ++ 连接数据库，将各个学生的总成绩在图形界面中显示出来。
6. 利用 SQL Server 创建一个图书数据库，利用 Java 连接数据库，实现对图书信息的插入、删除和修改，要求有图形界面。

参 考 文 献

[1] 李建中,王珊. 数据库系统原理(第2版). 北京:电子工业出版社,2004.
[2] 史嘉权. 数据库系统概论. 北京:清华大学出版社,2006.
[3] 李春葆,曾慧. SQL Server 2000应用系统开发教程. 北京:清华大学出版社,2005.
[4] 王俊伟,史创明,等. SQL Server 2000中文版数据库管理与应用标准教程. 北京:清华大学出版社,2006.
[5] 周肆清,曹岳辉,李利明. 软件技术基础教程. 北京:清华大学出版社,2005.
[6] 陈勇孝,郎洪,马春龙. Java程序设计实用教程. 北京:清华大学出版社,2008.